研究生试用教材

无线光通信
（第二版）

柯熙政　丁德强　著

科学出版社

北　京

内 容 简 介

本书是无线光通信课程的教材,内容涉及无线激光通信、可见光通信、紫外光通信及水下光通信,最后一章对未来的通信技术进行了展望。考虑到教材的普适性与稳定性,本书探索在学术性与科普性、高雅与通俗、理论性与实用性之间进行有机的融合、合理的折中与适当的取舍。为了不影响一般读者的阅读,书中尽量避免烦琐的数学推导,而将一些理论性强的内容作为习题,供进一步学习的读者练习与提高之用。

本书可供通信工程、电子信息与计算机类本科生、研究生以及相关领域工程技术人员阅读。

图书在版编目(CIP)数据

无线光通信 / 柯熙政,丁德强著. — 2 版. — 北京:科学出版社,2022.12

研究生试用教材

ISBN 978-7-03-074560-6

Ⅰ. ①无… Ⅱ. ①柯… ②丁… Ⅲ. ①光通信－研究生－教材 Ⅳ. ①TN929.1

中国国家版本馆 CIP 数据核字(2023)第 005698 号

责任编辑:陈　静 / 责任校对:胡小洁
责任印制:吴兆东 / 封面设计:迷底书装

科学出版社 出版

北京东黄城根北街 16 号
邮政编码:100717
http://www.sciencep.com

北京中石油彩色印刷有限责任公司 印刷
科学出版社发行　各地新华书店经销

*

2016 年 3 月第　一　版　开本:720×1000　1/16
2022 年 12 月第　二　版　印张:20 1/2
2022 年 12 月第二次印刷　字数:413 000

定价:128.00 元

(如有印装质量问题,我社负责调换)

前　言

随着高速大容量光通信系统的不断发展，接入网的"瓶颈效应"这一问题越来越突出，无线光通信是一种实现接入网的新兴技术。该技术具有建网速度快、成本低、可移动性强和高宽带等优点，使其在宽带接入场景中有很强的竞争力，但因受信道环境的影响较大，对其稳定性及相关补偿技术还需进一步深入研究。

本书是对该领域现阶段相关技术的有机融合。全书共 10 章，涉及相干光通信、信号的编码调制、信道传输特性及均衡、捕获对准跟踪、白光 LED 通信、水下激光通信、紫外光通信，并对部分相干光传输的原理及未来通信技术做了详细的介绍。

本书是作者在西安理工大学讲授"无线光通信"课程的基础上完成的，课程先后开设将近 20 届，同学们提出了许多宝贵意见。感谢学校对我们工作的支持。西安理工大学光电工程技术研究中心的研究生对书中的内容进行了仔细的讨论，使本书的编写体系得以不断完善。

本书的工作得到国家自然科学基金面上项目(61377080)、陕西省科技统筹创新工程计划项目、陕西省教育厅教学改革项目(15BY34)、通信工程陕西普通本科高等学校"专业综合改革试点"、通信工程特色专业建设、通信工程专业核心课程教学团队、"十三五"军队重点院校和重点学科专业建设等项目和基金的资助。

本书是我们进行无线光通信研究工作的总结，由于水平有限，书中难免存在不妥之处，欢迎读者不吝指正。

作　者
2022 年 10 月

目　　录

第1章　无线光通信系统

无线光通信，即自由空间光通信(free-space optical，FSO)融合了光纤通信与微波通信的优点，通信容量大又不需要铺设光纤，也无须频谱许可。本章介绍无线光通信系统的模型以及基本概念。

1.1　无线光通信模型

无线光通信端机由光学天线(望远镜)、激光收发器、信号处理单元、自动跟瞄系统等部分组成。发送器的光源采用激光二极管(laser diode，LD，也称为半导体激光器)或发光二极管(light-emitting diode，LED)，接收器主要采用 PIN 或 APD(avalanche photo diode，雪崩二极管)。无线光通信模型如图 1.1 所示。

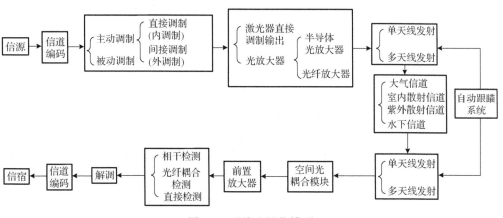

图 1.1　无线光通信模型

1.1.1　发射机

将信源产生的某种形式的信息(如时变的波形、数字符号等)调制到光载波上，载波(称为光束或光场)通过大气或自由空间发射出去，这就是发射机。发射机包括信道编码、信源编码、调制、光信号放大以及发射天线。

信道编码的过程是在源数据码流中加插一些冗余码元，从而达到在接收端进行判错和纠错的目的。降低误码率是信道编码的基本任务。信道编码的本质是增加通信的可靠性，但由于加入了冗余而使有用的信息数据传输率降低。

调制是信号的变换过程，是按编码信号的特征改变光信号的某些特征值(如振幅、频率、相位等)并使其发生有规律(这个规律是由信源信号本身的规律所决定的)的变化。这样光信号就携带了信源信号的相关信息。

调制可以分为主动调制与被动调制。如果光源和调制信号同在发射端，就是主动调制；如果光源和调制信号不在同一端，就是被动调制，也称为逆向调制(modulating retro-reflector，MRR)。如果对激光器电源进行调制，则称为直接调制；如果对激光器发出的波束进行调制，则称为间接调制，也称为外调制。

如果通信距离要求较远，激光器直接输出的光功率不足，则采用光放大器对光信号进行放大。光放大器有半导体光放大器和光纤放大器。

发射天线有多天线发射/多天线接收、单天线发射/单天线接收。多天线发射/多天线接收可以抑制大气湍流的影响。

1.1.2　接收机

接收机包括光信号接收天线、空间光-光纤耦合单元、前置放大器、检测器、解调器等。

接收天线把发射机发送的光信号收集起来,空间光-光纤耦合是将接收机收集的信号光耦合进光纤中，由光纤探测器实现光电转换。光信号耦合进光纤的过程中会有能量损失。

有时耦合进光纤的信号非常微弱，需要采用前置光放大器对其进行预放大后再进行光电转换，这个放大器就是前置放大器。

信号检测有探测器直接检测、空间光-光纤耦合检测、分布式检测以及相干检测。光检测器直接接收天线汇集光信号的检测方式称为直接探测。由光电检测器检测空间光耦合进光纤中的信号，就是空间光-光纤耦合检测。由于光纤端面小，光电转换器感光面积小，需要的光信号强度也小，因此空间光-光纤耦合检测的速率高，检测灵敏度也高[1]。

1.1.3　信道

无线光信道包括大气信道、室内信道、紫外光散射信道和水下信道。大气信道是最复杂的信道，大气湍流及复杂气象条件对光信道影响最大。信道传递函数可以表示为

$$H(f) = H_T(f)H_c(f)H_r(f) \tag{1.1}$$

式中，$H_T(f)$、$H_c(f)$ 和 $H_r(f)$ 分别表示发射机、信道和接收机的传递函数。对应的时域表达式为

$$h(f) = h_T(f)h_c(f)h_r(f) \tag{1.2}$$

式中，$h_T(t)$、$h_c(t)$ 和 $h_r(t)$ 分别表示发射机、信道和接收机的单位冲激响应。信道模型如图 1.2 所示。

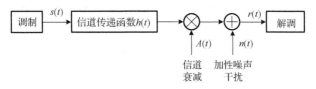

图 1.2 信道模型

解调器输入的信号可以表示为

$$r(t) = A(t)[s(t) * h(t)] + n(t) \tag{1.3}$$

式中，$A(t)$ 表示信道的衰落；$s(t)$ 是调制器输出的信号；*表示卷积。对于大气激光通信，$A(t)$ 主要来源于大气湍流；对于紫外光非直视通信，$A(t)$ 主要由大气分子对紫外光的单次散射以及多次散射产生光强的起伏；对于室内可见光通信，$A(t)$ 主要由室内光的反射产生。当不考虑信道衰落的时候，接收信号可以表示为

$$r(t) = s(t) + n(t) \tag{1.4}$$

式中，$n(t) \sim (0, \sigma^2)$，是加性高斯分布的白噪声，一般表示接收机探测器及其附属电路的电子噪声。

1.2 激 光 光 源

半导体激光器(LD)是一种能够直接将电能转化为光的固态半导体器件。其他激光器如气体激光器、液体激光器也可以作为光源，但以半导体激光器最为常见。

1.2.1 半导体激光器的工作原理

半导体激光器是用半导体材料作为工作物质的发光器件。常用工作物质有硫化镉(CdS)、砷化镓(GaAs)、磷化铟(InP)、硫化锌(ZnS)等。由于工作物质结构上的差异而导致产生激光的具体过程会有不同。激励方式有电子束激励、电注入和光泵浦三种形式。半导体激光器可分为单异质结、双异质结(double heterojunction，DH)、同质结等几种。同质结激光器和单异质结激光器室温时多为脉冲器件，而双异质结激光器室温时可实现连续工作。半导体激光器的基本结构是双异质结平面条形结构，如图 1.3 所示。所谓异质结，是指由两种带隙宽度不同的半导体材料组成的 P-N 结 (也可能是 P-P 或 N-N 结)。普通 P-N 结也称为同质结[2]。

粒子数反转(population inversion)是激光产生的前提。两能级间受激辐射概率与两能级粒子数差有关。通常处于低能级 (E_1) 的原子数大于处于高能级 (E_2) 的原子数，

这种情况下不产生激光。要产生激光就必须使高能级(E_2)上的原子数目大于低能级(E_1)上的原子数目，因为高能级(E_2)上的原子多而发生受激辐射，导致光增强(也叫作光放大)。为了达到这个目的，必须设法把处于基态的原子大量激发到亚稳态(E_2)，处于高能级(E_2)的原子数就可以大大超过处于低能级(E_1)的原子数。这样就在两个能级之间实现了粒子数的反转。

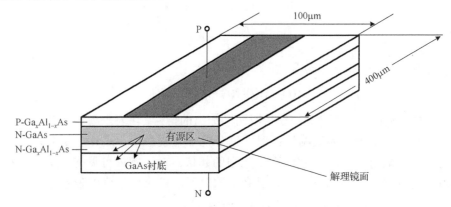

图 1.3　双异质结平面条形半导体激光器的基本结构

　　激光器必须有增益介质、谐振腔和泵浦源，才可以在一定条件下产生激光。同质结 LD 对半导体材料的要求是重掺杂而且必须是"直接带隙"的半导体材料。电子由导带跃迁至价带，受激辐射将起主导作用，发出的光就是激光。由于重掺杂，简并半导体的有源区束缚电子和空穴的能力较弱，需要很大的注入电流密度才能实现粒子数反转，所以难以实现室温下连续工作，只能在低温下工作。为了降低电流密度阈值，人们研究了单异质结和双异质结半导体激光器。不同半导体材料的带隙差也使有源区的折射率高于邻近的介质，这样使光子也限制在有源区内，载流子和光子的束缚使得激光器的阈值电流密度大幅度下降，从而实现了室温连续工作。

1.2.2　半导体激光器的基本特性

　　半导体激光器是以一定的半导体材料为工作物质而产生受激发射作用的器件。其工作原理是通过一定的激励方式，在半导体物质的能带(导带与价带)之间，或者半导体物质的能带与杂质(受主或施主)能级之间，实现非平衡载流子的粒子数反转。当处于粒子数反转状态的大量电子与空穴复合时，便产生受激发射作用[3]。半导体激光器的激励方式主要有三种：电注入式、光泵式和高能电子束激励式。电注入式半导体激光器一般是由砷化镓(GaAs)、硫化镉(CdS)、磷化铟(InP)、硫化锌(ZnS)等材料制成的半导体面结型二极管，沿正向偏压注入电流进行激励，在结平面区域产生受激发射；光泵式半导体激光器一般以 N 型或 P 型半导体单晶(如 GaAS、InAs、InSb 等)为工作物质，以其他激光器发出的激光作光泵激励；高能电子束激励式半导体激光器以 N 型或者 P 型半导体单晶(如 PbS、CdS、ZhO 等)为工作物质,通过由外部注入高能电子束进行激励。半导体激光器是阈值器件,当注入电流小于阈值电流时,谐振腔增益不足以克服损耗,有源区内不能实现粒子数反转,自发辐射占主导地位,发出普通的荧光,与 LED 相似;随着注入电流增大,达到阈值后,有源区内实现了粒子数反转,受激辐射占主导地位,发出谱线尖锐、模式明确的激光。半导体激光器对温度很敏感,其输出功率随温度变化很大,其原因主要是半导体激光器的外微分量子效率和阈值电流都随温度而变化。

半导体激光器是以半导体材料为工作物质的一类激光器件。它除了具有激光器的共同特点外,还具有以下特点:体积小、重量轻、驱动功率和电流较低、效率高、工作寿命长、可直接电调制、易于与各种光电子器件实现光电子集成。

1.2.3 非线性校正

激光器是具有阈值特性的非线性器件,其非线性会在调制信号的激励下产生谐波失真。

1. 静态非线性对副载波调制的影响

输入电流与输出光功率之间关系的 *I-L* 特性曲线可以用来表征激光器的非线性失真。如图 1.4 所示,非线性失真可以简单地概括为在无失真信号的激励下,输出响应信号在时域中产生了波形畸变,在频域中则出现了新的谐波分量。

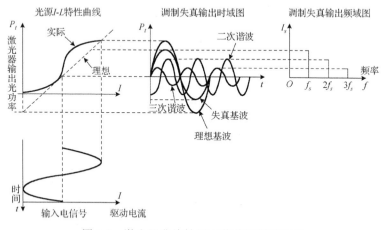

图 1.4 激光器非线性对副载波调制的影响

2. *I-L* 特性预失真补偿

假设激光器输出光功率 P 与驱动电流 I 的关系为

$$P = a_0 + a_1 I + a_2 I^2 + a_3 I^3 \tag{1.5}$$

假设预失真器产生的预失真信号为

$$I' = b_2 I^2 + b_3 I^3 \tag{1.6}$$

预失真器的基本原理：在信号电压增加的过程中，激光器前端的预失真模型使经过激光器的电流更快增加，同时抵消激光器在电流增大时光功率增长的幅度比电流增长的幅度小的那部分非线性失真。通过预失真模型和激光器的共同作用后，输出光功率与输入电流之间保持线性变化关系[4]。

如图 1.5 所示，原输入信号通过耦合器分成三路：一路为主通道 αI（处理基波成分），另两路为副通道（处理二、三阶失真成分）。假定两路副通道的增益相同，预失真器就可看作副通道产生的信号。主通道通过时延直接进入合路器，副通道通过衰减器、反相器和滤波器后由合路器输出，然后将输出的三路合成信号通过激光器，此时激光器的输出光功率变为

$$P' = \sum_{m=1}^{3} a_m (\alpha I - \beta I')^m = \sum_{m=1}^{3} a_m \left(\alpha I - \beta \sum_{n=2}^{3} b_n I^n \right)^m \tag{1.7}$$

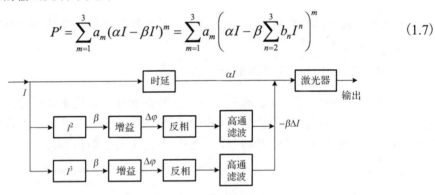

图 1.5 $I\text{-}L$ 特性预失真原理图

将式(1.7)转化为幂级数展开式：

$$P' = \sum_{m=1}^{3} D_m I^m \tag{1.8}$$

式中

$$D_1 = \alpha a_1 \tag{1.9}$$

$$D_2 = \alpha^2 a_2 - \beta a_1 b_2 \tag{1.10}$$

$$D_3 = \alpha^3 a_3 - \beta a_1 b_3 - 2\alpha\beta a_2 b_2 \tag{1.11}$$

由式(1.9)～式(1.11)可计算出消除二阶非线性失真的条件为

$$\beta = \frac{\alpha^2 a_2}{a_1 b_2} \tag{1.12}$$

消除三阶非线性失真的条件为

$$\beta = \frac{\alpha^3 a_3}{a_1 b_3 + 2\alpha a_2 b_2} \tag{1.13}$$

同时消除二阶与三阶非线性失真，则需满足

$$\alpha = \frac{a_1 a_2 b_3}{b_1(a_1 a_3 - 2a_2^2)} \tag{1.14}$$

式中，α 为主通道增益；β 为副通道增益。

1.3　半导体激光器和光电探测器的响应特性

1.3.1　半导体激光器的响应特性

半导体激光器的响应特性与其弛豫振荡频率有关，弛豫振荡频率 f_0 可由速率方程求得。

$$\frac{dN}{dt} = \frac{I}{qV} - A(N - N_{om})S - \frac{N}{\tau_n} \tag{1.15}$$

$$\frac{dS}{dt} = \Gamma\beta\frac{N}{\tau_n} - \frac{S}{\tau_p} + \Gamma A(N - N_{om})S \tag{1.16}$$

式中，N 为载流子浓度；S 为光子密度；I 为注入有源区的电流；N_{om} 为透明载流子浓度；q 为电子电荷；有源区体积 $V=WLD$，W、L、D 分别为有源区宽度、腔长和厚度；A 为增益因子；τ_p、τ_n 分别是光子寿命和载流子寿命；Γ 为光限制因子；β 为自发辐射系数。

在小信号调制下，可将式（1.15）和式（1.16）中的变量表达为以下形式：

$$\begin{cases} I(t) = I_0 + I_1\exp(i\omega t) \\ N(t) = N_0 + N_1\exp(i\omega t) \\ S(t) = S_0 + S_1\exp(i\omega t) \end{cases} \tag{1.17}$$

式中，I_0、N_0 和 S_0 分别为稳态直流量，$I_1\exp(i\omega t)$、$N_1\exp(i\omega t)$ 和 $S_1\exp(i\omega t)$ 分别为瞬态交流量。

将式（1.17）代入式（1.15）和式（1.16）中，忽略二阶小量，可得：

$$i\omega N_1 e^{i\omega t} = \frac{I_0}{qV} + \frac{I_1 e^{i\omega t}}{qV} - \frac{N_0}{\tau_n} - \frac{N_1 e^{i\omega t}}{\tau_n} - [AS_0(N_0 - N_{om}) + AS_1(N_0 - N_{om})e^{i\omega t} + AN_1 S_0 e^{i\omega t}] \tag{1.18}$$

$$i\omega S_1 e^{i\omega t} = \Gamma\beta\frac{N_0}{\tau_n} + \Gamma\beta\frac{N_1 e^{i\omega t}}{\tau_n} - \frac{S_0}{\tau_p} - \frac{S_1 e^{i\omega t}}{\tau_p} + \Gamma[A_0(N_0 - N_{om}) + AS_1(N_0 - N_{om})e^{i\omega t} + A_1 S_0 e^{i\omega t}] \tag{1.19}$$

当激光器稳态时，存在 $dS/dt = 0$、$dN/dt = 0$，同时令 $N_{om} \approx 0$、$\Gamma \approx 1$、$\beta \approx 0$，令

$A = a_g / (1 + \varepsilon S_0)$，引入增益饱和项，化简式(1.18)和式(1.19)可得激光器弛豫振荡频率 f_0 为

$$f_0 = \left(\frac{a_g S_0}{\tau_p (1+\varepsilon)} \right)^{1/2} \tag{1.20}$$

可知，f_0 与微分增益系数 a_g 和稳态光子密度 S_0 成正比，与光子寿命 τ_p 和增益饱和因子 ε 成反比。下面仿真分析上述因素对激光器响应特性的影响。

图 1.6 和图 1.7 分别为激光器在不同偏置电流 $I_0(S_0)$ 下的脉冲响应曲线和频率响应曲线。I_0 分别取：40mA、50mA、60mA 和 70mA。初始条件为：$\varepsilon = 1 \times 10^{-25}$、反射率 $R = 0.3$、$a_g = 1.4 \times 10^{-12}$。

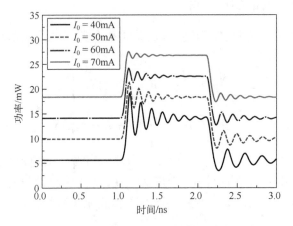

图 1.6 不同偏置电流 I_0 下的脉冲响应曲线

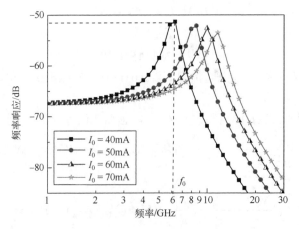

图 1.7 不同偏置电流 I_0 下的频率响应曲线

从图 1.6 可以看出，当偏置电流 I_0 增大时，弛豫振荡频率增大，弛豫振荡幅值减小，脉冲波形失真现象显著好转。从图 1.7 可以看出，通过增加偏置电流 I_0，可以提高弛豫振荡频率 f_0，进而增大激光器的调制带宽。

图 1.8 和图 1.9 分别为激光器在不同微分增益系数 a_g 下的脉冲响应曲线和频率响应曲线。a_g 分别取：1.4×10^{-12}、2.4×10^{-12}、3.4×10^{-12} 和 4.4×10^{-12}。初始条件为：$I_0=40\text{mA}$、$\varepsilon=1 \times 10^{-25}$、$R=0.3$。

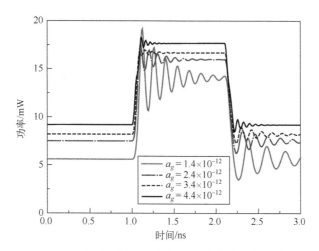

图 1.8　不同微分增益系数 a_g 下的脉冲响应曲线

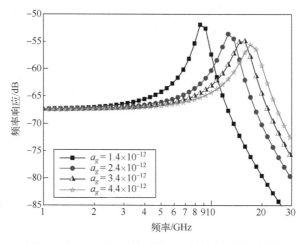

图 1.9　不同微分增益系数 a_g 下的频率响应曲线

从图 1.8 可以看出，增大微分增益系数 a_g，弛豫振荡过程缩短，波形失真现象基本消失。从图 1.9 可以看出，通过增大 a_g，可以提高弛豫振荡频率 f_0，进而增大激光器的调制带宽。

图 1.10 和图 1.11 分别为激光器在不同增益饱和因子 ε 下的脉冲响应曲线和频率响应曲线。ε 分别取：1×10^{-25}、2.5×10^{-24}、5×10^{-24} 和 1×10^{-23}。初始条件为：$I_0=40\text{mA}$、$a_g=1.4\times10^{-12}$、$R=0.3$。

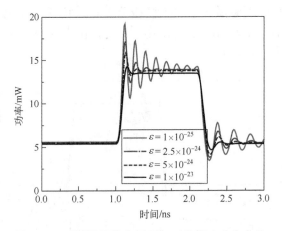

图 1.10　不同增益饱和因子 ε 下的脉冲响应曲线

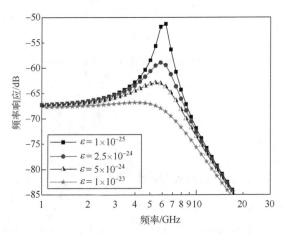

图 1.11　不同增益饱和因子 ε 下的频率响应曲线

从图 1.10 可以看出，增益饱和因子 ε 的增大对弛豫振荡有一定的阻尼作用，会缩短弛豫振荡过程。从图 1.11 可以看出，通过增大 ε，弛豫振荡频率 f_0 减小，激光器的调制带宽降低。

图 1.12 和图 1.13 分别为激光器在不同反射率 $R(\tau_p)$ 下的脉冲响应曲线和频率响应曲线。

R 分别取：0.1、0.3、0.5 和 0.7。初始条件为：$I_0=40\text{mA}$、$a_g=1.4\times10^{-12}$、$\varepsilon=1\times10^{-25}$。从图 1.12 可以看出，增大反射率 R，弛豫振荡频率减小，弛豫振荡幅值增加，波形

失真越来越严重。从图 1.13 可以看出，通过增大 R，弛豫振荡频率 f_0 减小，激光器的调制带宽降低。

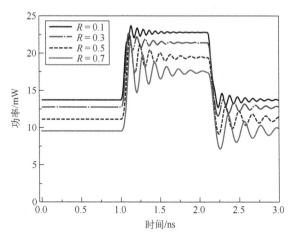

图 1.12　不同反射率 R 下的脉冲响应曲线

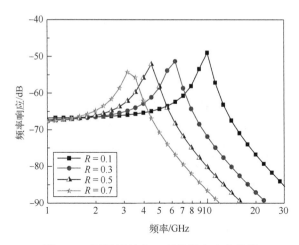

图 1.13　不同反射率 R 下的频率响应曲线

由上述分析可知：通过增大偏置电流和微分增益系数、减小反射率和增益饱和因子可以抑制脉冲波形失真，提高调制带宽。

1.3.2　PIN 光电探测器的响应特性

如图 1.14 所示，考虑 I 区电中性，假设光从 N 区入射，采用如下速率方程建立 PIN 光电探测器的等效电路模型(图 1.14)[5,6]。

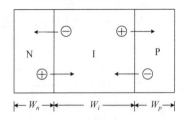

图 1.14　PIN 光电探测器的一维结构

N 区：

$$\frac{dP_n}{dt} = \frac{P_{in}(1-r)}{hv}[1-\exp(-\alpha_n W_n)] - \frac{P_n}{\tau_p} - \frac{I_p}{q} \tag{1.21}$$

P 区：

$$\frac{dN_p}{dt} = \frac{P_{in}(1-r)[1-\exp(-\alpha_p W_p)]}{hv\exp(\alpha_n W_n + \alpha_i W_i)} - \frac{N_p}{\tau_n} - \frac{I_n}{q} \tag{1.22}$$

I 区：

$$\frac{dN_i}{dt} = \frac{P_{in}(1-r)[1-\exp(-\alpha_i W_i)]}{hv\exp(\alpha_n W_n)} - \frac{N_i}{\tau_{nr}} - \frac{N_i}{\tau_{nt}} + \frac{I_n}{q} \tag{1.23}$$

式中，P_n、N_p 分别为 N 和 P 区过剩空穴、电子总数；τ_n、τ_p 分别为 P 和 N 区电子、空穴寿命；I_n、I_p 分别为 P 和 N 区少数载流子的电子、空穴电流；q 为电子电荷；P_{in} 为输入光功率；N_i 为 I 区电子总数；τ_{nr} 为 I 区电子复合寿命；τ_{nt} 为 I 区电子漂移速度；r 为反射率；α_n、α_p、α_i 分别为 N、P 和 I 区的光吸收系数；hv 为光子能量；W_n、W_p、W_i 分别为 N、P、I 区的宽度。

为了将空穴电子等参量转化为电路变量，引入常量 C_{nc}，同时令[7]：

$$P_n = \frac{V_p}{q}C_{nc} \qquad N_p = \frac{V_n}{q}C_{nc} \qquad N_i = \frac{V_i}{q}C_{nc} \tag{1.24}$$

式中，V_p、V_n 和 V_i 分别代表 P、N 和 I 区的电压。

将式 (1.24) 代入式 (1.21)、式 (1.22) 和式 (1.23)，同时令 $I_n = \beta_n P_{in} + V_n / R_{nd}$，$I_p = \beta_p P_{in} + V_p / R_{pd}$，$R_{pd} = R_p[\cosh(W_n / L_p) - 1]$，$R_{nd} = R_n[\cosh(W_p / L_n) - 1]$，$\beta_n$、$\beta_p$ 分别为入射光功率与扩散电流的关系系数，L_n、L_p 分别为电子和空穴的扩散长度。可得：

$$\frac{I_{op}}{V_{op}} = C_{nc}\frac{dV_p}{dt} + \frac{V_p}{R_p} + \beta_p P_{in} + \frac{V_p}{R_{pd}} \tag{1.25}$$

式中，I_{op} 为光照下产生的载流子在 P 区运动形成的电流，$V_{op} = \dfrac{hv}{q(1-r)[1-\exp(-\alpha_n W_n)]}$，$R_p = \dfrac{\tau_p}{C_{nc}}$。

$$I_{on} = \frac{P_{\text{in}}}{V_{on}} = C_{nc}\frac{dV_n}{dt} + \frac{V_n}{R_n} + \beta_n P_{\text{in}} + \frac{V_n}{R_{nd}} \tag{1.26}$$

式中，$V_{on} = \dfrac{hv\exp(\alpha_n W_n + \alpha_i W_i)}{q(1-r)[1-\exp(-\alpha_p W_p)]}$，$R_n = \dfrac{\tau_n}{C_{nc}}$。

$$I_{oi} = \frac{P_{\text{in}}}{V_{oi}} + \beta_n P_{\text{in}} + \frac{V_n}{R_{nd}} = C_{nc}\frac{dV_i}{dt} + \frac{V_i}{R_{nr}} + \frac{V_i}{R_{nt}} \tag{1.27}$$

式中，$V_{oi} = \dfrac{hv\exp(\alpha_n W_n)}{q(1-r)[1-\exp(-\alpha_i W_i)]}$，为光照下产生的载流子在 I 区运动形成的电压，

$R_{nr} = \dfrac{\tau_{nr}}{C_{nc}}$，$R_{nt} = \dfrac{\tau_{nt}}{C_{nc}}$，$I_i = \dfrac{V_i}{R_{nt}}$。

以 N-I 界面为例，输出端电流为：$I_n = I_i + I_p$，此外需要考虑光电探测器内的芯片寄生参量（C_c、R_c 和 R_d）和封装寄生参量（L_e、R_e 和 C_e），封装寄生参量来自于芯片封装过程中所引入的载体和金丝[8,9]。由式(1.25)、式(1.26)和式(1.27)以及上述分析可得 PIN 光电探测器等效电路模型如图 1.15 所示。

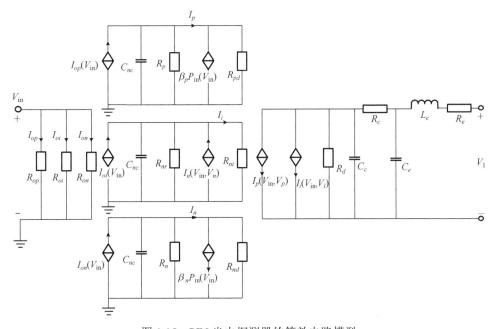

图 1.15　PIN 光电探测器的等效电路模型

PIN 光电探测器对高速入射光信号的响应能力用响应时间来表征。响应时间的大小主要与 I 区中载流子的渡越时间和 RC 时间常数有关[10]，下面利用图 1.15 模型从这两方面展开分析。

图 1.16 和图 1.17 分别为 PIN 光电探测器在不同 I 区宽度 W_i 下的脉冲响应曲线

和频率响应曲线，Ⅰ区宽度 W_i 分别取：3μm、10μm、50μm 和 100μm。初始条件：
R_c=10Ω、A=1.2×10^{-8}。

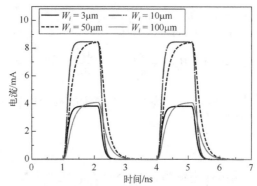

图 1.16　不同Ⅰ区宽度下的脉冲响应曲线

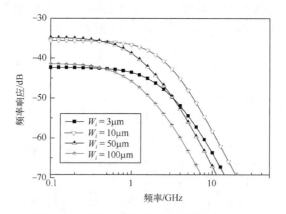

图 1.17　不同Ⅰ区宽度下的频率响应曲线

从图 1.16 和图 1.17 可以看出，通过选择合适的Ⅰ区宽度 W_i，使得脉冲响应时间最小，可以很好地抑制脉冲波形失真，增大频率响应带宽。

图 1.18 和图 1.19 分别为 PIN 光电探测器在不同芯片寄生电阻 R_c 下的脉冲响应曲线和频率响应曲线，寄生电阻 R_c 分别取：10Ω、20Ω、30Ω和40Ω。初始条件：W_i=4.2μm、A=1.2×10^{-8}。

从图 1.18 和图 1.19 可以看出，通过减小寄生电阻 R_c，降低脉冲响应时间，可以抑制脉冲波形失真，增大频率响应带宽。芯片寄生电容 C_c 与电阻原理相同，在此就不仿真介绍。

图 1.20 和图 1.21 分别为 PIN 光电探测器在不同光敏面 A 下的脉冲响应曲线和频率响应曲线，光敏面 A 分别取：6×10^{-7}、1.2×10^{-7}、6×10^{-8} 和 1.2×10^{-8}。初始条件：W_i=4.2μm、R_c=10Ω。

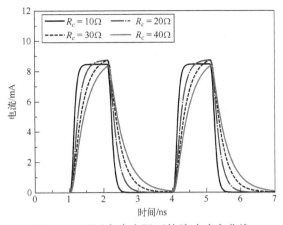

图 1.18　不同寄生电阻下的脉冲响应曲线

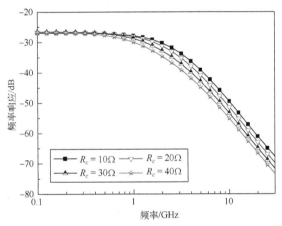

图 1.19　不同寄生电阻下的频率响应曲线

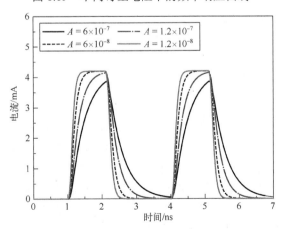

图 1.20　不同光敏面下的脉冲响应曲线

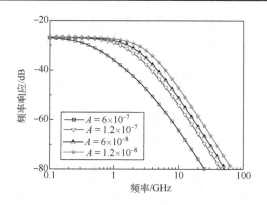

图 1.21　不同光敏面下的频率响应曲线

从图 1.20 和图 1.21 可以看出，通过减小光敏面 A，可以抑制脉冲波形失真，增大频率响应带宽。

由上述分析可知：通过选取合适的 I 区宽度，减小芯片寄生电阻、电容和光敏面面积可以抑制脉冲波形失真，提高频率响应带宽。

1.4　表面等离激元

1.4.1　表面等离激元

表面等离激元(surface plasmon polarization，SPP)是指光波入射到金属表面时与金属表面自由振动的电子相互作用产生的表面电磁波[11]。由于 SPP 具有亚波长特性、等离子体波导、局域场增强等独特的性质，且这些性质都蕴含着巨大的研究价值，因此对于 SPP 的研究也在日益剧增。SPP 的出现，使得纳米光电子器件产生了一些新的物理现象，相比于传统光电子器件，其性能有很大的改进。

1.4.2　表面等离子体结构

在设计结构中主要运用了金属纳米颗粒的两大光学特性：①当入射光照射到金属纳米颗粒时，金属纳米颗粒会产生显著的表面等离子体效应，进而增强了局域等离共振场，最终引起了有源介质吸收的增强。②当入射光照射到金属纳米颗粒时，金属纳米颗粒会产生显著的表面等离子体效应，进而增强光散射，使得入射光进入有源介质中的路径大大增加，最终引起了有源介质吸收的增强。设计的结构如图 1.22 所示，图 1.22 (a) 表示的是三维结构示意图，衬底是硅光电探测器(包括 P、I、N 三层)结构，上面依次是抗反射膜 SiO_2 以及周期性分布的球状金属银(Ag)纳米颗粒阵列，图中，抗反射膜 SiO_2 的厚度用 h 表示，硅衬底的厚度用 T 表示，Ag 纳米颗粒阵列中相邻两个颗粒球心之间的距离即阵列周期用 P 表示，球状 Ag 纳米颗粒直径用 d 表示。图 1.22(b) 表示的是三维模型在 x-z 平面内的截面图，模型的四周(即 x 轴方向和 y 轴方向)设置为周期性边界条件(periodic boundary conditions，PBC)，上下(即 z 轴方向)设置为完美匹配层(perfectly matched layer，PML)边界条件。平面波沿 z 轴负方向(此时的入射角度为 0°)垂直入射到光电探测器的上表面，入射光源是波长范围为 400～1100nm 的 AM1.5 太阳光谱[12]，模型中 Ag 的光学常数取自参考文献[13]。

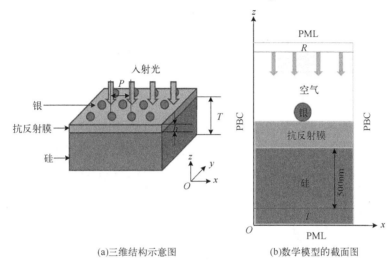

(a)三维结构示意图　　　　　　　(b)数学模型的截面图

图 1.22　表面附有 Ag 纳米颗粒阵列的硅薄膜光电探测器的结构示意图

1. 不同入射光照方向对硅衬底光吸收性能的影响

当结构参数为 $P=110$nm 和 $d=100$nm 时，将波长范围在 600～800nm 之内的光入射到厚度为 500nm 的硅薄膜光电探测器，计算入射光波入射到硅薄膜光电探测器的反射效率和透射效率以及吸收效率，如图 1.23 所示。

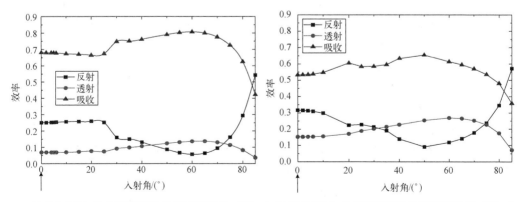

(a) 存在球状Ag纳米颗粒阵列和抗反射膜SiO₂($\lambda=700$nm)　(b) 存在球状Ag纳米颗粒阵列和抗反射膜SiO₂($\lambda=800$nm)

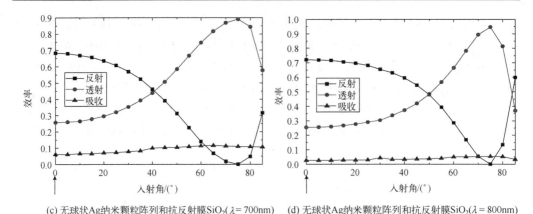

(c) 无球状Ag纳米颗粒阵列和抗反射膜SiO$_2$(λ = 700nm)　　(d) 无球状Ag纳米颗粒阵列和抗反射膜SiO$_2$(λ = 800nm)

图 1.23　　d =100nm 和 P =110nm 时，吸收效率、反射效率和透射效率随入射角λ的变化情况

从图 1.23 可以看出，在图(a)和图(b)中，硅薄膜光电探测器表面存在球状 Ag 纳米颗粒阵列和抗反射膜 SiO$_2$ 时，其光反射效率以及透射效率值较小，而相应的光吸收效率值较大。在图(c)和图(d)中，硅薄膜光电探测器表面没有球状 Ag 纳米颗粒阵列和抗反射膜 SiO$_2$ 时，其光反射效率以及透射效率值较大，相应的光吸收效率值较低。与图(b)、(c)、(d)相比，图(a)中硅薄膜光电探测器的光吸收效率值最高，并且在 0°～65°范围内，光电探测器复合结构光吸收效率保持在 65%以上，并且当入射角度超过 65°时，发现光吸收效率随入射角度的变化并不明显。此结果表明了在硅薄膜光电探测器表面引入球状 Ag 纳米颗粒阵列和抗反射膜 SiO$_2$ 后其光吸收效率在不同入射角度下都会有一定程度的提高，并且发现与裸硅光电探测器相比，在波长λ =700nm 处、入射角度在 0°～65°范围内硅薄膜光电探测器的光吸收效率提高，可达 60%。

2. 光电探测器 x-z 截面上的电场模量分布图

图 1.24 为光电探测器 x-z 截面上的电场模量分布图。其中图中(a)～(d)所对应的角度分别为图 1.23(a)～(d)箭头所标示的入射角度(即 0°)，图(c)和图(d)为只有硅薄膜光电探测器时的电场强度分布图。从图中可以看出，硅衬底顶部空气层中的电场强度明显大于硅衬底内部的电场强度，表明入射光中的绝大部分被反射回去。图(a)和图(b)为在硅薄膜光电探测器顶部加上球状金属 Ag 纳米颗粒阵列和抗反射膜 SiO$_2$ 时的电场强度分布图，从图中可以看出，金属 Ag 纳米颗粒周围的电场强度显著增强，表明金属纳米颗粒产生了局域表面等离子体共振，且由于金属纳米颗粒具有很强的散射作用，绝大部分的入射光被散射到硅薄膜光电探测器内部，发现与裸硅光电探测器相比，其反射效率和透射效率明显下降，吸收效率有所提高。而图(b)中由于入射光波与衬底导波模式的耦合效率相对较低，光电探测器的光吸收效率提高不大。

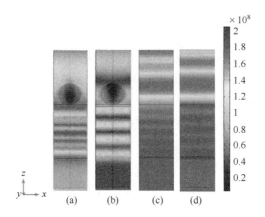

图 1.24 图 1.23(a)~(d)各箭头标示的角度处光电探测器 x-z 截面上电场模量分布图

1.4.3 结论

本节主要设计了上表面具有周期性的球状金属 Ag 纳米颗粒阵列的硅薄膜光电探测器结构，并且计算了入射光角度对光电探测器光吸收效率的影响。研究结果发现：与裸硅光电探测器相比，上表面具有球状金属 Ag 纳米颗粒的硅薄膜光电探测器在入射光波长为 700nm 处、最佳入射角度范围为 0°~65°时光吸收效率由 5%提升至 60%。

1.5 信 号 检 测

无线光通信的检测方法分为强度调制/直接检测(intensity modulation/direct detection，IM/DD)(图 1.25)、相干检测两类。本节讨论直接检测。

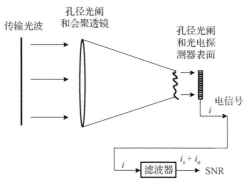

图 1.25 强度调制/直接检测系统模型

1.5.1　直接检测

光电直接检测系统是将待测光信号直接入射到光检测器光敏面上，光检测器响应光辐射强度(幅度)并输出相应的电流和电压。假定入射到光电检测器表面的光场为

$$E_s(t) = A\cos\omega t \tag{1.28}$$

式中，A 为幅值，ω 为角频率。

光场平均光功率为

$$P_s = \overline{E_s^2(t)} = \frac{A^2}{2} \tag{1.29}$$

式中，$\overline{E_s^2(t)}$ 表示 $E_s^2(t)$ 的时间平均。光检测器输出电流为

$$I_s = \frac{e\eta}{2hv}A^2 \tag{1.30}$$

式中，e 为电子电荷量，η 表示量子效率，h 表示普朗克常量，v 表示光频率，$\dfrac{e\eta}{2hv}$ 又称为光电转换常数。光电探测器输出功率为

$$P_0 = \left(\frac{e\eta}{2hv}\right)^2 P_s^2 R_L \tag{1.31}$$

式中，R_L 是光电探测器负载电阻。光电流正比于光电场振幅的平方，电输出功率正比于光场平均光功率的平方。这就是光检测器的平方律特性。对于幅度调制

$$E_s(t) = A[1 + d(t)]\cos\omega t \tag{1.32}$$

式中，$d(t)$ 为调制信号。则光电探测器输出的电流为

$$i_s = \frac{1}{2}\alpha A^2 + \alpha A^2 d(t) \tag{1.33}$$

信号的输出信号功率信噪比可以表示为

$$(\text{SNR})_p = \frac{\left(\dfrac{P_s}{P_n}\right)^2}{1 + 2\left(\dfrac{P_s}{P_n}\right)} \tag{1.34}$$

式中，P_s 是输出端信号功率；P_n 是输出端噪声功率。若 $\dfrac{P_s}{P_n} \ll 1$，则 $(\text{SNR})_p \approx \left(\dfrac{P_s}{P_n}\right)^2$；若 $\dfrac{P_s}{P_n} \gg 1$，则 $(\text{SNR})_p \approx \dfrac{1}{2}\left(\dfrac{P_s}{P_n}\right)$。可见，直接检测方法不能改善输入信噪比。但直接检测方法简单，易于实现，可靠性高，成本低，得到了广泛应用。

1.5.2　直接检测极限

直接检测系统中存在的所有噪声输出总功率为

$$P_{n0} = (i_{NS}^2 + i_{NB}^2 + i_{ND}^2 + i_{NT}^2) \cdot R_L \tag{1.35}$$

式中，i_{NS}^2、i_{NB}^2 和 i_{ND}^2 分别为信号光、背景光和暗电流引起的散粒噪声；i_{NT}^2 为负载电阻和放大器的热噪声之和。系统输出信噪比为

$$(SNR)_p = \frac{(e\eta / hv)^2 P_s^2}{i_{NS}^2 + i_{NB}^2 + i_{ND}^2 + i_{NT}^2} \tag{1.36}$$

当热噪声是直接检测系统的主要噪声源时，直接检测系统受热噪声限制，信噪比为

$$(SNR)_{热} = \frac{(e\eta / hv)^2 P_s^2}{4kT\Delta f / R_L} \tag{1.37}$$

式中，k 表示玻尔兹曼常数，T 表示温度，Δf 表示噪声带宽。

当散粒噪声远大于热噪声时，直接检测系统受散粒噪声限制，信噪比为

$$(SNR)_{散粒} = \frac{(e\eta / hv)^2 P_s^2}{i_{NS}^2 + i_{NB}^2 + i_{ND}^2} \tag{1.38}$$

当背景噪声是直接检测系统的主要噪声源时，直接检测系统受背景噪声限制，信噪比为

$$(SNR)_{背景} = \frac{\eta P_s^2}{2hv\Delta f P_B} \tag{1.39}$$

式中，P_B 为背景噪声。

当入射信号光波所引起的散粒噪声为直接检测系统的主要噪声源时，直接检测系统受信号噪声限制，这时信噪比为

$$(SNR)_{极限} = \frac{\eta P_s}{2hv\Delta f} \tag{1.40}$$

式 (1.40) 也称为直接检测量子极限灵敏度。

1.6　光放大器

直接对光源进行调制时，光源功率越大，调制速率提高越困难；光源功率小，调制速率提高容易，但小信号传递距离受限。为了解决这一矛盾，采用光放大器 (optical amplifier，OA) 直接对调制后的光信号进行放大，以达到大光源功率与高调制速率的统一。光放大器是在保持光信号特征不变的条件下，增加光信号功率的有源设备[14]。

1.6.1　光放大器的分类

　　光放大器按照原理不同可以分为两种类型(图 1.26)，半导体光放大器(semiconductor optical amplifier，SOA)和光纤放大器(optical fiber amplifier，OFA)，其中光纤放大器中的掺稀土元素光纤放大器又有掺铒光纤放大器(erbium doped fiber amplifier，EDFA)和掺镨光纤放大器(praseodymium doped fiber amplifier，PDFA)两种[15]。

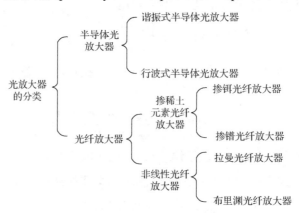

图 1.26　光放大器的分类

　　半导体光放大器的放大原理与半导体激光器的工作原理相同，也是利用能级间受激跃迁而出现粒子数反转的现象进行光放大。半导体光放大器有两种：一种是将通常的半导体激光器当光放大器使用，因其有源区是一个谐振器，两端经反射形成了一个选择性很强的法布里-珀罗(Fabry-Perot，F-P)谐振器，故称为谐振式半导体光放大器，又称为 F-P 半导体激光放大器(FPA)；另一种是在 F-P 激光器的两个端面上涂有抗反射膜，消除两端的反射，以获得宽频带、高输出功率、低噪声，其光信号强度随着光在有源波导层中前进而放大，所以称作行波式半导体光放大器[16]。半导体光放大器的增益可以达到 30dB 以上，而且在 1310nm 窗口和 1550nm 窗口上都能使用。若能使其增益在相应使用波长范围保持平坦，则可以作为光放大的一种有益的选择方案。

　　半导体光放大器的优点是可充分利用现有的半导体激光器技术，制作工艺成熟，结构简单、体积小、功耗小、成本低、寿命长，且便于与其他光器件进行集成。其工作波段可覆盖 1.3～1.6μm，这是掺铒光纤放大器或掺镨光纤放大器所无法实现的。但最大的弱点是与光纤的耦合损耗太大，易受环境温度影响，噪声及串扰较大，因此稳定性较差。

　　光纤放大器是实现信号放大的一种新型全光放大器。与传统的半导体光放大器相比，光纤放大器不需要经过光电-电光转换和信号再生等复杂过程，可直接对信号进行全光放大，具有很好的"透明性"。

1.6.2　掺铒光纤放大器

1. 掺铒光纤放大器的概述

掺铒光纤放大器是将掺铒光纤在泵浦源的作用下形成的光纤放大器。掺铒光纤放大器的工作光谱波段为 1530~1560nm。掺铒光纤放大器可以对光信号进行直接光放大，具有增益高、输出功率大、噪声低、响应速度快，对信号的编码格式没有要求等优点[17]。

2. 掺铒光纤放大器的基本结构

掺铒光纤放大器主要由掺铒光纤(erbium doped fiber，EDF)、泵浦光源、光耦合器、隔离器、光滤波器五个部分组成[18]。

掺铒光纤放大器的结构主要有以下三种形式。

(1)同向泵浦：在同向泵浦方案中，泵浦光与信号光从同一端注入掺铒光纤。

(2)反向泵浦：泵浦光与信号光从不同方向输入掺铒光纤，两者在掺铒光纤中反向传输。

(3)双向泵浦：使用两个泵浦光源，从掺铒光纤两端同时注入泵浦光的方式。为了使掺铒光纤中的铒离子能够得到充分的激励，必须提高泵浦功率。

3. 掺铒光纤放大器的放大原理

经泵浦源的作用，工作物质粒子由低能级跃迁到高能级(一般通过另一辅助能级)，在一定泵浦强度下，得到了粒子数反转分布而具有光放大作用。当工作频带范围内的信号光输入时便得到放大。这也是掺铒光纤放大器的基本工作原理[19]。

从图 1.27 中可以看出，在掺铒光纤中，铒离子有三个能级，其中能级 1 代表基态，能量最低；能级 2 是亚稳态，处于中间能级；能级 3 代表激发态，能量最高。

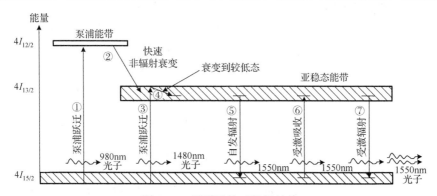

图 1.27　铒原子的三能级结构

1.6.3 半导体光放大器

一般是指行波光放大器，工作原理与半导体激光器相类似。其工作带宽很宽，但增益幅度稍小一些。半导体光放大器是一种处于粒子数反转条件下的半导体增益介质，对外来光子产生受激辐射放大的光电子器件，与半导体激光器一样，是一种体积小、效率高、功耗低和具有与其他光电子器件集成能力的器件。

1.7 空间光–光纤耦合技术

常用的空间光–光纤耦合方法有：单透镜耦合、透镜组耦合、光纤微透镜耦合、光纤阵列耦合和特种光纤耦合等。将空间光耦合进光纤之中，便于将成熟的光纤通信技术应用于无线激光通信中。

1.7.1 单透镜耦合

空间光–单透镜–光纤耦合式结构是最简单的耦合系统，如图 1.28 所示。

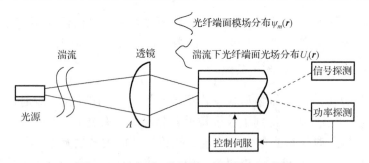

图 1.28 空间光–单透镜–光纤耦合示意图

无线激光通信系统中，信号光在经过较远距离的传输后，可视为平面波垂直入射到单透镜表面。在湍流的影响下，在透镜的后焦面上形成波前随机分布的会聚光场，将光纤放置于透镜焦平面位置耦合信号光。从模场匹配角度来说：耦合即是完成光纤端面光场分布 $U_i(r)$ 与光纤端面模场分布 $\psi_m(r)$ 匹配的过程。将耦合效率 η 定义为耦合进光纤的平均光功率 $\langle P_T \rangle$ 和接收平面内的平均光功率 $\langle P_a \rangle$ 之比。

$$\eta = \frac{\langle P_T \rangle}{\langle P_a \rangle} = \frac{\left\langle \left| \int_A U_i(r) U_m^*(r) \mathrm{d}r \right|^2 \right\rangle}{\int_A |U_i(r)|^2 \mathrm{d}r} \tag{1.41}$$

式中，r 为径向矢量；$U_i(r)$ 为接收孔径 A 上的入射光场分布；$U_m^*(r)$ 为折算到接收孔径 A 上的光纤模场分布，*表示复共轭。由于光学系统都有孔径限制，在透镜焦点处形成艾里斑，其光场分布与单模光纤模场的高斯分布存在一定差异，故即便不考虑湍流引起的波前畸变、抖动和闪烁等因素，理论上空间光-单模光纤的耦合效率最大值可达 81%[20]。

考虑到光在大气中传输受湍流影响较大，将湍流影响引入耦合效率后，其表达式可利用入射光场的互相关光函数 $\Gamma_i(r_1,r_2)$，将式(1.41)的耦合效率公式扩展为

$$\eta_T = \frac{1}{\langle P_a \rangle} \iint_A \Gamma_i(r_1,r_2)U_m^*(r_1)U_m(r_2)\mathrm{d}r_1\mathrm{d}r_2 \tag{1.42}$$

式中，入射光场的互相关函数 $\Gamma_i(r_1,r_2)$ 利用 Kolmogorov 折射率谱密度下的弱湍流互相关函数，可以近似表达为

$$\Gamma_i(r_1,r_2) = I_i \exp\left(-\frac{|r_1-r_2|^2}{\rho_c^2}\right) \tag{1.43}$$

式中，I_i 为入射光场的强度；$\rho_c = (1.46C_n^2k^2L)^{-3/5}$ 为空间相干长度，C_n^2 为大气折射率结构常数，k 为光波数，L 为通信距离。

如图 1.28 所示，实际中常将耦合光纤与控制伺服(包括位移、旋转)固定在一起，与后端的功率探测形成闭环控制以克服湍流造成的耦合功率不稳定。由于单透镜对空间光的整形效果有限，可利用图 1.29 所示的卡塞格林折返系统等多透镜系统对空间光进行整形，即透镜组耦合；也可利用非球面透镜对焦平面光场分布进行调整，到能量更加集中的艾里斑，即非球面透镜耦合系统。

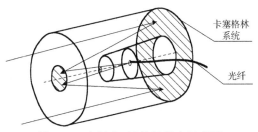

图 1.29　空间光-透镜组耦合示意图

1.7.2　光纤阵列耦合

如图 1.30 所示，将照射在 N 个有效阵列单元上的光分别耦合进 N 根等长的分立光纤，然后利用熔融拉锥技术合成一根光纤。

考虑湍流影响的情况下，入射光场随通信距离和湍流情况变化，当光斑完全覆盖透镜和透镜阵列时，对于面积相同的透镜和透镜阵列，阵列中有效单元的孔径较小，具有较强的抑制湍流能力。当通信距离超过一定范围后，阵列的耦合效率就会明显高于透镜的耦合效率。通过增大阵列面积抑制湍流造成的光斑抖动，阵列结构的空间光-光纤耦合更适合远距离 FSO 系统[21]。

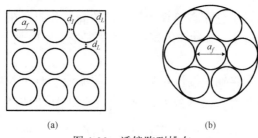

(a)　　　　　　　　　　　(b)

图 1.30　透镜阵列排布

1.7.3　特种光纤耦合

特种光纤种类繁多,锥形光纤、自聚焦透镜和芯径较大的光纤常被应用于空间光-光纤的耦合系统中。其中圆锥形光纤是指其直径随光纤长度呈线性变化的光纤,是特种光纤的一种。图 1.31 是子午光从光锥的大端进入小端出射的光路。δ 为锥形光纤的锥角。利用全反射原理,锥形光纤可将入射光的空间光耦合进锥形光纤内部。

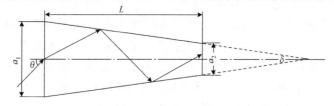

图 1.31　锥形光纤耦合

根据全反射的条件,要使入射光线都能从光纤的另一端出射,则光纤长度必须满足

$$L \geqslant \frac{1}{2} \frac{2(a_2 - a_1)\cos\theta}{\dfrac{a_1}{a_2}\left[1 - \left(\dfrac{n_2}{n_1}\right)^2\right]^{\frac{1}{2}} - \sin\theta} \tag{1.44}$$

式中,a_2 为小端半径;a_1 为大端半径;n_2 为纤皮折射率;n_1 纤芯折射率;θ 为入射角。式(1.44)说明,为使锥形光纤聚光,光纤长度必须超过一定的数值才可以达到耦合的效果。

1.8　光学天线与望远镜

光学天线就是一个光学望远镜。光学望远镜可按光学部分和机械装置来分类。光学部分主要是望远镜的物镜和目镜。根据物镜的不同,又可以分为折射望远镜和反射望远镜。如果物镜是反射镜,在其前面再加一块改正相差的透镜,那么组成的望远镜是折反射望远镜[22]。光学天线主要有透射式和反射式两种形式，反射式光学系统由于没有色差而受到人们的青睐，典型的反射式接收望远镜有牛顿（Newton）式、卡塞格林(Cassegrain)式和格里高利(Gregory)式。卡塞格林式光学系统广泛应用于无线光通信领域，其中共口径收发一体化光学天线多采用卡塞格林式光学望远镜。光学天线本质上是一个前置望远系统，其收发共用，相当于一个扩束和缩束系统，发射时扩大光束口径，接收时缩小光束口径[23]。

1.8.1　折射式望远镜

伽利略望远镜是利用透镜聚集光，且将其会聚于一点，产生放大的影像。它是应用光线穿过玻璃时会弯曲(透镜折射)的原理，所以伽利略望远镜被称为折射式望远镜，如图 1.32 所示。

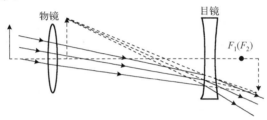

图 1.32　伽利略望远镜

折射式望远镜的成像质量比反射式望远镜好，视场较大，中小型天文望远镜及许多专用仪器多采用折射系统。

1.8.2　反射式望远镜

反射式望远镜的物镜由反射镜(凹面)组成，它在光学性能方面的最重要特点是没有色差，当物镜采用抛物面时，还可消去球差。但为了减小其他像差的影响，可用视场较小。

反射式望远镜常用的物镜系统有牛顿系统、主焦点系统、卡塞格林系统等。前两种只有一块曲面反射镜，称为简单式物镜系统；其他的几种则有两个和两个以上的曲面反射镜，属于复杂式物镜系统。最著名的反射式物镜是双反射式物镜系统，即卡塞格林系统和格里高利系统。

1. 卡塞格林系统

卡塞格林系统是由两个反射镜组成的，如图 1.33 所示。主镜是抛物面，副镜是双曲面。卡塞格林式光学系统具有以下优点：①天线口径较大、无色差，适用波段范围广泛；②主副镜面使用非球面后，消像差能力强；③光学结构简单、像质优良等。因此，卡塞格林式光学系统在无线光通信中得到广泛应用。

2. 格里高利系统

格里高利系统也是由两个反射面组成的，如图 1.34 所示。主镜仍为抛物面，副镜改为椭球面，可以同时消除球差和色差，但制作工艺要求较高，应用较少。

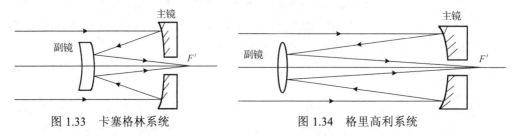

图 1.33　卡塞格林系统　　　　　　　　　图 1.34　格里高利系统

1.8.3　折反射望远镜

采用使光线先经过透镜再由反射镜成像的物镜系统的望远镜称为折反射望远镜。折反射望远镜主要有施密特(Schmidt)望远镜和马克苏托夫(Maksutov)望远镜两大类。在这两类的基础上又进一步产生了贝克尔系统、马克苏托夫-卡塞格林系统(简称马卡)、超施密特系统等类型的折反射望远镜。在折反射望远镜中，由球面反射镜成像，折射镜也称为改正镜，用于校正球差[24]。

1. 施密特望远镜

施密特望远镜是由球面主镜和施密特改正镜组成的，如图 1.35 所示。改正镜是透射元件，其中一个是平面，另一个是非球面。

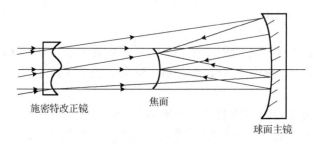

图 1.35　施密特望远镜

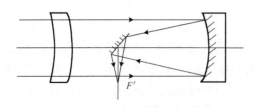

图 1.36　马克苏托夫望远镜

2. 马克苏托夫望远镜

马克苏托夫望远镜是由球面主镜和负弯月形厚透镜组成的，如图 1.36 所示。折反射望远镜有很大的视场和相对口径，在天文观测中有广泛的应用。

1.8.4　收发一体化光学天线

卡塞格林系统反射副镜有盲区存在，导致发射效率下降；接收光路和发射光路通过分束镜分束之后，会有效率损失[25]。图 1.37 是对卡塞格林系统主镜遮拦的改进结构，将该结构安装在主反射镜中心位置可以完成收发一体的功能，采用光纤阵列发送，接收天线采用光纤耦合接收。图 1.38 是这种天线发射光强的分布图。

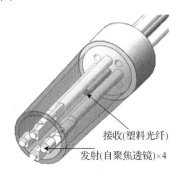

接收(塑料光纤)

发射(自聚焦透镜)×4

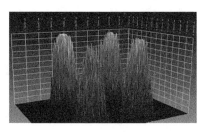

图 1.37　基于卡塞格林系统的收发一体化光学天线　　　图 1.38　收发一体化天线光强的分布

1.8.5　一点对多点发射天线

点对点通信系统中的通信终端数量有限，不能进行多平台间的通信与信息中继，制约了空间激光通信应用的推广，限制了激光通信空间组网的发展。因此，一点对多点激光通信的组网方式成了解决问题的研究方向。

如图 1.39 所示，该光学系统由旋转抛物面反射镜和光学中继系统等光学透镜组组成，旋转抛物镜的口径为 200mm，俯仰角为 73°。通信目标 A 和通信目标 B 分别是来自不同方向上的通信目标，光线沿着抛物曲面的焦点方向入射到光学系统中并沿着平行于主轴的方向出射，进入后续的光学中继系统。该天线视场大，通信范围广，同时结构简单，接收能量高，能够实现多点终端之间的同时双工通信。

如图 1.40 所示，为三同心球结构光学系统，该系统具有水平和俯仰两个方向上 120°的大视场角。光学系统可以在对应工作区域轨道上与多个收发终端同时进行双工通信，当收发终端沿着轨道移动出当前光学系统工作区域，进入下一个区域的时候，由下一个光学系统对收发终端进行接管并建立通信链路。这种光学系统和建立通信链路的方案省去了跟踪瞄准的复杂步骤，为实现多点同时通信、建立传输网络提供了一个可行性较高的方案。

如图 1.41 所示，350mm 的广角扩束镜进一步扩大视场范围，可以接收来自不同方向上的光信号。N 对口径为 100mm 的双光楔组同时对 N 个不同信号源进行动态瞄准和跟踪，可以实现在低轨道进行一对 N 同时双向通信。

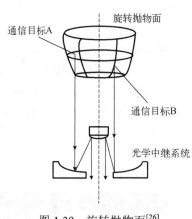

图 1.39　旋转抛物面[26]

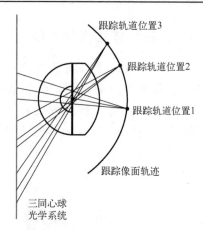

图 1.40　三同心球结构示意图[27]

如图 1.42 所示,多分光镜叠加一点对多点激光通信光学系统只有一个光端机,在光端机光学天线的前部增加多个不同角度的分光镜,通过多个分光镜不同角度的放置,以实现不同方位的空间激光通信组网。

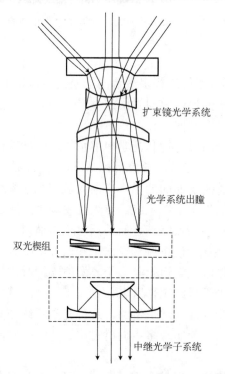

图 1.41　扩束系统与双光楔组合光学系统[28]

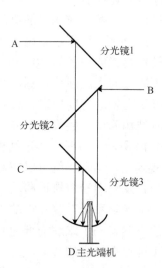

图 1.42　多分光镜叠加光学系统结构[29]

1.9　总结与展望

本章是对无线光通信系统的简单介绍。无线光通信装置由发射机、接收机以及信道组成。目前的无线光通信多是点对点通信,通过增加发射功率提高传输距离,发射天线也多以现有的光学望远镜为基础进行设计。今后发展的方向应该是:①探讨一点对多点以及多点对多点的光通信机制;②研究新的光探测器,尤其是高灵敏度、接近量子限的光电探测器件;③研究非球面光学天线;④低成本、高可靠性的光机电一体化设计。

思 考 题 一

1.1　无线光通信系统由哪几部分组成？功能分别是什么？

1.2　LED 和 LD 的相同点和不同点是什么？怎样校正 LED 和 LD 的非线性特性？

1.3　光电探测的原理是什么？

1.4　光调制技术可以分为几类？各有什么特点？

1.5　被动调制有什么优点？

1.6　光放大器可以分为哪几类？简述其工作原理。

1.7　空间光-光纤耦合的作用是什么？有哪几类耦合方式？分别说明其工作原理。

1.8　光学天线一般可以分为几类？

1.9　直接检测能否提高系统的信噪比？试进行分析。

习 题 一

1.1　如题图 1.1 所示,反射式卡塞格林系统因其焦距长、体积小、质量轻、制作容易等特点,在无线激光通信中作为发射天线被广泛应用。卡塞格林望远镜一般采用双反射设计,由抛物面主镜、双曲面副镜和校正镜组合而成。该系统双反射式结构决定了卡塞格林系统作为发射天线时存在严重的光能损耗的问题,为了解决损耗问题,可以采用离轴发射方案。

(1)画出卡塞格林系统的收、发光路图,试分析损耗原因。

(2)请说明为什么采用离轴发射可以解决发射损耗问题及该方案存在的弊端;画出离轴发射的光路图。

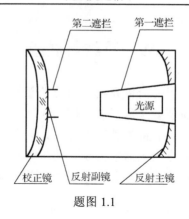

题图 1.1

1.2 高斯光束传输到 z 点的光斑半径 $\omega(z) = \omega_0 \sqrt{1 + (\lambda z / (\pi \omega_0^2))^2}$，$\omega_0$ 是高斯光束的初始束腰半径，λ 是波长，z 是传输距离。在 z 处光强表示为 $I(z, \boldsymbol{\rho}) = I_0 \dfrac{\omega_0^2}{\omega^2(z)} \exp[-2\rho^2 / \omega^2(z)]$，$\boldsymbol{\rho}$ 为位置矢量；天线接收到的光功率可以表示为

$$P_S(z) = \pi \eta_2 R_2^2 I(z) = \frac{2\eta_1 \eta_2 R_2^2 P_1}{0.865\omega^2(z)}$$，η_1 为发射天线效率，η_2 是接收天线效率，P_1 为发射光功率，R_2 是接收天线半径，系统的误码率可以表示为

$$\eta_{BER} = \frac{1}{\sqrt{\pi}} \int_{s/(2\sqrt{2}\sigma)}^{\infty} e^{-x^2} dx = \frac{1}{2} \operatorname{erfc} \frac{\langle i_s \rangle (z)}{2\sqrt{2}\sigma(z)} = \frac{1}{2} \operatorname{erfc} \left[\frac{1}{4} \sqrt{\frac{2 S_i \eta_1 \eta_2 P_1 \pi^2 \omega_0^2}{0.865 \Delta f (\pi^2 \omega_0^4 + \lambda^2 z^2)}} \right]$$

式中，$\langle i_s \rangle$ 为平均光电流，S_i 为探测灵敏度，Δf 为探测器测量带宽。从上式易知在忽略大气因素影响的条件下，通信系统的误码率与发射光功率、发射孔径半径、接收孔径半径、收发天线效率以及探测器灵敏度成反比关系，与通信距离和测量带宽成正比关系，即 $\eta_{BER} = \eta_{BER}(S_i, R_2, P_1, \omega_0, \eta_1, \eta_2, z, \Delta f)$。

(1) 若 $P_1 = 30\text{mW}$，$\lambda = 1.55\mu\text{m}$，$\omega_0 = 15\text{mm}$，$\eta_1 = \eta_2 = 0.7$，$R_2 = 50\text{mm}$，$\Delta f = 3\text{GHz}$，求误码率。

(2) 若 $P_1 = 3\text{mW}$，其他参数同上，求极限通信距离。

1.3 卡塞格林天线的特点是：①天线口径较大、不产生色差及波段范围较宽；② 当采用非球面镜后，消像差能力较强。因此，在激光空间通信中常采用卡塞格林天线作为光学发射和接收天线。假设经发射天线传输的光束为基膜高斯光束，则其分布可用下式表示：

$$E_0(r_0) = \sqrt{\frac{2}{\pi \omega^2}} \exp\left(-\frac{r_0^2}{\omega^2}\right) \exp\left(\frac{ikr_0^2}{2R}\right)$$

式中，ω 是束腰大小；R 为天线处的波面曲率。在观察点 (r, θ) 处的强度分布为

$$I(r,\theta) = \frac{k^2}{r^2}\left|\int_b^a \sqrt{\frac{2}{\pi\omega^2}}\exp\left(-\frac{r_0^2}{\omega^2}\right)\exp\left[ik\frac{r_0^2}{2}\left(\frac{1}{r}+\frac{1}{R}\right)\right]J_0(kr_0\sin\theta)r_0\mathrm{d}r_0\right|^2$$

式中，a 为天线主镜半径；b 为天线副镜半径；J_0 为零阶贝塞尔函数。光学天线的增益为

$$G(r,\theta) = \frac{I(r,\theta)}{I_0} = \frac{8k^2}{\omega^2}\times\left|\int_b^a \exp\left(-\frac{r_0^2}{\omega^2}\right)\exp\left[ik\frac{r_0^2}{2}\left(\frac{1}{r}+\frac{1}{R}\right)\right]J_0(kr_0\sin\theta)r_0\mathrm{d}r_0\right|^2$$

式中，$I_0 = 1/(4\pi r^2)$。设 $\alpha = a/\omega$，$\gamma = b/a$，$X = ka\sin\theta$，则

$$\beta = (ka^2/2)\left(\frac{1}{r}+\frac{1}{R}\right)$$

其中，α 代表天线主镜孔径与激光束束腰半径之比；γ 为遮挡比；X 代表光学天线的指向角度因子。因此天线增益可写为

$$G_T(\alpha,\beta,\gamma,X) = (4\pi A/\lambda^2)g_T(\alpha,\beta,\gamma,X)$$

式中，$A = \pi a^2$；g_T 为天线增益效率因子，其表达式为

$$g_T(\alpha,\beta,\gamma,X) = 2\alpha^2\times\left|\int_{\gamma^2}^1 \exp(i\beta u)\exp(-\alpha^2 u)J_0(Xu^{1/2})\mathrm{d}u\right|^2$$

试讨论天线取得增益极大值及其条件。

1.4 题图 1.2 所示为卡塞格林天线系统。天线增益效率因子为

$$g_T(\alpha,\beta,\gamma,X) = 2\alpha^2\times\left|\int_{\gamma^2}^1 \exp(i\beta u)\exp(-\alpha^2 u)J_0(Xu^{1/2})\mathrm{d}u\right|^2$$

式中，$\alpha = \dfrac{a}{\omega}$；遮挡比 $\gamma = \dfrac{b}{a}$；$X = ka\sin\theta$；$\beta = \left(\dfrac{ka^2}{2}\right)\left(\dfrac{1}{r}+\dfrac{1}{R}\right)$，$R$ 为光波波阵面的曲率半径，k 为光波的波数。对于轴上点有 $X = ka\sin\theta = 0$，天线主轴增益因子为

$$g_T(\alpha,\beta,\gamma,0) = \left(\frac{2\alpha^2}{\beta^2+\alpha^4}\right)\times\left\{\exp(-2\alpha^2)+\exp(-2\alpha^2\gamma^2)-2\exp[-\alpha^2(\gamma^2+1)]\cos[\beta(\gamma^2-1)]\right\}$$

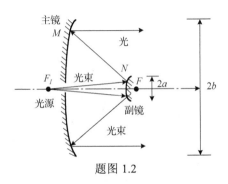

题图 1.2

(1)求最佳遮挡比与光学天线系统孔径的关系。

(2)求光束远场发散角。

1.5 设计无线光通信系统发射天线。采用卡塞格林光学天线，系统焦距为500mm，后截距为60mm，主镜孔径为100mm，系统视场角为±1mrad。试确定系统遮挡比、副镜孔径值、主镜顶点曲率半径、副镜顶点曲率半径、主镜离心率、副镜离心率、主镜空心直径、两镜顶点间距。

1.6 分析空间光–光纤耦合系统在小孔耦合条件下存在横向移动时的耦合效率。

1.7 一空间光耦合系统，接收天线口径为 150mm，光斑直径小于 1.5mm，像方孔径角不大于 12.79°，工作波长为 400～660nm，试分析其耦合效率。

1.8 假设发射端准直光腰直径为 10mm，传输距离为 1km，接收端光斑半径为0.05m，模场直径为 9μm，试分析不同大气湍流对其耦合效率的影响。

1.9 光接收机的误码率由 Q 函数给出：

$$\mathrm{BER} = \int_{\gamma} \frac{1}{\sqrt{2\pi}} \mathrm{e}^{-\frac{w^2}{2}} \mathrm{d}w$$

式中，γ 是接收机输出的信噪比，$\gamma = \dfrac{m_1 - m_0}{\sigma_1 - \sigma_0}$，$m_1$ 表示逻辑 "1" 时的信号电平，m_0 表示逻辑 "0" 时的信号电平，σ_1 表示逻辑 "1" 时的噪声电平，σ_0 表示逻辑 "0" 时的噪声电平。

(1)如果考虑热噪声的影响，求系统的误码率表达式。

(2)如果考虑码型干扰，求系统误码率的表达式。

1.10 求半导体激光器输出光束的发散角与光通过小孔的效率之间的关系。

1.11 卫星光通信系统中，为获得极窄的光束发散角并减小光终端体积，一般采用同轴两镜式反射望远镜为光学天线。该结构的主要缺点是副镜遮挡造成的光能损耗较大，致使光通信终端的发射效率较低。为弥补这一损耗，提高发射效率，传统的解决方法是提高发射激光器的输出功率，但这种方法将使终端的功耗增加，从而对卫星平台的能源分配造成压力。如题图 1.3 所示，采用相位恢复算法设计了能

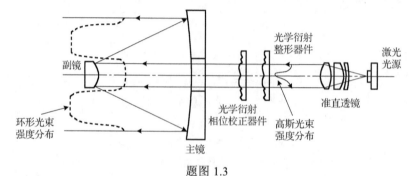

题图 1.3

消除副镜遮挡的衍射光学元件，并比较了不同遮挡比和切断比条件下，设计前后的输出光束在远场的能量分布变化。

1.12　试分析卡塞格林天线的球差、彗差、像散、场曲及畸变对光束质量的影响。

1.13　试分析卡塞格林天线副镜遮挡对天线增益及天线发射效率的影响。

1.14　直接检测系统的信噪比可以表示为

$$(\text{SNR})_p = \frac{\left(\dfrac{e\eta}{hv}\right)^2 P_s^2}{i_{NS}^2 + i_{NB}^2 + i_{ND}^2 + i_{NT}^2}$$

式中，i_{NS}^2、i_{NB}^2 和 i_{ND}^2 分别为信号光、背景光和暗电流引起的散粒噪声；i_{NT}^2 为负载电阻和放大器的热噪声之和。试讨论热噪声、散粒噪声和背景噪声对信噪比的影响，并分析不同情况下的检测极限。

1.15　题图 1.4 所示为无线激光通信系统。这是一个收发一体化天线，带有瞄准提前量单元，适合于星载激光通信，劈形镜用于修正光束指向，控制不同运动速度时的提前量。本系统包含信标激光器，用于指示光路，便于接收。图中 T/R 表示收发一体化天线，DBS 表示光栅分束器，NDF 表示中性密度滤光片，NBF 表示窄带滤光片。

请描述该系统的工作原理。

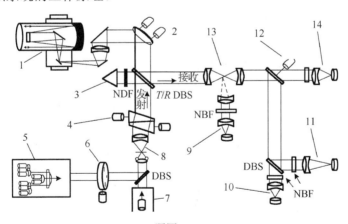

题图 1.4

1. 万向节与望远镜；2. 二轴转镜；3. 角反射镜；4. 指向提前量机构；5. 光束合成器；6. 光发散开关；
7. 信标激光器；8. 光圈；9. 搜索探测器；10. 粗跟踪探测器；11. 精跟踪探测器；
12. 搜索/通信开关；13. 劈形镜；14. 通信探测器

1.16　如题图 1.5 所示，采用马卡望远镜的收发一体化天线。将马卡天线作为天线，由反射镜 (B) 把发射光束和接收光束分开。该系统有一定能量损耗。马卡天线对接收光能量也有影响。请叙述该系统的工作原理。

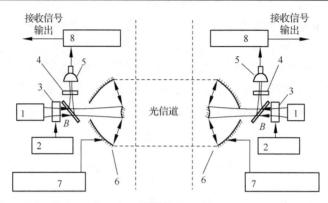

题图 1.5

1. 激光器；2. 发射信号源；3. 调制器；4. 滤波系统；5. 光探测器；

6. 光发射天线；7. 瞄准、捕获、跟踪系统；8. 信息的解调、滤波、放大

参 考 文 献

[1]　邓科, 王秉中, 王旭, 等. 空间光-单模光纤耦合效率因素分析[J]. 电子科技大学学报, 2007, 36(5): 889-891.

[2]　Dikmelik Y, Davidson F M. Fiber-coupling efficiency for free-space optical communication through atmospheric turbulence[J]. Applied Optics, 2005, 44(23): 4946-4952.

[3]　王旭, 于坤, 张明高. 量子噪声对大气激光通信系统极限通信距离的影响[J]. 四川师范大学学报(自然科学版), 2008, 31(5): 627-630.

[4]　何文森, 杨华军, 姜萍. 卡塞格林光学天线传输特性研究[J]. 激光与红外, 2014, 44(3): 280-284.

[5]　刘昭辉. 半导体激光器和光电探测器响应特性的研究[D]. 西安: 西安理工大学, 2019: 39-41.

[6]　赵军. 光电探测器等效电路模型和实验研究[D]. 重庆: 重庆大学, 2015: 19-26.

[7]　陈维友. 光电子器件模型与 OEIC 模拟[M]. 北京: 国防工业出版社, 2001: 228-229.

[8]　陈维友, 刘宝林, 刘式墉. PIN 光电二极管电路模型的研究[J]. 电子学报, 1994, 22(11): 95-97.

[9]　许文彪, 陈福深, 陈苗, 等. 基于等效电路模型的雪崩光电探测器特性分析[J]. 半导体光电, 2011, 32(3): 336-338.

[10]　陶启林. 1.3μm 高速 PIN 光电二极管[J]. 半导体光电, 2001, 22(4): 271-274.

[11]　顾本源. 表面等离子体亚波长光学原理和新颖效应[J]. 物理, 2007, 36(4): 280-287.

[12]　Schaadt D M, Feng B, Yu E T. Enhanced semiconductor optical absorption via surface plasmon excitation in metal nanoparticles[J]. Applied Physics Letters, 2005, 86(6): 063106.

[13]　Palik E D. Handbook of Optical Constants of Solids[M]. Orlando:Academic Press, 1985: 350-351.

[14]　马晓军, 王冰, 杨华军, 等. Cassegrain 光学天线系统的优化设计[J]. 激光与红外, 2014,

44(4): 410-413.

[15] 李新华, 陈佐龙, 谷林林. 卡塞格伦光学接收天线的设计[J]. 通信技术, 2009, (3): 38-39, 42.

[16] 陈雪坤, 张璐, 吴志勇. 空间激光与单模光纤和光子晶体光纤的耦合效率[J]. 中国光学, 2013, (2): 208-215.

[17] 魏丹, 王菲, 房丹, 等. 太阳光光纤耦合光学系统设计[J]. 应用光学, 2013, (2): 220-224.

[18] 熊准, 艾勇, 单欣, 等. 空间光通信光纤耦合效率及补偿分析[J]. 红外与激光工程, 2013, (9): 2510-2514.

[19] 姚建国, 杨淑雯. 光放大器的噪声分析及光前放接收机的灵敏度计算[J]. 光学学报, 1993, (7): 611-618.

[20] 高瞻, 张一波. 自由空间光通信系统中的光学天线系统[J]. 现代电信科技, 2003, (3): 24-27.

[21] 何俊, 李晓峰. 半导体激光器光束准直系统的功率耦合效率[J]. 应用光学, 2006, (1): 51-53.

[22] 俞建杰, 谭立英, 马晶, 等. 一种提高卫星光通信终端发射效率的新方法[J]. 中国激光, 2009, (3): 581-586.

[23] 毛玉林, 舒仕江, 吴艳锋, 等. 激光通信与成像卡塞格林形式收发光学天线结构初解[J]. 红外与激光工程, 2022, 51(3): 432-436.

[24] 张玉侠, 艾勇. 基于空间光通信卡塞格林天线弊端的探讨[J]. 红外与激光工程, 2005, (5): 60-63.

[25] 梁静远, 亢维龙, 董壮. 自由空间光通信系统光学天线技术研究进展[J]. 光通信技术, 2022, 46(4): 1-10.

[26] 张涛, 付强, 李亚红, 等. 多平台激光通信组网共焦点反射式光学天线设计[J]. 光学学报, 2015, 35(10): 220-226.

[27] 姜会林, 江伦, 宋延嵩, 等. 一点对多点同时空间激光通信光学跟瞄技术研究[J]. 中国激光, 2015, 42(4): 150-158.

[28] 江伦, 胡源, 王超, 等. 一点对多点同时空间激光通信光学系统研究[J]. 光学学报, 2016, 36(5): 37-43.

[29] Clarke E S, Prenger R, Ross M. Experimental results with a prototype three-channel multi-access transceiver laser com terminal[C]. SPIE, Missouri, 1993, 1866: 128-137.

第 2 章　相干光通信

与 IM/DD(强度调制/直接检测)系统相比,相干光通信系统的检测灵敏度可以有 20dB(零差探测可以达到 23dB)左右的增益,在相同发射功率下容许传输更远距离,更利于抑制大气湍流及信道衰落。本章介绍相干光通信。

2.1　相干光通信的基本原理

2.1.1　基本原理

相干光通信系统如图 2.1 所示。从激光器发射出来的光作为载波被信号用直接调制或外调制方式(振幅、频率、相位或偏振)进行调制;在接收端,空间光信号通过光纤耦合器耦合进光纤,本地振荡器产生的光波在混频器中与接收信号相叠加,在平衡探测器的输出端产生中频(intermediate frequency, IF)信号;零差探测时可直接得到基带(baseband, BB)信号。

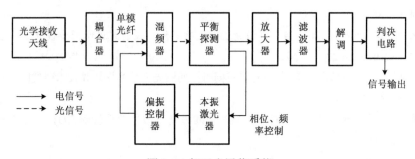

图 2.1　相干光通信系统

如图 2.2 所示,被调信号传输到接收端并与由本振激光器产生的光信号在混频器上混频,将得到的中频信号送入平衡探测器进行探测。平衡探测器输出的电信号经过中频放大、滤波、解调后,还原为发送端的数字信号。设信号光和本振光的电场分别为

$$E_S(t) = A_S(t)\cos(\omega_S t + \varphi_S) \tag{2.1}$$

$$E_L(t) = A_L(t)\cos(\omega_L t + \varphi_L) \tag{2.2}$$

式中,A_L、ω_L 和 φ_L 分别为本振光的振幅、中心角频率和相位;A_S、ω_S 和 φ_S 分别

为信号光的振幅、中心角频率和相位。假设信号和本振光具有相同偏振方向，并且平行入射到光混频器上，入射光功率为 $[E_S(t)+E_L(t)]^2$，由混频器输出的中频电流信号 i_p 为

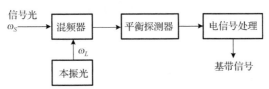

图 2.2　相干探测原理图[1]

$$i_p = \alpha P(t) = \alpha \overline{[E_S(t)+E_L(t)]^2}$$
$$= \alpha \left\{ A_S^2 \overline{\cos(\omega_s t + \varphi_S)} + A_L^2 \overline{\cos(\omega_L t + \varphi_L)} \right.$$
$$+ A_S A_L \overline{\cos[(\omega_L + \omega_S)t + (\varphi_S + \varphi_L)]}$$
$$\left. + A_S A_L \overline{\cos[(\omega_L - \omega_S)t + (\varphi_S - \varphi_L)]} \right\} \tag{2.3}$$

式中，$\alpha = e\eta / h\nu$。大括号里的第一项和第二项为余弦平方项，在整数周期内的时间平均值为 1/2，其和为 $(A_S^2 + A_L^2)/2$，相当于探测器输出的直流分量。第三项为"和频项"，可分两种情况：①在整数周期内的"和频项"对应的时间平均值为零；②在非整数周期内，由于"和频项"对应的频率很高，一般情况下光电探测器无法响应。第四项为"差频项"，其变化速度相对光场的变化要缓慢得多，可视为常数。通过带通滤波器滤除"直流项"与"和频项"后，光电探测器输出的中频光电流可以表示为[2]

$$i_{\text{IF}} = \alpha A_S A_L \cos[(\omega_S - \omega_L)t + (\varphi_S - \varphi_L)] \tag{2.4}$$

外差检测的频谱与波形如图 2.3 所示。

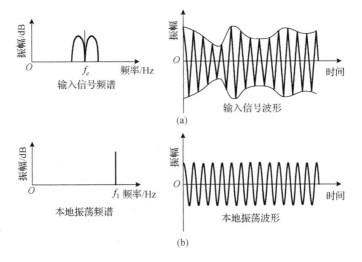

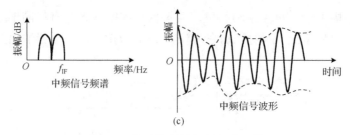

图 2.3　外差检测的频谱与波形[3]

如果用平均光功率表示，则式 (2.4) 可表示为[2]

$$i_{\text{IF}} = 2\alpha\sqrt{P_S P_L}\cos[(\omega_S - \omega_L)t + (\varphi_S - \varphi_L)] \qquad (2.5)$$

式中，$P_S = A_S^2 / 2$ 为信号光的平均光功率；$P_L = A_L^2 / 2$ 为本振光的平均光功率。恢复基带信号的时候按以下步骤：①将接收到的光信号载波频率转变为 f_{IF} 信号；②把该中频信号转变成基带信号，这种探测方式称为外差探测。

2.1.2　零差探测

当本振光频率 ω_L 与信号光频率 ω_S 相同时（此时 $\omega_{\text{IF}} = 0$）称为零差探测。由式 (2.5) 得平衡探测器输出的光电流可表示为[2]

$$i_{\text{IF}} = 2\alpha\sqrt{P_S P_L}\cos(\omega_S \cdot \omega_L) \qquad (2.6)$$

考虑到本振光相位被锁定在信号光相位上（$\varphi_S = \varphi_L$），零差探测时输出的光电流可表示为

$$i_{\text{IF}} = 2\alpha\sqrt{P_S P_L} \qquad (2.7)$$

还有一些其他形式的相干光通信系统。图 2.4 是采用自零差相干检测原理图。接收到的光信号通过反射式接收天线耦合进单模光纤，经掺铒光纤放大器（EDFA）放大后进入差分相移键控（differential phase shift keying，DPSK）解调器，在解调器中分为两路，一路经过 1 比特延时后与另一路相干，将相位信息转化为强度信息，然后通过光电探测机将光信号转化为电信号。

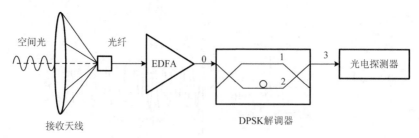

图 2.4　自零差相干检测[4]

图 2.5 是副载波强度调制的外差检测系统。在信号处理单元中构造平方项 $[g^2]$，由于有本地激光器，该方案的外差增益为 $18\sim23\text{dB}$[5]。

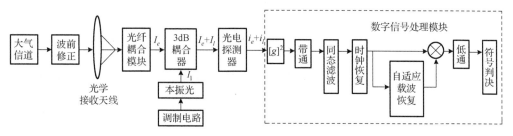

图 2.5 副载波强度调制的外差检测系统[5]

2.1.3 外差探测

在外差探测情况下，ω_L 与 ω_S 不同，平衡探测器产生中频电流表达式[2]

$$i_{\text{IF}} = 2\alpha\sqrt{P_S P_L}\cos[\omega_{\text{IF}}t + (\varphi_S - \varphi_L)] \tag{2.8}$$

由式(2.8)可以看出：①输出中频电流与 P_L 成正比，即使接收光信号功率 P_S 很小，仍能够通过增大 P_L 而获得足够大的输出电流。本振光在相干探测中起到光放大的作用，由于系统获得了混频增益，从而提高了灵敏度。②在相干探测中，由于 $\omega_S - \omega_L$ 保持常数（ω_{IF} 或 0），所以要求信号光源与本振光源应具备非常高的频率稳定度、非常窄的光谱宽度及一定的频率调谐范围。③无论零差探测还是外差探测，系统必须保持接收信号与本振信号之间的相位锁定和偏振方向匹配。

光外差探测是一种全息探测技术，光场的振幅 E_S、频率 $\omega_S = \omega_{\text{IF}} + \omega_L$（$\omega_L$ 是已知的，ω_{IF} 是可以测量的）、相位 φ_S 所携带的信息均可检测出来。

2.1.4 调幅信号的外差探测

若调制频率为 Ω 的信号加载在频率为 ω_S 的光波振幅上，则调幅光波可表示[6]

$$E_S(s) = A_0\left[1 + \sum_{n=1}^{\infty}\cos(\Omega_n + \varphi_n)\right]\cos(\omega_S t + \varphi_S)$$

$$= A_0\cos(\omega_S t + \varphi_S) + \sum_{n=1}^{\infty}\frac{m_n A_0}{2}\cos[(\Omega_n + \omega_S)t + (\varphi_S - \varphi_n)]$$

$$+ \sum_{n=1}^{\infty}\frac{m_n A_0}{2}\cos[(\omega_S - \Omega_n)t + (\varphi_S - \varphi_n)] \tag{2.9}$$

式中，A_0 为调幅波振幅平均值；Ω_n 和 φ_n 分别为第 n 次谐波分量的角频率和初始相位；m_n 为调幅系数。若调幅信号光 $E_S(t)$ 与本振光 $E_L(t)$ 相干后，则瞬时中频电流为[6]

$$i_{\text{IF}} = \alpha A_0 A_L \cos[(\omega_L - \omega_S)t + (\varphi_L - \varphi_S)]$$
$$+ \alpha A_L \sum_{n=1}^{\infty} \frac{m_n A_0}{2} \cos[(\omega_L - \omega_S - \Omega_n)t + (\varphi_L - \varphi_S - \varphi_n)]$$
$$+ \alpha A_L \sum_{n=1}^{\infty} \frac{m_n A_0}{2} \cos[(\omega_L - \omega_S + \Omega_n)t + (\varphi_L - \varphi_S + \varphi_n)] \tag{2.10}$$

　　光电探测器转换的信号正比于瞬时中频电流。光波振幅上所携带的调制信号无畸变地转移到频率为 $\omega_{\text{IF}} = \omega_L - \omega_S$ 的电流上。调频、调相方式的相干探测与之类似。调幅信号光和相干探测后瞬时中频电信号频谱如图 2.6 和图 2.7 所示。

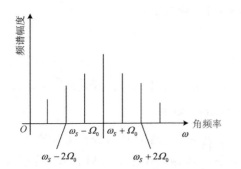

图 2.6　调幅信号光波的频谱[6]

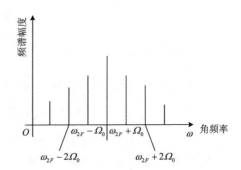

图 2.7　相干探测瞬时中频电信号频谱[6]

　　对调幅信号来说，零差探测所得光电流信号是光波调制信号的原形；但零差探测时，本振光振幅的慢变化会被直接引到信号频谱中造成信号畸变。因此，零差工作对本振光的振幅稳定性有较高要求。

2.1.5　双平衡探测

　　为了降低强度噪声对系统的影响，使用图 2.8 所示的双路平衡接收技术。基于平衡外差探测系统的结构组成，使用四个几乎完全一致的光电探测器，在接收端组成两组平衡外差探测器。通过对探测器接收的光电流信号差分导出差频信号[7]。

$$\begin{cases} I : I_0 - I_{180} = 2k_1 k_4 \cos\left[\omega_{\text{IF}} - \left(\phi + \dfrac{\pi}{4}\right)\right] \\[2mm] Q : I_{90} - I_{270} = 2k_2 k_3 \sin\left[\omega_{\text{IF}} - \left(\phi + \dfrac{\pi}{4}\right)\right] \end{cases} \tag{2.11}$$

　　式中，k_1, k_2, k_3, k_4 表示本振光与信号光在各自方向上的分量；ω_{IF} 表示中频；ϕ 表示信号、本振光对应的相差。当这两路光电流相减之后，其直流分量被彻底抵消，与直流分量有关的强度噪声也随之消除,但其交流项却与本振光功率的平方根成正比，因而强度噪声影响程度要小得多。

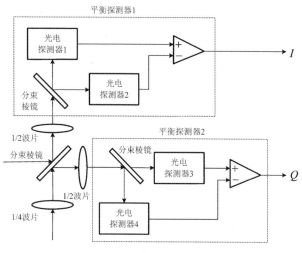

图 2.8　双平衡探测[8]

2.2　相干调制与解调

2.2.1　相干系统的光调制

在相干光通信系统中,发送端采用直接调制(或外调制)方式对光载波进行幅度、频率或相位调制,可以传输模拟信号,也可以传输数字信号。对于数字调制,一般可采用三种基本形式:幅移键控(amplitude shift keying,ASK)、频移键控(frequency shift keying,FSK)和相移键控(phase shift keying,PSK)[9,10]。

1)ASK 调制

ASK 调制就是把频率、相位作为常量,而把振幅作为变量,信息比特是通过载波的幅度来传递的。由于二进制幅移键控(2ASK)调制信号只有 0 或 1 两个电平,相乘的结果相当于将载频关断或者接通。其实际意义是当调制的数字信号为"1"时,传输载波;当调制的数字信号为"0"时,不传输载波。原理如图 2.9(a)所示,其中 $s(t)$ 为基带矩形脉冲。一般载波信号用余弦信号表示,而调制信号是把数字序列转换成单极性的基带矩形脉冲序列,而通断键控的作用就是把这个输出与载波相乘,将频谱搬移到载波频率附近,实现 2ASK 调制。2ASK 调制的波形如图 2.9(b)所示。

2)PSK 调制

如图 2.10 所示,在 PSK 调制时,载波的相位随调制信号状态不同而改变。如果两个频率相同的载波同时开始振荡,这两个频率同时达到正最大值,同时达到零值,同时达到负最大值,那么我们称其处于"同相"状态;如果一个达到正最大值,另一个达到负最大值，那么称为"反相"。一般把信号振荡一次(一周)作为 360°。如果一个波比另一个波相差半个周期，那么我们说两个波的相位差 180°，也就是反相。当传输数字信号时，"1"码控制发 0°相位，"0"码控制发 180°相位。

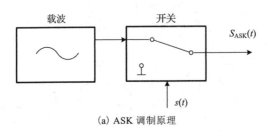

(a) ASK 调制原理

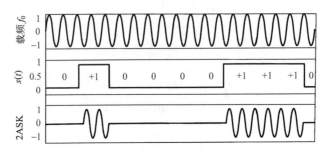

(b) 输出后的 2ASK 波形

图 2.9　ASK 调制原理和波形图[10]

3) FSK 调制

所谓 FSK 就是用数字信号调制载波频率，是数字信号传输中用得最早的一种调制方式。频移就是把振幅、相位作为常量，而把频率作为变量，通过频率的变化来实现信号的识别，原理如图 2.11(a) 所示。在 FSK 中传送的信号只有 0 和 1，而在多进制频移键控(multiple frequency shift keying，MFSK)中则通过 M 个频率代表 M 个符号。输出后的 2FSK 波形如图 2.11(b) 所示。此方式实现起来比较容易，抗噪声和抗衰减性能好、稳定可靠，是中低速数据传输最佳选择。

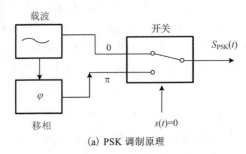

(a) PSK 调制原理

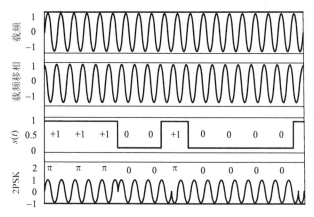

(b) 输出后的 2PSK 波形

图 2.10　2PSK 调制原理和波形图[10]

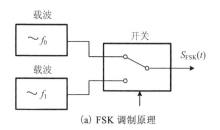

(a) FSK 调制原理

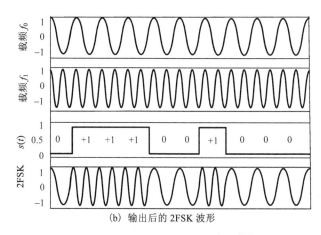

(b) 输出后的 2FSK 波形

图 2.11　FSK 调制原理和波形图[10]

2.2.2　相干解调

相干探测的解调方式有两种：同步解调和异步解调[11]。如图 2.12 所示，零差探测时，光信号直接被解调为基带信号，要求本振光的频率和信号光的频率完全相同，本振光的相位要锁定在信号光的相位上，因而要采用同步解调，它是零差探测的基本解调方式。同步解调看起来很简单，但实际技术上却很复杂。外差探测时(不要求本振光的相位锁定，也不要求与入射光的频率匹配)可以采用同步解调，也可以采用异步解调。同步解调要求恢复中频 ω_{IF}(射频频率)，因而要求一种电锁相环路。异步解调简化了接收机设计，技术上容易实现。零差或外差的同步和异步信号解调方式与无线电技术中同步和异步解调的原理和实现方式基本一致，如图 2.13 所示为零差异步解调原理图。

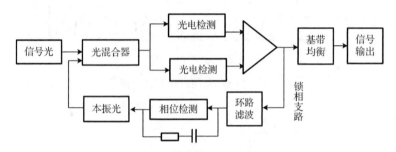

图 2.12　零差同步解调原理图[11]

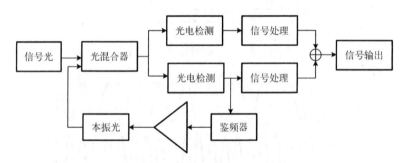

图 2.13　零差异步解调原理图[11]

1)外差同步解调

图 2.14 所示为外差同步解调接收机框图，平衡探测器产生的光电流通过中心频率为信号光频率和本振光频率差频 ω_{IF} 的带通滤波器，不考虑噪声时，信号通过带通滤波器后的光生成电流可以写为[12]

$$I_f(t) = 2\alpha\sqrt{P_S P_L}\cos(\omega_{IF}t - \varphi) \tag{2.12}$$

式中，φ 为本振光和信号光的相位差。对于同步解调，将 $I_f(t)$ 与 $\cos(\omega_{IF}t)$ 相乘，并通过低通滤波器(low-pass filter，LPF)滤波，可得到基带信号为[12]

$$I_d = \frac{1}{2}\cdot 2\left[\alpha\sqrt{P_S P_L}\cos\varphi + i_C\right] \tag{2.13}$$

式中，i_C 为零均值的同相高斯随机噪声。式(2.13)表示只有同相噪声成分影响外差同步接收机的性能。同步解调要求恢复中频载波 ω_{IF}，有几种方法可以实现。所有的方法均要求采用一种电锁相环路，常用的锁相环路有平方环和 Costas 环。

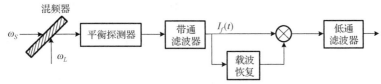

图 2.14　外差同步解调接收机框图[12]

2）载波恢复

为了实现相干解调，在接收端首先应恢复出与发送端被调载波同频同相的相干载波，即进行载波恢复，在接收端提取相干载波的方法有很多，按发送端传送载波信号的方式一般可分为两类：一类是插入导频法，它是在发送有用信号的同时，在适当的位置上插入一个导频，接收端就由导频提取出载波；另一类是直接法，即不专门发送导频，而在接收端直接从发送信号中提取载波。

插入导频法可分为在频域插入和在时域插入。频域插入是指发送有用信息的同时将导频插入；时域插入是载波信息在一定的时段传输，时域插入导频法中，在时间上对插入导频信号与传输的信息加以区分，把数字信号按帧分组，对于分帧传输的信号，导频是按一定的时间顺序在一定的时间间隔内进行发送。由于在时域插入的导频是不连续的，只占用很短的时间，因此不能利用窄带滤波器提取相干载波。

直接法可分为平方变换法、平方环法和特殊锁相环法。它们都是先对接收到的信号进行非线性处理，然后提取载波分量。特殊锁相环法具有消除调制和去噪的功能，可鉴别接收信号中被抑制的载波分量和本地压控振荡器输出信号之间的相位误差，从而提取相干载波。通常采用的特殊锁相环有同相正交环、逆调制环和判决锁相环。

采用直接法提取载波，功率信噪比大一些，因为在发送端不占用导频功率；可防止插入导频法的导频与信号间的相互干扰，以及由信道不理想而引起导频的相位误差。但一些调制系统(如单边带(single side band，SSB))，不能使用直接法。而插入导频法用了单独的导频信号，可提取载波信号，也可进行自动增益控制；在不能用直接法的调制系统中只能用插入导频法；由于插入导频法在导频的插入时需要消耗功率，所以在总功率相同的条件下，与直接法相比，插入导频的功率信噪比小一些。

载波同步的基本要求：同步的误差小，保持时间长，建立时间短，且同步所占用的功率频带应尽可能小。载波同步的误差将导致接收信号波形畸变，信噪比下降和误码率增大。

3）外差异步解调

图 2.15 表示外差异步解调接收机框图。外差异步解调不要求恢复中频微波载波，

所以可简化接收机的设计。使用包络检波和低通滤波器把带通滤波后的信号 $I_f(t)$ 转变为基带信号，得到信号电流为[12]

$$I_d = \left[\left(i_C + 2\alpha\sqrt{P_S P_L}\cos\varphi\right)^2 + \left(i_S + 2\alpha\sqrt{P_S P_L}\cos\varphi\right)^2\right]^{\frac{1}{2}} \tag{2.14}$$

式中，i_C 为同相高斯随机噪声成分，i_S 是散粒噪声引起的电流波动。散粒噪声是半导体器件中由形成电流的载流子的分散性造成的。在低频和中频时散粒噪声与频率无关，呈白噪声特性。与外差同步接收机相比，主要的区别是接收机噪声的同相和异相正交分量都对信号输出产生影响，外差异步接收机的灵敏度略有下降（约0.5dB）；不需要同步接收机中的频率载波恢复，而且对信号光源和本振光源的线宽要求是适中的。因此，在相干光通信系统中常采用外差异步解调方案。

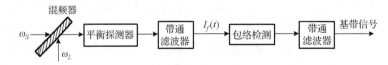

图 2.15　外差异步解调接收机框图[12]

2.2.3　系统性能

1) 光外差探测的信噪比

光外差检测系统的核心问题是如何提高系统的信噪比。中频滤波器输出端的信噪比为[12]

$$\left(\frac{S}{N}\right)_{IF} = \frac{P_{IF}}{N_P} = \frac{\alpha^2 M^2 P_S P_L R_L}{M^2 e\Delta f_{IF}[\alpha(P_S + P_L + P_B) + I_D]R_L + 2kT\Delta f_{IF}} \tag{2.15}$$

式中，P_S 为信号光功率；R_L 为负载电阻；N_P 为系统电噪声；e 为电子电荷；M 为混频器的内部增益；P_B 为背景辐射功率；I_D 为光混频器的暗电流；α 是响应度。分母中的第一项为散粒噪声，第二项为混频器内阻和前置放大器负载电阻引起的热噪声。当本振光功率 P_L 足够大时，分母中由本振光引起的散粒噪声远大于所有其他噪声，则式 (2.15) 变为[12]

$$\left(\frac{S}{N}\right)_{IF} = \frac{\eta P_S}{h\nu\Delta f_{IF}} \tag{2.16}$$

这是光外差探测系统所能达到的最大信噪比，称为光外差探测的量子探测极限或量子噪声限。由式 (2.16) 可以导出实现量子噪声探测的条件。对热噪声为主要噪声源的系统来说，要实现量子噪声限探测必须满足[12]

$$\frac{e\eta R_L}{h\nu}P_L\Delta f_{IF} > 2kT\Delta f_{IF}$$

由此得到

$$P_L > \frac{2kThv}{e^2\eta R_L} \qquad (2.17)$$

由式(2.17)可以看出，增大本振光功率有利于抑制(除信号光引起的噪声以外的所有其他噪声)噪声，从而获得高的转换增益。因为本振光本身也要引起噪声，所以也不是 P_L 越大越好。当本振光功率足够大时，本振光产生的散粒噪声将会大于其他噪声；若本振光功率进一步增大，则会降低光外差探测系统的信噪比。若本振光功率选得过小，则会导致中频转换增益降低。可以看出，在实际光外差探测系统中要合理选择本振光功率的大小，以便得到最佳的中频信噪比和较大的中频转换增益。

2)光外差探测的噪声等效功率

在量子噪声限公式(2.16)中，若令 $(S / N)_{IF} = 1$，则可求得光外差检测的噪声等效功率 NEP 为

$$\mathrm{NEP} = \frac{hv\Delta f_{\mathrm{IF}}}{\eta} \qquad (2.18)$$

式(2.18)有时又被称为光外差检测的灵敏度，是光外差检测的理论极限。若探测器量子效率 $\eta = 1$，测量带宽 $\Delta f_{\mathrm{IF}} = 1\mathrm{Hz}$，则光外差检测灵敏度的理论极限是 1 个光子。

光外差探测的灵敏度受众多因素的制约，光混频器本身及负载电阻等引入的热噪声、放大器噪声等都会使光外差探测的灵敏度降低(即使 NEP 值增大)。因此，实际光外差系统的检测灵敏度只能趋近于理论极限。

2.3　影响检测灵敏度的因素

2.3.1　相位噪声

在相干光检测系统中，发射激光器和本振激光器的相位噪声是导致灵敏度下降的主要因素。因此要求零差和外差信号相位 φ_S 与本振光相位 φ_L 保持相对稳定，以免导致灵敏度下降。光电检测过程中相位的不稳定会导致电流的不稳定，从而使信噪比下降。

2.3.2　强度噪声

在式(2.15)中增加强度噪声 $\sigma_I = RP_L r_I$ 项，r_I 是本振激光器相对强度噪声(relative intensity noise，RIN)有关的参数，假如 RIN 频谱与接收机带宽 Δf_{IF} 一致，Δf_{IF} 可用 $2r_I(\mathrm{RIN})\Delta f_{\mathrm{IF}}$ 近似，于是得到[12]

$$\left(\frac{S}{N}\right)_{\text{IF}} = \frac{P_{\text{IF}}}{N_P} = \frac{\alpha^2 M^2 P_S P_L R_L}{M^2 e\Delta f_{\text{IF}}[\alpha(P_S + P_L + P_B) + I_D]R_L + \sigma_I + 2kT\Delta f_{\text{IF}}} \tag{2.19}$$

假如接收机工作在散粒噪声（$\delta_S^2 = 2q(I + I_D)\Delta f_{\text{IF}}$，$q$ 为电子符号）限制下，本振光功率 P_L 足够大。由式 (2.19) 可知，P_L 增大时，强度噪声也增大，且会变得与散粒噪声一样大，SNR 就要减小，除非增加信号功率 P_S 来抵消接收机噪声的增大。P_S 的增加正好是由本振激光器强度噪声引起的功率代价。假如系统处于散粒噪声限制下，式 (2.19) 中暗电流 I_D 和热噪声均可忽略，此时，强度噪声引起的功率代价 δ（用 dB 表示）为[12]

$$\delta_1 = 10\lg\left[1 + \left(\eta P_L(\text{RIN})\right)/(h\nu)\right] \tag{2.20}$$

误码率可以表示为[13]

$$\text{BER} = \frac{1}{4}\left[\text{erfc}\left(\frac{I_1 - I_D}{\sqrt{2}\sigma_1}\right) + \text{erfc}\left(\frac{I_D - I_0}{\sqrt{2}\sigma_0}\right)\right] \tag{2.21}$$

式中，I_D 是判断电流；I_1、I_0 分别表示 "1" 码和 "0" 码时的电流；σ_1、σ_0 分别表示 "1" 码和 "0" 码时的方差；$\text{erfc}(\cdot)$ 是误差函数。当 $I_D = \dfrac{\sigma_0 I_1 - \sigma_1 I_0}{\sigma_1 + \sigma_0}$ 时，误码率取最小值。

2.3.3　偏振噪声

在外差检测中，信号光首先通过与本振光进行相干混合，从而获得中频信号，而在零差检测中则是直接获得基带信号。在此过程中要求信号光与本振光彼此保持相同的偏振状态。大气信道的退偏效应使得信号光的偏振态随时间而变化，这样信号光与本振光相互混合时，便产生了随机变化的偏振噪声。当信号光与本振光正交时，又会出现信号消失的现象，因此在相干光通信系统中必须抑制偏振噪声。

2.3.4　相干光通信系统的关键技术

与 IM/DD 系统相比，实现相干光通信必须解决下面两个关键技术问题[14]：①必须使用频率稳定度和频谱纯度很高的激光器作为信号光源和本振光源。在相干光通信系统中，中频一般选择为 $2\times10^8 \sim 2\times10^9$Hz，1550nm 的光载频约为 2×10^{14}Hz，中频是光载频的 $10^{-6} \sim 10^{-5}$ 倍，因此要求光源频率稳定度优于 10^{-8}。②匹配技术。相干光通信系统要求信号光和本振光混频时满足严格的匹配条件，才能获得高的混频效率，这种匹配包括空间相位匹配、波前匹配和偏振方向匹配[15]。

2.3.5　检测灵敏度的极限

检测灵敏度是指在保证通信质量的信噪比条件下，光电探测器所需要的最小探测光功率。通常信号光功率产生的光电流大于噪声电流，当光电流等于噪声电流时，光电探测器刚好能探测到信号光的存在。因此，光电探测器极限灵敏度定义为信噪比等于 1 时，光电探测器所能探测到的最小光功率。

在相干探测系统中，检测灵敏度会受到信号光、本振光、背景光以及暗电流组成的散粒噪声和热噪声的影响。为了获得检测灵敏度的极限，要求信号光与本振光具有高度的频率稳定度和频谱纯度。在理想情况下，接收端接收到的信号光功率等于探测器表面探测到的信号光功率。在实际情况中，信号光经过天线耦合进光纤并与本振光混频，其过程受到耦合效率和混频效率的影响。混频效率和耦合效率是衡量相干探测的重要指标，若想得到最大的混频效率，需要保证信号光与本振光的空间场分布、光斑尺寸、相位和偏振态等匹配；若想得到最大的耦合效率，则要尽可能减少聚焦光轴的角度误差、聚焦光束光轴与光纤的横向偏移引起的误差、聚焦光束光轴与光纤的轴向偏移引起的误差等。以上任一因素的变化都有可能造成混频效率或耦合效率的下降，从而导致相干检测灵敏度的降低。

检测灵敏度受到多种因素的影响，若想达到检测灵敏度的极限，对相干探测系统提出了更为严苛的要求。因此，研究具有高灵敏度的相干探测技术具有重要的意义。

2.4　光外差检测的空间相位条件

2.4.1　空间相位条件

如图 2.16 所示，为了研究两束光波前不重合对外差检测的影响，假定信号光和本振光都是平面波，且信号光波前与本振光波前之间存在空间失配角 θ。为简化分析，假定光混频器的光敏面是边长为 d 的正方形。本振光垂直入射到混频器表面，信号光与本振光在波前有一失配角 θ，信号光斜入射到混频器表面，同一波前到达光混频器表面的时间不同，这可等效于在 x 方向上以速度 v_x 进行，在光混频器表面上不同点处形成波前相差，因此，可以写出本振光和信号光光场的表达式为[16]

$$E_L(t) = A_L \cos(\omega_L t + \varphi_L) \tag{2.22}$$

$$E_S(t) = A_S \cos\left(\omega_S t + \varphi_S - \frac{\omega_S}{v_x} \cdot x\right) \tag{2.23}$$

式中，$\omega_S / v_x = k_x$ 是信号光波矢 $\boldsymbol{k}$ 在 x 方向的分量。由图 2.16 可知，$k_x = k\sin\theta = (\omega_S / c)\sin\theta$，所以有 $v_x = c / \sin\theta$，c 为光速。信号光光场可写为[16]

$$E_S(t) = A_S \cos\left(\omega_S t + \varphi_S - \frac{2\pi\sin\theta}{\lambda_S} \cdot x\right) \tag{2.24}$$

入射到光混频器上的总电场为

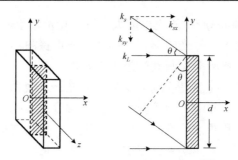

图 2.16　光外差检测的空间关系[16]

$$E_t(t) = E_S(t) + E_L(t) \tag{2.25}$$

光混频器输出的瞬时光电流为[12]

$$
i_P(t) = \frac{G\beta}{d^2} \int_{-d/2}^{d/2} \int_{-d/2}^{d/2} \left[A_S \cos\left(\omega_S t + \varphi_S - \frac{2\pi\sin\theta}{\lambda_S}\right) + A_L \cos(\omega_L t + \varphi_L) \right]^2 \mathrm{d}x\mathrm{d}y
$$

$$
= \frac{G\beta}{d^2} \int_{-d/2}^{d/2} \int_{-d/2}^{d/2} \left\{ A_S^2 \cos^2\left(\omega_S t + \varphi_S - \frac{2\pi\sin\theta}{\lambda_S}\right) + A_L^2 \cos^2(\omega_L t + \varphi_L) \right.
$$

$$
+ A_S A_L \cos\left[(\omega_L - \omega_S)t + (\varphi_L - \varphi_S) + \frac{2\pi\sin\theta}{\lambda_S} \right]
$$

$$
\left. + A_S A_L \cos\left[(\omega_L + \omega_S)t + (\varphi_L + \varphi_S) + \frac{2\pi\sin\theta}{\lambda_S} \right] \right\} \mathrm{d}x\mathrm{d}y \tag{2.26}
$$

在中频滤波器输出端输出的瞬时中频电流为[12]

$$
i_{\mathrm{IF}} = \frac{G\beta}{d^2} \int_{-d/2}^{d/2} \int_{-d/2}^{d/2} \left\{ A_S A_L \cos\left[(\omega_L - \omega_S)t + (\varphi_L - \varphi_S) + \frac{2\pi\sin\theta}{\lambda_S} \right] \right\} \mathrm{d}x\mathrm{d}y \tag{2.27}
$$

积分后光混频器输出的瞬时中频电流为[12]

$$
i_{\mathrm{IF}} = G\beta A_S A_L \cos[(\omega_L - \omega_S)t + (\varphi_L - \varphi_S)] \frac{\sin(\omega_S d / (2v_x))}{\omega_S d / (2v_x)} \tag{2.28}
$$

　　因为 $v_x = c / \sin\theta$，所以瞬时中频电流与失配角 θ 有关。显然，当式 (2.28) 中的
因子

$$
\frac{\sin(\omega_S d / (2v_x))}{\omega_S d / (2v_x)} = 1
$$

时，中频电流达到最大值。这就要求 $\omega_S d / (2v_x) = 0$，即要求 $\sin\theta = 0$，因此要求 $\theta = 0$。
实际中 θ 角很难调整到零，因为中频输出一般都小于最大值。为了尽可能得到大的

中频输出，总是希望因子 $\sin(\omega_S d/(2v_x))/(\omega_S d/(2v_x))$ 尽可能接近 1。如果容许中频输出比 $\theta=0$ 时的中频输出降低 10%，则 $\omega_S d/(2v_x)$ 必须等于或小于 0.8rad。根据这个要求，可求出失配角 θ 为

$$\theta \leqslant \frac{\lambda_S}{4d} \tag{2.29}$$

显然，失配角 θ 与信号光波长 λ_S 成正比，与光混频器的尺寸 d 成反比，即波长越长，光混频器的尺寸越小，则所容许的失配角就越大。由此可见，相干检测的空间准直要求严格，且波长越短空间准直越苛刻。所以，红外波段光外差检测比可见光波段外差探测有利得多。正是由于这一严格的空间准直要求，光外差探测具有良好的滤波性能。这是光外差探测的又一重要特性。

欲使信号光波和本振光波在光混频器的表面上有效地进行空间相干，必须使两束光尽量平行。因为这个要求是比较严格的，所以给光外差的实现带来一定困难。解决这一问题的方法只有艾里斑原理法，如图 2.17 所示。

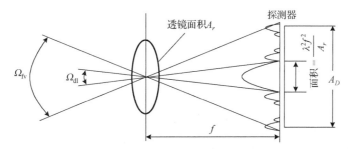

图 2.17　光学透镜天线中的艾里斑[17]

当光波正入射时，由物理光学可知，经过面积为 A_r 的透镜之后，在焦平面处的探测器上形成衍射光斑。衍射光斑中最大峰值处所包含的面积 $\lambda^2 f^2/A_r$ 称为艾里斑面积。这个面积决定了接收系统的衍射极限视场，若用立体角 Ω_{dl} 表示，则

$$\Omega_{dl} \approx \frac{\lambda^2 f^2}{A_r} \cdot \frac{1}{f} = \frac{\lambda^2 f}{A_r} \tag{2.30}$$

若用平面角表示，则

$$\theta_{dl} \approx \frac{\lambda}{D_r} \tag{2.31}$$

式中，D_r 是透镜的直径。艾里斑原理示意图如图 2.18 所示。用透镜将信号光聚焦到光混频器表面。光混频器的有效面积就是艾里斑的面积。同时使本振光也照射到艾里斑上，即可发生光混频。随着 D_r/f 的增加，对失配角的要求越来越宽。

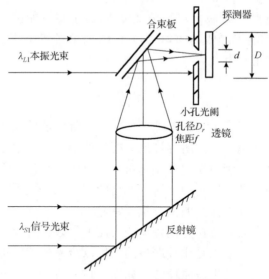

图 2.18　艾里斑原理示意图[18]

2.4.2　光外差检测的频率条件

1) 良好的单色性

为获得高灵敏度的相干检测,要求信号光和本振光具有高度的单色性和频率稳定度。从物理光学的观点来看,光外差检测(或相干检测)是两束光波叠加后产生干涉的结果,这种干涉取决于信号光束和本振光束的单色性。所谓单色性,是指这种光只包含一种频率或光谱线极窄。只有单一波长的光称为单色光。光的颜色由光的频率决定,而频率一般仅由光源决定。严格的单色光是不存在的,任何光源发出的光都有一定的频率范围,且每种频率的光所对应的强度是不同的。激光的重要特点之一就是具有高度的单色性。但由于激发态总有一定的能级宽度以及其他原因,激光谱线总有一定的宽度 Δv,即谱线宽度 Δv 不可能为零。一般来说,Δv 越窄,光的单色性就越好。为了获得单色性好的激光输出,激光器必须单纵模(单频)运转。采用短腔结构或其他选模技术可使激光器工作于单纵模。

2) 频率漂移小[19]

信号光和本振光的频率漂移要求限制在容许的范围内,否则光外差检测的性能就会变坏。如果信号光和本振光的相对漂移很大,那么两者频率之差就有可能超过中频滤波器的带宽,因此,光混频器之后的前置放大和中频放大电路对中频信号不能正常地加以放大。在光外差检测中,需要采用专门措施稳定信号光和本振光的频率。这也是使光外差检测方法比直接检测方法更为复杂的一个重要原因。

2.4.3　光外差检测的偏振条件

光外差检测的本质是本振光与信号光在光电检测器光敏面上的干涉，按照光波在传播过程中其偏振态的不同，本振光与信号光的电场分布可表示为[20]

$$\boldsymbol{E}_L(t) = \hat{\boldsymbol{e}}_L A_L \cos(\omega_L t + \varphi_L) \qquad (2.32)$$

$$\boldsymbol{E}_S(t) = \hat{\boldsymbol{e}}_S A_S \cos(\omega_L t + \varphi_L) \qquad (2.33)$$

式中，$\hat{\boldsymbol{e}}_L$ 和 $\hat{\boldsymbol{e}}_S$ 分别为本振光与信号光偏振方向的单位矢量。将式(2.32)和式(2.33)代入式(2.3)并化简得中频电流[16]

$$\boldsymbol{i}_{\text{IF}} = \alpha \hat{\boldsymbol{e}}_S \hat{\boldsymbol{e}}_L A_S A_L \cos[(\omega_S - \omega_L)t + (\varphi_S - \varphi_L)] \qquad (2.34)$$

当两束光的偏振方向相同时，$\hat{\boldsymbol{e}}_L \hat{\boldsymbol{e}}_S = 1$，当两束光的偏振方向存在一夹角 θ 时，式(2.34)变为[20]

$$\boldsymbol{i}_{\text{IF}} = \alpha \cos\theta \left| \hat{\boldsymbol{e}}_S \right| \left| \hat{\boldsymbol{e}}_L \right| A_S A_L \cos[(\omega_S - \omega_L)t + (\varphi_S - \varphi_L)] \qquad (2.35)$$

式中，$\cos\theta = \hat{\boldsymbol{e}}_L \hat{\boldsymbol{e}}_S / (\left| \hat{\boldsymbol{e}}_L \right| \left| \hat{\boldsymbol{e}}_S \right|)$ 表征了两束光偏振方向匹配对外差信号的影响，其取值介于 $0 \sim 1$。当两束光偏振方向一致，即 $\theta = 0°$ 时，外差输出中频电流最大；当两束光偏振方向相垂直，即 $\theta = 90°$ 时，外差输出中频电流最小。

综上所述，空间条件、频率条件和偏振匹配是实现光外差检测的重要条件。为了得到最大的中频输出，信号光波和本振光波的波前必须匹配。为了进行有效混频，信号光和本振光必须是单色光、同偏振，且频率必须极其稳定。

2.5　自适应光学波前校正

自适应光学是一种综合性的新型光学技术。它涵盖了光学、通信、控制、计算机、机械等多门学科，可实时校正光束在传播过程中由外部环境改变所造成的波前随机畸变，抑制大气湍流对信号光的影响，改善光束质量。自适应光学技术被认为是目前最有效，也最具有应用前景的抑制大气湍流方法。

2.5.1　波前畸变校正系统

自适应光学系统主要分为无波前探测型和波前探测型。其中，无波前自适应光学系统由波前校正器、波前控制器及性能评价函数模块组成。波前探测型自适应光学系统由波前传感器、波前控制器及波前校正器三部分构成。图 2.19 为波前探测型自适应光学系统原理图。其中，波前传感器实时测量波前误差，并把测量到的波前误差传送给波前控制器；波前控制器接收来自波前传感器的畸变光束信息，并通过一定算法计算、获取波前校正器的控制电压；波前校正器接收来自波前控制器的控制电压，校正波前畸变，提升通信质量。

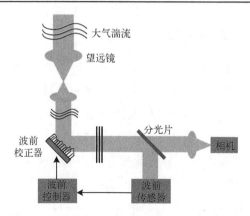

图 2.19　波前探测型自适应光学系统原理图

2.5.2　波前测量和波前校正

波前传感器是自适应光学系统的眼睛，用来探测系统伺服回路的波前畸变。它通过实时地测量系统入瞳面上光学波前的相位畸变，提供实时的电压控制信号给波前校正器，系统经闭环校正后获得接近衍射极限的图像。图 2.20 为夏克-哈特曼波

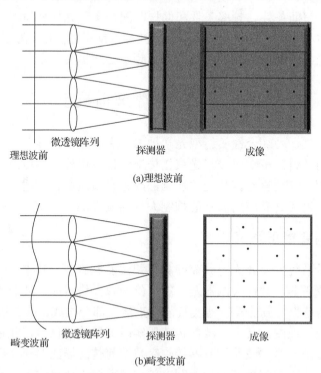

图 2.20　夏克-哈特曼波前传感器原理图

前传感器的探测原理图，它由微透镜阵列和电耦合器件组成。微透镜阵列将一个完整的光斑分割成多个微小的子光斑，每一个子光斑均被对应的微透镜聚焦到焦平面上，最终成像到电耦合器件探测靶面上。通过比较子孔径的实际焦点位置和理想焦点位置，估计出波前的畸变量。

波前校正器用于完成畸变波前相位的补偿。波前校正器通过改变自身面型从而改变光束的光程差，达到校正波前畸变的目的。目前常用的波前校正器有基于反射镜面位置移动的波前校正器，具有响应速度快、变形位移量大、工作谱带宽、光学利用率高、实现方法多的优良特性。压电偏摆镜、少单元数变形镜和多单元数变形镜的面型分布如图 2.21。压电偏摆镜采用 4 点驱动的电气连接方式，由两对相互独立的压电陶瓷(piezoelectric ceramics，PZT)驱动，位于 $x(y)$ 轴的两个 PZT 通过电压改变自身型变量来改变以 $y(x)$ 轴为滚轴方向的波前倾斜量；少单元数变形镜和多单元数变形镜分别为驱动单元数为 69 和 292 的电磁式连续面型的变形镜。

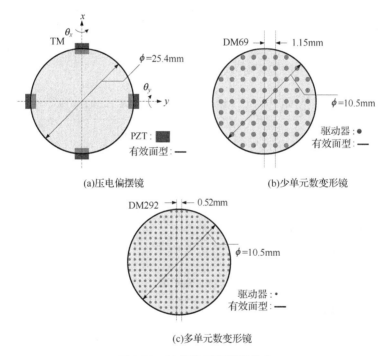

(a)压电偏摆镜　　　　　　　　(b)少单元数变形镜

(c)多单元数变形镜

图 2.21　波前校正器面型分布

针对自由空间光通信系统，自适应光学主要采用相位共轭原理进行反馈闭环控制，实现光束的校正和补偿。其原理如下：激光器发射的具有指定形状波前的光束经大气湍流扰动后产生随机起伏，产生波前畸变。则带有相位误差的畸变光场 $E_{\text{atmosphere}}$ 可由式(2.36)表示：

$$E_{\text{atmosphere}} = |E| e^{i\varphi} \tag{2.36}$$

式中，φ 表示因大气湍流扰动而使得初始光束相位产生的起伏。波前传感器负责畸变波前信息的实时测定，并将其传送至波前控制器。波前控制器则根据接收的相关信息计算误差信号值，并经一定控制算法处理获得控制信号，发送至校正器的驱动单元。波前校正器因此会产生一定形变，形成校正面型。经由校正器生成的带有相位起伏的光场 E_{DM} 如式 (2.37) 所示：

$$E_{\text{DM}} = |E| e^{-i\varphi} \tag{2.37}$$

由式 (2.37) 可知，波前校正器面型形变可产生一个与波前传感器所探测的畸变光束相同的波前形状，而传播方向相反的波前，即波前共轭。则畸变波前经波前校正器校正后，两个光场叠加可使相位误差得到补偿，即校正后的光束具有与发射端光束几近相同的相位信息。

相干混频效率是相干探测中的重要评判标准，它反映了本振光和信号光的匹配程度。相干检测的信噪比可达到量子噪声限的优势是在假设混频效率为 100% 的前提下得出的，然而信号光与本振光的振幅和相位的不匹配都会导致混频效率下降。通常定义相干检测系统中的混频效率 η_{mixing} 为

$$\eta_{\text{mixing}} = \frac{\left[\int_U A_S A_L (\cos(\Delta\varphi)) dU\right]^2 + \left[\int_U A_S A_L (\sin(\Delta\varphi)) dU\right]^2}{\int_U |E_S|^2 dU \cdot \int_U |E_L|^2 dU} \tag{2.38}$$

式中，e 为电子电量，U 为探测器面积，$\Delta\varphi$ 为带有畸变波前相位的信号光与本振光的相位差。

对于混频后输出的中频电信号噪声，主要有探测器散粒噪声、相对强度噪声以及探测器的热噪声。由于本振光的强度要远高于信号光，噪声中本振光的散粒噪声占主要地位。因此可以得到信噪比的表达式如下：

$$\text{SNR} = \frac{e\eta \int_U |E_S|^2 dU}{h\nu B} \cdot \frac{\left[\int_U A_S A_L (\cos(\Delta\varphi)) dU\right]^2 + \left[\int_U A_S A_L (\sin(\Delta\varphi)) dU\right]^2}{\int_U |E_S|^2 dU \cdot \int_U |E_L|^2 dU} \tag{2.39}$$

式中，η 为量子效率，h 为普朗克常数，ν 为载波光频率，B 为探测器带宽。

系统误码率可表示为

$$\text{BER} = \frac{1}{2} \text{erfc}(\sqrt{\text{SNR}}) \tag{2.40}$$

从式 (2.38)、式 (2.39) 和式 (2.40) 可以看到，大气湍流引起的光强起伏和相位畸变会造成信号光和本振光相位失配，从而降低相干混频效率和系统信噪比。

混频效率也会由于接收天线的像差而下降，在外差检测接收器中，信号光束与

位于传播轴点 $z=0$ 处的光学系统输入平面 (ρ,θ) 上的本地振荡器叠加。当信号光束穿过光学天线时，其波前会增加像差，假设本地振荡器保持理想的平面波前，混频效率为

$$\eta_{\text{mixing}} = \frac{\left| \iint U_S(\rho,\theta) U_{lo}^*(\rho,\theta) \rho \mathrm{d}\rho \mathrm{d}\theta \right|^2}{\iint |U_S(\rho,\theta)|^2 \rho \mathrm{d}\rho \mathrm{d}\theta \iint |U_S(\rho,\theta)|^2 \rho \mathrm{d}\rho \mathrm{d}\theta} \tag{2.41}$$

式中，U_S 为信号光场，U_{lo} 为本振光场，$*$为复共轭。初级像差变形后，信号光场可由式 (2.42) 表示：

$$U_S(\rho,\theta) = A\exp(\mathrm{i}\Phi(\rho,\theta)) \tag{2.42}$$

式中，$\Phi(\rho,\theta)$ 描述由输入孔径中的主要像差引起的相位误差，A 是接收波束长距离链路中可以近似于平面波时的幅度。将幅度归一化，当 $\varepsilon R \leqslant \rho \leqslant R$（$\varepsilon$ 为卡塞格林望远镜的遮挡比，R 为接收器孔径的半径）时，其值等于 1，否则等于 0。初级像差表达式如下：

$$\Phi_1 = a_1 \frac{r\cos\theta}{(1+\varepsilon^2)^{\frac{1}{2}}} \tag{2.43}$$

$$\Phi_2 = a_2 \frac{(2\cos^2\theta - 1)r^2}{(1+\varepsilon^2+\varepsilon^4)^{\frac{1}{2}}} \tag{2.44}$$

$$\Phi_3 = a_3 \left[r^3 - \frac{2}{3}\frac{1+\varepsilon^2+\varepsilon^4}{1+\varepsilon^2}r \right]\cos\theta \tag{2.45}$$

$$\Phi_4 = a_4 \frac{2r^2 - 1 - \varepsilon^2}{1-\varepsilon^2} \tag{2.46}$$

$$\Phi_5 = a_5[r^4 - (1-\varepsilon^2)r^2 + (1+4\varepsilon^2+\varepsilon^4)] \tag{2.47}$$

式中，Φ_1、Φ_2、Φ_3、Φ_4 和 Φ_5 分别表示波前倾斜、像散、慧差、场曲和球差，a_1、a_2、a_3、a_4 和 a_5 是常数，$r = \rho/R$。场曲和球差是旋转对称的，而波前倾斜、像散和慧差则不对称。波前倾斜的影响可以解释为探测器表面上两个平面波前的角度错位。波前误差量通常由均方根（RMS）值描述。每个泽尼克（Zernike）模式的均方根波前误差可由式 (2.48) 表示：

$$\begin{aligned}
\Phi^2 &= \frac{1}{\pi}\iint W(Rr,\theta)\Phi^2(Rr,\theta)\mathrm{d}^2 r \\
&= \frac{1}{\pi}\sum_{i=1}^{\infty}\left\{ \iiint W(Rr,\theta)\Phi_i^2(Rr,\theta)\mathrm{d}^2 r \right\} \\
&= \Phi_1^2 + \Phi_2^2 + \Phi_3^2 + \Phi_4^2 + \Phi_5^2 + \cdots
\end{aligned} \tag{2.48}$$

式中，$W(\rho,\theta)$ 表示望远镜孔径的函数，当 $\varepsilon R \leqslant \rho \leqslant R$ 时，$W(\rho,\theta)=1/(\pi R^2(1-\varepsilon^2))$，否则等于 0；$\varPhi^2(\rho,\theta)$ 表示均方根波前误差函数，$\varPhi_1^2$、$\varPhi_2^2$、$\varPhi_3^2$、$\varPhi_4^2$、$\varPhi_5^2$ 分别表示波前倾斜、像散、慧差、场曲、球差的均方根波前误差，它们之间是正交且独立的。

　　基于直接斜率法的比例积分控制器的自适应光学校正模型如图 2.22 所示。首先利用推拉法进行系统命令矩阵的测定；接着利用波前传感器探测波前斜率 S_r，并利用直接斜率法将其转换为电压值 V_e；然后将此值传送至增量式比例积分控制器 k_p、k_i 进行控制，获取最终的变形镜驱动电压值 V_{dm} 并发送给驱动器，驱动变形镜工作。

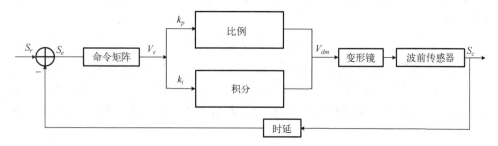

图 2.22　基于直接斜率法的比例积分器的自适应光学校正模型

　　采用增量式比例积分算法校正后，k 时刻变形镜驱动器电压值 V_{dm} 为

$$V_{dm}(k)=V_{pid}+V_{dm}(k-1)$$
$$=k_p\left[V_e(k)-V_e(k-1)\right]+k_iV_e(k)+V_{dm}(k-1) \qquad (2.49)$$

式中，V_{pid} 为经过 PID 算法校正后的电压，$V_e(k)$ 是 k 时刻波前斜率，$V_e(k)$ 是采用直接斜率法获取的对应驱动电压。

　　图 2.23 为自适应光学波前校正前后的相位分布图。由图可知，比例积分算法具有明显的校正效果。波前相比初始状态已十分趋近平面波形态，凹凸程度及表面非平整度均大幅度减小。由此证明，自适应光学系统中比例积分算法可有效修正波前畸变，提升无线激光通信系统的通信性能。

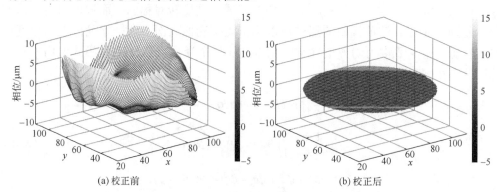

图 2.23　自适应光学波前校正相位图

2.5.3　无波前测量系统

无波前传感器自适应光学技术不需要波前传感器,比较简单且切实可行。图 2.24 为无波前传感器自适应光学系统框图。受大气湍流影响的畸变波前经变形镜反射后,通过成像探测器采集光信号(如远场光斑光强分布、空间光到光纤耦合功率),经波前控制器对目标函数进行计算,采用优化算法将计算出的电压值施加给变形镜,从而完成畸变波前的修正。

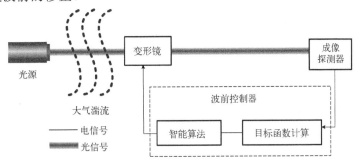

图 2.24　无波前传感器自适应光学系统框图

图 2.25 为采用随机并行梯度下降(stochastic parallel gradient descent,SPGD)算法波前校正前后光斑,未校正前远场光斑散斑严重且能量不会聚,经过基于 SPGD 算法的无波前探测自适应光学技术校正后,光斑中心光强明显增加,且能量更加会聚。

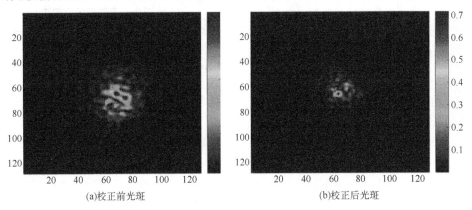

(a)校正前光斑　　　　　　　　　　　　　　　(b)校正后光斑

图 2.25　基于 SPGD 算法波前校正前后光斑

2.5.4　波前传感与坏点剔除

1. 夏克-哈特曼波前传感器工作原理

夏克-哈特曼波前传感器作为自适应光学系统的“眼睛”,由微透镜阵列及高速电荷耦合器件图像传感器组成，其探测原理如图 2.26 所示。假定参考波前为平面波，当其入射至微透镜阵列上时，利用电荷耦合器件在微透镜阵列焦平面处采集图像，可发现参考像点均位于中心处。畸变波前入射至微透镜阵列上时，根据畸变程度不同，在焦平面处采集的畸变像点相对于参考像点位置就会有不同程度的偏移，从而形成一个不规则的光斑阵列。具体到每一个光斑，将其分解为 x 方向和 y 方向，分别计算偏移量，则波前传感器在两个正交方向上探测的平均斜率如式(2.50)所示：

$$S_{x_i} = \frac{\Delta x}{f} = \frac{\int_{A_i} \frac{\partial W(r)}{\partial x} \mathrm{d}r}{\int_{A_i} \mathrm{d}r}, \quad S_{y_i} = \frac{\Delta y}{f} = \frac{\int_{A_i} \frac{\partial W(r)}{\partial y} \mathrm{d}r}{\int_{A_i} \mathrm{d}r} \tag{2.50}$$

式中，$W(r)$ 为波前相位，f 表示微透镜阵列焦距，A_i 为第 i 个子孔径面积，Δx 和 Δy 分别为 x 方向和 y 方向上畸变波前相对参考波前的子孔径偏移量。根据不规则光斑的质心位置与参考像点的质心位置之差，结合一定的波前重构算法，获取畸变波前的相位数据。

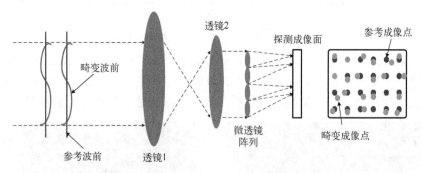

图 2.26　夏克-哈特曼波前传感器探测原理图

自适应光学系统在实际工作时，会遇到大气信道的湍流运动的影响，或者通信光路受云雾、雨滴等遮挡，导致接收的目标信号弱小。这些因素会造成波前传感器的部分子孔径接收不到有效的光信号，甚至接收到错误的信号。这些子孔径对应的位置就会在相机所成光强图像中形成坏点，坏点携带的误差信息经过持续的迭代运算，会造成整个系统性能下降。因此，需要对这些坏点进行有效的处理，来恢复丢失的相位信息。

2. 波前传感器测量的坏点剔除

近年来以卷积神经网络、循环神经网络等为代表的深度学习技术在自适应光学中获得了广泛应用。人们通过训练的神经网络可以从波前传感器测量的坏点图像恢复出丢失的波前相位信息，代替波前传感器实现波前重构，系统简单且快速实时。夏克-哈特曼波前传感器所采集的图像光强分布与 Zernike 系数表示的畸变相位函数关系为

$$I = U^2(x, y) = \left\{ C \cdot F\left[E_0(x, y)\exp\left(i\sum_{i=1}^{N} a_i Z_i \right) \right] \right\}^2 \tag{2.51}$$

式中，a_i 为第 i 项 Zernike 多项式的系数；$Z_i(x, y)$ 为第 i 项 Zernike 多项式；N 为 Zernike 阶数；C 表示常数；F 表示傅里叶变换；$E_0(x, y)$ 为入射光场的振幅。由于图像强度分布与各阶 Zernike 向量具有对应关系，相机平面的光斑图像信息包含了畸变的波前信息。因此，采用卷积神经网络模型来提取 Zernike 系数，然后对波前进行拟合，从而得到系统的波前相位信息。基于卷积神经网络的波前复原原理如图 2.27 所示。将大量的畸变波前的 Zernike 系数和其对应的相机平面上的光强图像数据作为卷积神经网络训练样本，利用设计好的卷积神经网络模型进行训练。训练好之后，输入实际测量的光斑图像，可预测输出畸变波前的 Zernike 系数。

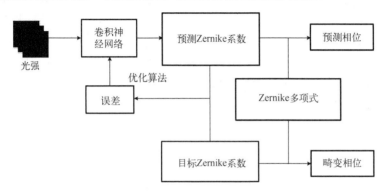

图 2.27　基于卷积神经网络的波前复原原理图

卷积神经网络基本结构一般包含输入层、卷积层、池化层、全连接层和输出层。输入层用于控制数据样本的输入，本节使用的卷积神经网络的输入层均为波前传感器采集的图像。卷积神经网络训练结构如图 2.28 所示。输入图像经过第一层卷积层

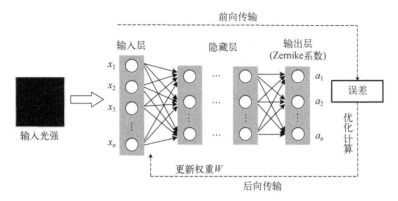

图 2.28　卷积神经网络训练结构示意图

的计算得到相应的输出特征图，该特征图将作为特征图输入到下一层卷积层。卷积层的作用是提取图像的特征，卷积层的参数包含输入特征图大小、卷积核大小和卷积核计算步长等，其中卷积层输出特征图的数量等于该卷积层卷积核的数量。在没有经过学习的情况下，卷积核的权重可由函数随机生成，再通过训练逐步调整。

2.6　总结与展望

无线光通信需要解决的问题包括提高传输距离及信道容量，增加发射功率会使系统功耗增加，提高检测灵敏度是抑制大气湍流、提高信道容量的有效途径。相干检测是无线光通信目前重点研究领域之一。相干光通信需要解决的问题包括：①大气激光通信中波前修正；②窄线宽光源；③大气引起光偏振退偏；④通信终端高速运动时多普勒频移对相干检测的影响。这些问题的解决，将有助于相干光通信技术的实际应用。今后发展的方向应该是：①低成本窄带光源，对相干光通信有很大的推动作用，引起了人们的重视；②新的相干原理，如副载波相干检测、零差检测等；③简单有效的波前校正，是大气激光通信中抑制湍流的有效方法。

思 考 题 二

2.1　什么是相干光通信？特点是什么？

2.2　什么是零差检测？什么是外差检测？二者有什么异同？

2.3　简述什么是频移键控？什么是幅移键控？

2.4　简述相干检测的方法。

2.5　光外差检测信噪比都与哪些因素有关？

2.6　相干光通信系统要求信号光和本振光混频时满足严格的匹配条件，这种匹配包括哪些方面？

2.7　简述光外差检测的空间相位条件、频率条件和偏振条件。

2.8　简述光外差检测的极限。

习 题 二

2.1　图 2.4 是一个自零差相干检测系统。两个光路中的光场，一路经 1 比特延迟后与另一路进行相干，两束相干输入光场分别为

$$E_{S1} = \frac{\sqrt{2G}}{2} A_S \exp[-i(2\pi f_C t + \phi_S)], \quad E_{S2} = \frac{\sqrt{2G}}{2} A_S \exp[-i(2\pi f_C t + \phi_S + \Delta\phi)]$$

式中，$\Delta\phi$ 为相邻比特的相位差，$\Delta\phi=\left|\phi_n-\phi_{n-1}\right|=\begin{cases}0, & \text{"1" 码}\\ \pi, & \text{"0" 码}\end{cases}$；$f_C$ 为光频率。相干输入的两束光频率相同，相位差恒定，极化方向一致，光电检测器检测到的光功率为 $E_{S3}=P_{S1}+P_{S2}+2\sqrt{P_{S1}P_{S2}}\cos\Delta\phi$。

试分析该种检测方法的相干增益及信噪比。

2.2 图 2.5 是一个副载波调制外差检测系统。无线光通信系统发送端对基带信号进行副载波四相移相键控（quaternary PSK，QPSK）强度调制，则信号光功率

$$P_e(t)=P_S[1+k_p\cos(\omega_c t+\varphi_j)]$$

式中，P_S 为信号光平均功率；k_p 为光调制度；副载波相位 $\varphi_j=j\cdot\dfrac{\pi}{4}$，$j=1,3,5,7$；$\omega_c$ 为发送端副载波角频率。本振光功率 $P_l(t)=P_l\left[1+k_p\cos(\omega_l t)\right]$。求该系统的外差增益和误码率。

2.3 相干光检测系统需要锁相环路，如题图 2.1 所示，图中 LF 为滤波器。锁相环路的传递函数为

$$H(\mathrm{i}\omega)=\frac{\theta_{\mathrm{VCO}}(\mathrm{i}\omega)}{\theta_N(\mathrm{i}\omega)}=\frac{F(\mathrm{i}\omega)A_{\mathrm{IF}}^4K(\mathrm{i}\omega)^{-1}}{1+F(\mathrm{i}\omega)A_{\mathrm{IF}}^4K(\mathrm{i}\omega)^{-1}}$$

$$=\frac{(A_{\mathrm{IF}}^4K(\mathrm{i}\omega)\tau_2+A_{\mathrm{IF}}^4K)/\tau_1}{(\mathrm{i}\omega)^2+(A_{\mathrm{IF}}^4K(\mathrm{i}\omega)\tau_2+A_{\mathrm{IF}}^4K)/\tau_1}$$

$$=\frac{\omega_n^2+2\zeta\omega_n\mathrm{i}\omega}{\omega_n^2+2\zeta\omega_n\mathrm{i}\omega+(\mathrm{i}\omega)^2}$$

式中，$\omega_n^2=A_{\mathrm{IF}}^4K/\tau_1$；$\zeta=\dfrac{A_{\mathrm{IF}}^2\tau_2}{2}\sqrt{K/\tau_1}$。

相位误差的功率谱密度为

$$G_\varepsilon(f)=\left|1-H(\mathrm{i}\omega)\right|^2G_{\mathrm{PN}}(f)=\frac{16}{\pi f^2}\cdot\frac{\omega^4/\omega_n^4}{[1-(\omega/\omega_n)^2]^2+[2\zeta(\omega/\omega_n)]^2}$$

求该环路的相位噪声方差。

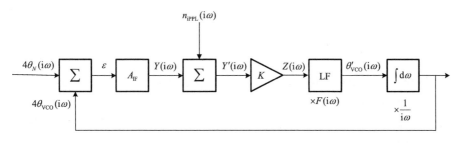

题图 2.1

2.4　分析讨论光外差检测中的量子噪声。

【提示】描述激光器的广义速率方程组可表示为

$$\dot{n} = (G - r)n + R_s + F_n \tag{1}$$

$$\dot{n} = P - Gn - S + F_N \tag{2}$$

$$\dot{\varphi} = \frac{\alpha}{2}(G - r) + F_\varphi \tag{3}$$

式中，n 为 LD 中的光子数；G 为增益；r 是腔损耗；R_s 为自发辐射到腔模的速率；F_n、F_N、F_φ 是朗之万噪声源；P 为泵浦率；S 为载流子符合速率；α 为线型展宽因子。考虑一阶近似

$$n(t) = n_0 + \delta n(t)$$

那么式(1)~式(3)可以变为

$$\delta \dot{n} + \underset{n}{\Gamma} \delta N + G_N n_0 \delta N = F_n \tag{4}$$

$$\delta \dot{N} + G_e \delta n + \underset{N}{\Gamma} \delta N = F_N, \quad G_e = -(G_n n_0 + G_0) \tag{5}$$

$$\delta \dot{\varphi} - \frac{\alpha}{2} G_N \delta N = F_\varphi$$

式中，N 是有源区的载流子数。

考虑信号光场：

$$E_1(t) = \sqrt{2P_1(t)} \exp[i(\omega_1 t + \varphi_1(t))]$$

本振光场：

$$E_2(t) = \sqrt{2P_2(t)} \exp[i(\omega_2 t + \varphi_2(t))]$$

光检测器输出的电流：

$$I(t) = R|E_1(t) + E_2(t)|^2$$
$$= R\left\{ P_1(t) + P_2(t) + 2\sqrt{P_1(t)P_2(t)} \cos\left[\Delta\omega t + \varphi_1(t) - \varphi_2(t)\right] \right\} + n_s(t)$$

对上式进行近似，就可以分析噪声的频谱以及相干检测中的噪声变化。

2.5　如图 2.5 所示的相干检测系统。

(1)求 BPSK 调制，白噪声情形下系统的误码率及误码率的上限。

(2)求差分相干二进制相移键控(differentially coherent binary phase-shift keying, DBPSK)调制下的误码率。

2.6　如图 2.5 所示的相干检测系统，在大输入信噪比、高斯噪声的情况下，分析输出噪声特性。

2.7　在相干光通信中考虑采用双平衡检测。

（1）求双平衡检测器在量子极限条件下对应的误码率。

（2）只考虑散弹噪声和热噪声情况下双平衡检测系统的信噪比。

（3）试分析双平衡检测器的共模抑制比。

2.8　如题图 2.2 所示，相干检测系统的锁相环路，求环路的最小相位方差。

2.9　设有一个相干光检测系统，当热噪声很小时，仅考虑信号光产生的散弹噪声，求相干检测的量子极限。

2.10　利用 Jensen 不等式化简信道容量，得到其下限，试估计出达到最高传信率时的脉冲位置调制阶数与粒子数反转的重建时间之间的关系。

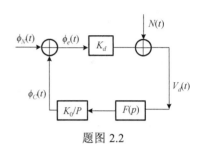

题图 2.2

2.11　试分析平衡检测器对相干光通信灵敏度的影响。

2.12　试分析相干光通信中平衡检测器一致性的要求。

2.13　试比较平衡检测器与单管检测的信噪比。

2.14　试分析图 2.8 中双平衡探测的输出中频电流。

2.15　试分析双平衡检测器对相干光通信信噪比的改善以及一致性系数对检测信噪比的影响。

2.16　题图 2.3 是相干光通信中光学锁相环，试分析其工作过程，并讨论相位噪声与误码率之间的关系。

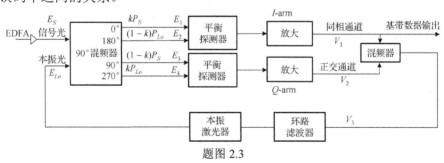

题图 2.3

2.17　试分析如题图 2.4 所示的平衡检测器前置放大器的工作过程。

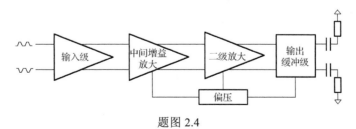

题图 2.4

参 考 文 献

[1]　肖西, 陈名松. 相干光通信外差异步解调接收机的设计[J]. 大众科技, 2011, (4): 21-22.

[2]　王清正, 胡渝, 林崇杰. 光电探测技术[M]. 北京: 电子工业出版社, 1994.

[3]　林春方. 高频电子线路[M]. 北京: 电子工业出版社, 2010.

[4]　赵芳. 基于单模光纤耦合自差探测星间光通信系统接收性能研究[D]. 哈尔滨: 哈尔滨工业大学, 2011.

[5]　柯熙政, 陈锦妮. 1km大气激光通信系统非光域外差检测的实验研究[J]. 应用科学学报, 2014, 32(4): 379-384.

[6]　樊昌信, 曹丽娜. 通信原理[M]. 6版. 北京: 国防工业出版社, 2006.

[7]　周凌尧. 相干光通信中的90°光混频器[D]. 成都: 电子科技大学, 2011.

[8]　槐宇超. 双平衡外差激光探测系统的仿真研究[J]. 软件杂志, 2013, 34(4): 132-134.

[9]　柯熙政, 陈锦妮. 无线光外差检测系统影响因素及关键技术研究[J]. 半导体光电, 2012, 33(4): 548-557.

[10]　余建军, 迟楠, 陈林. 基于数字信号处理的相干光通信技术[M]. 北京: 人民邮电出版社, 2013.

[11]　刘增基, 周洋溢, 胡辽林, 等. 光纤通信[M]. 2版. 西安: 西安电子科技大学出版社, 2008.

[12]　秦艳召. 相干光通信链路外差接收技术研究[D]. 成都: 电子科技大学, 2012.

[13]　朱勇, 王江平, 卢麟. 光通信原理与技术[M]. 2版. 北京: 科学出版社, 2011.

[14]　安毓英, 曾晓东, 冯喆珺. 光电探测与信号处理[M]. 北京: 科学出版社, 2010.

[15]　格里亚狄 R M, 卡伯 S. 光通信[M]. 陈振国, 等译. 北京: 人民邮电出版社, 1982.

[16]　王丽芝. 相干光通信外差探测技术研究[D]. 西安: 西安电子科技大学, 2011.

[17]　吕曦光, 王磊, 徐东明, 等. 相干光通信中基于 QPSK 调制的锁相环分析[J]. 长春理工大学学报, 2013, 36(3): 49-52.

[18]　李林林. 光外差检测中的量子噪声[J]. 光通信研究, 1992, (2): 21-26.

[19]　毕光国. 强度调制非线性外差检测光通信系统及其性能[J]. 电子学报, 1990, (2): 69-75.

[20]　Jacobaen G, Garrets I. Optical ASK heterodyne receiver: Comparison of a theoretical model with experiment[J]. Electronics Letters, 1988, 22(3): 170-171.

第 3 章　调制、解调与编码

无线光通信中把信息加到光波上的过程就是调制，调制器是一种电光转换器，将信号转换成便于在信道中传输的形式。它使输出光束的某个参数(强度、频率、相位、偏振态、光束/光子轨道角动量等)随信号变化，这就是光的调制过程。本章介绍光信号的调制、解调与编码。

3.1　调　制　技　术

调制就是用一个信号(调制信号)去控制另一个作为载体(载波信号)的信号，使载波信号的某一参数随调制信号变化。如图 3.1 所示，调制技术分为被动调制和主动调制，主动调制是在光发送端进行调制，被动调制是在对方进行调制，光源和调制是分离的。主动调制有内调制和外调制：内调制是对光源参数进行调制，外调制是对光波的某个参数进行调制。

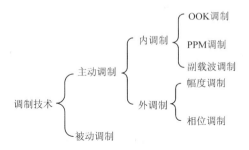

图 3.1　光调制技术分类

3.1.1　基本概念

无线光通信由激光束"携带"的信息(包括语言、文字、图像、符号等)通过一定的传输通道(大气、自由空间等)传送到光接收器，再由光接收器鉴别并还原成原来的信息。这种将信息加载于光波的过程称为调制，完成这一过程的装置称为调制器。这种将信息加载于激光光波的过程称为激光器调制驱动技术，其中激光称为载波，起控制作用的低频信息称为调制信号。光波在光通信中作为传递信息的载波。

按调制的性质分类，光调制可分为振幅调制、强度调制、频率调制、相位调制以及脉冲调制等形式。按调制器的工作原理可分为电光调制、声光调制、磁光调制等，还可分为模拟调制与数字调制。

3.1.2　模拟调制与数字调制

信源发出的没有经过调制(进行频谱搬移或变换)的原始电信号就是基带信号。其特点是频率较低，信号频谱从零频附近开始且具有低通形式。根据原始电信号的特征，基带信号可分为数字基带信号和模拟基带信号。

模拟调制一般是以正弦信号为载波，通过载波与基带信号的复合，对基带信号进行频谱变换，以便其在信道中传输。线性调制后信号频谱是基带信号频谱的平移或线性变换(如幅度调制)，非线性调制(如调频、调相)中已调信号与基带信号不存在线性关系。

数字调制将基带信号频谱搬移到更适合于基带信号传输的高频带，同时将基带信号加载到高频载波的某一个参数上。模拟调制在传输过程引入的噪声无法在接收端完全消除，但数字调制有可能做到这一点。

根据基带信号的电平数不同，数字调制分为二进制数字调制和多进制数字调制；按载波携带信息的参数不同，数字调制又可分为幅移键控(ASK)、频移键控(FSK)和相移键控(PSK)。数字调制还可以将上述几个参数结合使用，例如，正交振幅调制(quadrature amplitude modulation，QAM)本质上就是 ASK 与 PSK 的一种结合调制方式。

3.1.3　直接调制与间接调制

按调制信号与光源的关系，光调制又可以分为直接调制与间接调制。

1)直接调制

直接调制又称为内调制，是通过调制信号直接对光源参数如光强等进行控制，分别得到随调制信号改变的光信号。直接调制方式的优点是电路简单，容易实现，但其传输速率不会太高。

2)间接调制

间接调制又称为外调制，这种调制方式利用外调制器对光载波的某个参数进行调制，其调制对象是光源发出的光波，光源本身的参数并不发生变化。

3.1.4　内调制与外调制

根据调制器和激光器的相对关系，可以分为内调制和外调制。内调制指加载调制信号在激光振荡过程中进行的，采用调制信号改变激光器的振荡参数，从而改变激光输出特性以实现调制。"调制信号"与通信中的信源相对应。

外调制是激光产生之后在激光器外的光路上放置调制器，用调制信号改变调制器的物理特性。当激光束通过调制器时就会使光波的某些参量受到调制。外调制一般采用电光晶体、声光晶体或磁光晶体实现。外调制比内调制的调制速率高(约一个数量级)，调制带宽要宽得多，故备受重视。

3.2　外调制技术

外调制是待光波形成之后再用调制信号对光波的某个参数进行调制，但并不改变激光器的参数，只是改变已经输出的激光束的某个参数。

3.2.1　电光调制

电光调制[1]是一种利用电光晶体使激光光场的幅度、相位等参数随着电域的调制信号发生规律性变化的一种调制方式，其物理基础是电光效应。

1. 电光效应

电光效应[2](electro-optical effect)是指将物质置于电场时，物质的光学性质发生变化的现象。某些各向同性的透明物质在电场作用下显示出光学各向异性，物质的折射率因外加电场而发生变化的现象称为电光效应。电光效应包括泡克耳斯(Pockels)效应[3]和克尔(Kerr)效应[4]。

光波在介质中的传播规律受到介质折射率分布的影响，而折射率的分布又与其介电常数密切相关。晶体折射率可用施加电场 E 的幂级数表示，即

$$n = n_0 + \gamma E + bE^2 + \cdots$$

式中，由 γE 引起的折射率变化称为线性电光效应或泡克耳斯效应；由二次项 bE^2 引起的折射率变化称为克尔效应。对于大多数电光晶体材料，γE 产生的效应要比 bE^2 产生的效应显著[5]。

1)泡克耳斯效应(线性电光效应)

由晶体光学中的相关理论可知外界施加的电场方向和光传输方向对晶体的折射率影响关系较为复杂。根据外加电场与通光方向的关系可将泡克耳斯效应分为两类：纵向泡克耳斯效应(电场与通光方向平行)和横向泡克耳斯效应(电场与通光方向相垂直)。

(1)纵向泡克耳斯效应。

KDP(磷酸二氢钾)晶体是负单轴晶体，透光波段为 178nm～1.45μm。取垂直于 z 轴(光轴)切割的情况，在与晶体轴向方向一致的主轴坐标系中，当电场平行于 z 轴入射时，KDP 晶体的折射率椭球方程为[6]

$$\frac{x^2}{n_0^2} + \frac{y^2}{n_0^2} + \frac{z^2}{n_e^2} + 2\gamma_{63}xyE_z = 1 \tag{3.1}$$

式中，γ_{63} 是 KDP 晶体的电光系数；$n_0 = n_x = n_y, n_e = n_z$ 为主轴折射率。为了寻求一个新的坐标系 (x', y', z')，使折射率椭球方程不含交叉项。其中，x', y', z' 为加电场后椭球主轴的方向，通常称为感应主轴；$n_{x'}, n_{y'}, n_{z'}$ 是新坐标系中的主折射率，由于 x 轴和 y 轴是对称的，所以可将 x 坐标和 y 坐标绕 z 轴旋转 $45°$，在新的坐标系 (x', y', z') 中，式(3.1)可变为[6]

$$\left(\frac{1}{n_0^2} + \gamma_{63}E_z\right)x'^2 + \left(\frac{1}{n_0^2} - \gamma_{63}E_z\right)y'^2 + \frac{1}{n_e^2}z'^2 = 1 \tag{3.2}$$

于是得到新椭球主轴方向上的三个主折射率为[6]

$$\begin{cases} n_{x'} = n_0 - \dfrac{1}{2}n_0^3\gamma_{63}E_z \\[2mm] n_{y'} = n_0 + \dfrac{1}{2}n_0^3\gamma_{63}E_z \\[2mm] n_{z'} = n_e \end{cases} \tag{3.3}$$

由式(3.3)可以知道，平行于光轴方向的电场使 KDP 晶体从单轴晶体变成了双轴晶体，折射率椭球在 $z = 0$ 平面内的截面由圆变成了椭圆，其椭圆主轴长与外加电场 E_z 的大小有关，则在感应主轴 x' 和 y' 方向振动的两束等振幅线偏光有着不同的传播速度，由此引起的相位差为[6]

$$\delta = \frac{2\pi}{\lambda}(n_{x'} - n_{y'})l = \frac{2\pi}{\lambda}n_0^3\gamma_{63}E_zl = \frac{2\pi}{\lambda}n_0^3\gamma_{63}U \tag{3.4}$$

式中，λ 是真空中的波长；l 是光在晶体中通过的长度；U 是外加电压。由式(3.4)可知：纵向电光效应产生的相位延迟与光在晶体中通过的长度 l 无关，仅由晶体的性质 γ_{63} 和外加电压 U 决定。在电光效应中相位差达到 π 所需施加的电压称为半波电压。常用晶体的半波电压在 $3 \sim 10\text{kV}$。

(2) 横向泡克耳斯效应。

在横向泡克耳斯效应中，光沿垂直于电场 z 轴的 x' 方向传播，此时沿着两个主振动方向 z 和 y' 振动的线偏振光有着不同的传播速度。由式(3.3)可知，通过长度为 l 的晶体后产生的相位差为[6]

$$\begin{aligned} \delta &= \frac{2\pi}{\lambda}(n_{x'} - n_{z'})l = \frac{2\pi}{\lambda}|n_0 - n_e|l + \frac{\pi}{\lambda}n_0^3\gamma_{63}E_zl \\ &= \frac{2\pi}{\lambda}|n_0 - n_e|l + \frac{\pi}{\lambda}n_0^3\gamma_{63}\frac{l}{h}U \end{aligned} \tag{3.5}$$

式中，h 是晶体在电场方向上的厚度；U 是外加电压。KDP 晶体的横向电光效应使光波通过晶体后产生相位差，包括两项：第一项是与外加电场无关的晶体自然双折射引起的相位延迟；第二项是外加电场作用产生的相位延迟，它与外加电压 U 和晶体的尺寸(l/h)有关，合适地选择晶体尺寸可以降低半波电压。

2) 克尔效应(平方电光效应)

线偏光沿着与电场垂直的方向通过晶体时，被分解成沿着电场方向振动和垂直于电场方向振动的两束线偏光，这两束线偏光的相位延迟与电场强度的平方成正比[6]，称为克尔效应，即

$$\delta = 2\pi K l \frac{U^2}{h^2} \tag{3.6}$$

式中，K 是物质的克尔常数；h 是极板间距；l 是光在介质中经过的长度；U 是外加电压。克尔效应的半波电压一般高达数万伏。

2. 电光强度调制

利用晶体的电光效应可控制光在传播过程中的强度。图 3.2(a)是一个典型的电光强度调制的装置示意图。它由两块偏振方向垂直的偏振片及其间放置的一块单轴电光晶体组成。偏振片的偏振方向分别与 x, y 轴平行。

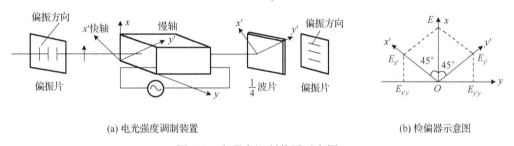

(a) 电光强度调制装置　　　　　　　　　　　(b) 检偏器示意图

图 3.2　光强度调制装置示意图

在电光晶体上沿 z 轴方向施加电场，由电光效应产生的感应双折射轴 x' 和 y' 与 x 轴成 45° 角。假设 x' 为快轴，y' 为慢轴，若某时刻加在电光晶体上的电压为 U，入射到晶体在 x 方向上的线偏振激光电矢量振幅为 E，则分解到快轴 x' 和慢轴 y' 上的电矢量振幅为 $E_{x'}$ 和 $E_{y'}$。通过晶体后沿快轴 x' 和慢轴 y' 的电矢量振幅都变为 $E_{x'} = E_{y'} = (\sqrt{2}/2)E$。同时，沿 x' 和 y' 方向振动的二线偏振光之间产生如图 3.2(b) 表示的相位差。

从晶体中出射的两线偏振光再通过偏振方向与 y 轴平行的偏振片检偏，产生的光振幅(图 3.2(b))分别为 $E_{x'y}$ 和 $E_{y'y}$，则有 $E_{x'y} = E_{y'y} = \frac{1}{2}E$，其相互之间的位相差为 $(\delta + \pi)$。此二振动合成的合振幅为[7]

$$E'^2 = E_{x'y}^2 + E_{y'y}^2 + 2E_{x'y}E_{y'y}\cos(\delta + \pi)$$

$$= \frac{1}{4}(E^2 + E^2) - \frac{1}{2}E^2\cos\delta = \frac{1}{2}E^2(1 - \cos\delta) \tag{3.7}$$

因光强与振幅平方成正比，故通过检偏器的光强可以写为(令比例系数为1)[7]

$$I = E'^2 = E^2\sin^2\frac{\delta}{2} = I_0\sin^2\frac{\delta}{2} \tag{3.8}$$

即

$$I = I_0\sin^2\left(\frac{\pi n_0^3 \gamma_{63}}{\lambda}U\right)$$

可见当晶体所加电压 U 变化时通过检偏器的光强也随之变化。图 3.2 给出了 $I/I_0 \sim U$ 曲线的一部分及光强调制的工作情形。为使工作点选在曲线中点处，通常在调制晶体上外加直流偏压半波电压 $U_{\lambda/2}$ 来完成。或更方便地在装置中插入 $\lambda/4$ 波片(图 3.2(b)中虚线所画)，使沿 x' 和 y' 振动的分量间附加 $\frac{\pi}{2}$ 的固定相位差。此时，若外加信号电压为正弦电压(电压幅值较小)，$U = U_0\sin\omega t$，则输出光强近似为正弦形。此结果可用公式表达如下。因附加了固定相位差 $\frac{\pi}{2}$，式(3.8)中的 δ 应由 $\Delta = \delta + \frac{\pi}{2}$ 替代[7]。

$$I = I_0\sin^2\frac{\Delta}{2} = I_0\sin^2\left(\frac{\pi}{4} + \frac{\pi}{2}\frac{U_0}{U_\pi}\sin\omega t\right)$$

$$= I_0 \cdot \frac{1}{2}\left[1 + \sin\left(\pi\frac{U_0}{U_\pi}\sin\omega t\right)\right] \tag{3.9}$$

一般 $U_0 \ll U_\pi$，故可将正弦函数展开成级数而取第一项，近似可得[7]

$$\frac{I}{I_0} = \frac{1}{2} + \frac{\pi}{2}\frac{U_0}{U_\pi}\sin\omega t \tag{3.10}$$

可见相对光强仍为角频率是 ω 的正弦变化量，它是调制电压的线性复制，从而达到光强调制的目的。

3. 电光位相调制

考虑图 3.3 所示的位相调制装置。设偏振片的偏振方向与晶体的 y' 轴平行，则垂直入射到晶体 $x'y'$ 面的偏振光其振动方向与 y' 方向平行。在这种情况下，外加电场产生的电光效应不再对光强进行调制，而是改变偏振光的位相。加电场后，振动方向与晶体的 y' 轴相平行的光通过长度为 l 的晶体，其相位增加为[7]

$$\Phi = \frac{2\pi}{\lambda}\left(n_0 + \frac{n_0^3}{2}\gamma_{63}E_z\right)l \tag{3.11}$$

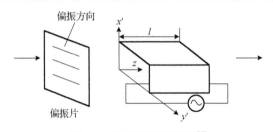

图 3.3 位相调制示意图[7]

若晶体上所加的是正弦调制电场 $E_z = E_m \sin \omega_m t$（其中 E_m 和 ω_m 分别为调制场的振幅与角频率），而且光在晶体的输入面 $(z=0)$ 处的场矢量大小是 $U_入 = A\cos\omega t$，则在晶体输出面 $(z=l)$ 处的场矢量大小可写为[7]

$$U_出 = A\cos\left[\omega t + \frac{2\pi}{\lambda}\left(n_0 + \frac{n_0^3}{2}\gamma_{63}E_z \right)l \right] \tag{3.12}$$

将正弦调制电场代入并略去常数项，则式 (3.12) 改写为[7]

$$U_出 = A\cos(\omega t + M_p \sin\omega_m t) \tag{3.13}$$

式中，$M_p = \dfrac{\pi n_0^3}{\lambda}\gamma_{63}E_m l$ 称为位相调制度。由式 (3.13) 可见，输出场的位相受到调制度为 M_p、角频率为 ω_m 的电场调制。

3.2.2 声光调制

声光调制[8,9]是一种利用声光介质的声光效应使衍射光的强度、频率、方向随着声波强度发生规律性变化的一种调制方式，其物理基础是声光效应。

1. 声光效应

超声波通过介质时会使介质的局部压缩或伸长而产生弹性应变，该应变随时间和空间进行周期性变化。当光通过这一受到超声波扰动的介质时就会发生衍射现象，其衍射光的强度、频率、方向等都随着超声场的变化而变化，这种现象称为声光效应。拉曼-奈斯(Raman-Nath)衍射和布拉格衍射是两种常见的声光效应，衡量这两类衍射的参量为[6]

$$Q = 2\pi L \frac{\lambda}{\lambda_s^2} \tag{3.14}$$

式中，L 是声光相互作用长度；λ 是通过声光介质的光波长；λ_s 是超声波波长。当 $Q \leqslant 0.3$ 时，为拉曼-奈斯衍射；当 $Q \geqslant 4\pi$ 时，为布拉格衍射；而在 $0.3 < Q < 4\pi$ 的中间区内，衍射现象较为复杂，通常的声光器件均不工作在这个范围内[6]。

2. 拉曼-奈斯衍射

如图 3.4 所示，当超声频率较低且光波平行于声波面入射(即垂直于声场传播方向)时，声光相互作用长度较短，折射率的变化可以忽略不计，此时声光介质可近似看成相对静止的"平面相位光栅"。由于声速比光速小得多，且声波长比光波长大得多，当光波平行通过介质时，通过光密部分的光波波阵面会滞后，而通过光疏(折射率小)部分的光波波阵面会超前。这样通过声光介质的平面波波阵面就出现了凹凸现象，变成一个折皱曲面。由出射波阵面上各子波源发出的次波将发生相干作用，形成与入射方向对称分布的多级衍射光，这就是拉曼-奈斯衍射。各级衍射光的衍射角 θ 满足如下关系[6]

$$\lambda_s \sin\theta = m\lambda, \quad m = 0, \pm1, \pm2, \cdots \tag{3.15}$$

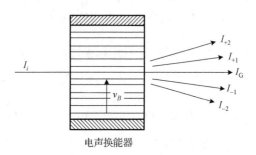

图 3.4　拉曼-奈斯衍射[6,10]

v_B 表示声波波速；I_G 表示 $m=0$ 时的极值光强

在入射光两侧出现与 $m = 0, \pm1, \pm2, \cdots$ 相关联的一些衍射极大值，并对于运动的声波，其衍射光将产生多普勒效应，故响应的光波频率为 $\omega, \omega \pm \omega_s, \omega + 2\omega_s, \cdots$，其中零级衍射光是入射光的延伸。相应于第 m 级衍射的极值光强为[6]

$$I_m = I_i J_m^2(\delta) \tag{3.16}$$

式中，I_i 是入射光强；$\delta = 2\pi(\Delta n)L$ 表示光通过声光介质后，由折射率变化引起的附加相移；$J_m(\delta)$ 是第 m 阶贝塞尔函数。

3. 布拉格衍射

当声波频率较高、声波作用长度较大且光束与声波波面间以一定的角度斜入射时，光波在介质中传输要穿过多个声波面，这时介质具有"体光栅"的性质。如图 3.5 所示，当入射光与声波面间夹角满足一定条件时，介质内各级衍射光会相互干涉，各高级次衍射光将互相抵消，只出现 0 级、+1 级或−1 级(视入射光的方向而定)衍射光，这就是布拉格衍射。若能合理选择参数且使超声场足够强，则会使入射光能量几乎全部转移到+1 级或−1 级衍射极值。这样光束的能量会得到充分利用，所以，利用布拉格衍射效应制作的声光器件能获得较高的效率。

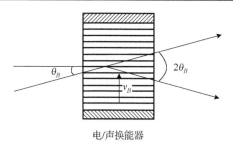

电/声换能器

图 3.5　布拉格衍射[6,10]

可以证明：对于频率为 ω 的入射光，其布拉格衍射的 ±1 级衍射光的频率为 $(\omega \pm \Omega)$，相应的 0 级和 1 级衍射光强分别为[6]

$$I_0 = I_i \cos^2\left(\frac{\delta}{2}\right)$$
$$I_1 = I_i \sin^2\left(\frac{\delta}{2}\right)$$

(3.17)

式中，δ 是光通过声光介质后，由折射率变化引起的附加相移。可见，当 $\delta = \pi/2$ 时，$I_0 = I_1$。这表明通过适当地控制入射超声功率，可以将入射光功率全部转变为 1 级衍射光功率。

4. 声光调制

声光调制是利用声光效应将信息加载到光频载波上的一种物理过程。调制信号是以调幅电信号形式作用于电/声换能器上，电/声换能器将相应的电信号转化为变化的超声场。当光波通过声光介质时，由于声光作用，使光载波受到调制而成为"携带"信息的强度调制波。可分为拉曼-奈斯型声光调制器和布拉格型声光调制器。拉曼-奈斯型声光调制器的特点是工作声源频率低于 10MHz，只限于低频工作且带宽较小。布拉格型声光调制器的特点是衍射效率高且调制带宽较宽。

3.2.3　磁光调制

磁光调制[10]是一种利用磁光介质的磁光效应使线偏光的偏振方向改变，并利用起偏器和检偏器的相对位置检测光强变化的一种调制方式，其物理基础是磁光效应[6,11]。

1. 磁光效应

1811 年，阿拉戈（Arago）在研究石英晶体的双折射特性时发现：一束线偏振光沿石英晶体的光轴方向传播时，其振动平面会相对原方向转过一个角度，如图 3.6 所示。由于石英晶体是单轴晶体，光沿着光轴方向传播不会发生双折射，所以 Arago 发现的现象应属另外一种新现象，这就是旋光现象[10,12]。

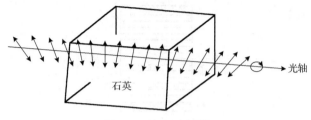

图 3.6　旋光现象[10]

1846 年法拉第(Faraday)发现,在磁场的作用下,本来不具有旋光性的介质也产生了旋光现象,能够使线偏振光的振动面发生旋转,这就是法拉第效应。观察法拉第效应的装置结构如图 3.7 所示,将一根玻璃棒的两端抛光,放进螺线管的磁场中,再加上起偏器 P_1 和检偏器 P_2,让光束通过起偏器后顺着磁场方向通过玻璃棒,光矢量的方向就会旋转,旋转的角度可以用检偏器测量。

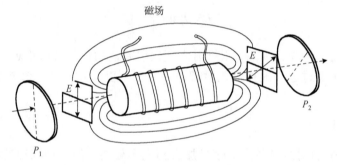

图 3.7　法拉第效应[6,10]

后来,韦尔代(Verdet)对法拉第效应进行仔细研究,发现光振动平面转过的角度 θ 可以表示为

$$\theta = VBl \tag{3.18}$$

式中,V 是与物质性质有关的常数,叫作 Verdet 常数;B 是磁感应强度;l 是光在物质中通过的长度。

2. 磁光调制

磁光调制原理[13]如图 3.8 所示,图中 YIG 为钇铁石榴石。在没有调制信号时,磁光材料中无外磁场,根据马吕斯(Malus)定律[6,7,10],从起偏器透过的强度为 I_0 的光束,经检偏器后出射的光强为

$$I = I_0 \cos^2 \alpha \tag{3.19}$$

式中,α 是起偏器与检偏器光轴之间的夹角。当两个光轴平行(即 $\alpha = 0$)时,通过光强最大;当两个偏振器光轴互相垂直($\alpha = \pi/2$)时,通过光强为零(消光)。在磁光

材料外的磁化线圈加上调制的交流信号，这时产生的交变磁场使光的振动面发生交变，旋转 θ 角。输出的光强为

$$I = I_0 \cos^2(\alpha + \theta) \tag{3.20}$$

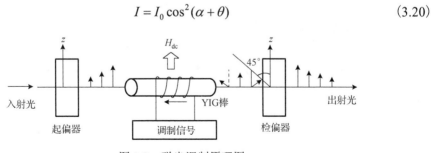

图 3.8　磁光调制原理图

当 α 一定时，输出光强仅随 θ 变化。由于法拉第效应，信号电流使光的振动面的旋转转化为光的强度调制，可以利用此现象进行信息的传输。

3.3　逆 向 调 制

"被动调制技术"又称为逆向调制技术。逆向调制系统采用改变逆向回波功率的方法进行调制，免去了传统无线光通信系统的跟瞄系统，使系统应用更灵活[14]。"猫眼"逆向调制器是一种基于"猫眼"效应原理设计的逆向调制器件。巧妙地将反射调制器件和"猫眼"结构相结合，可以通过改变调制器件离焦量的大小对照射到猫眼结构的入射光的回波功率进行调制来达到通信的目的。

3.3.1　"猫眼"效应

猫的眼睛在黑夜里看起来很亮，是因为光源发出的光线入射到猫的眼睛，通过猫眼的瞳孔聚焦到眼底上。经由眼底的反射使光束沿原路返回，反射光投射到观察者的眼中，猫眼看起来就显得比较亮[15-17]。

如图 3.9 所示，"猫眼"结构模型的工作原理如下：一束光平行入射猫眼结构，经过"猫眼"结构聚焦透镜 L 的作用，在焦平面处进行会聚，在焦点 F 处会聚成一

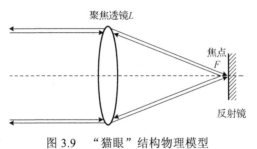

图 3.9　"猫眼"结构物理模型

点，假设平面反射镜正好位于焦平面处，会聚光束经焦平面处反射镜反射后按原光路返回，因此光的发射方同时也成为光的接收方。聚焦透镜 L 可以看成"猫眼"结构的入瞳和出瞳。其工作过程分析如下。

"猫眼"效应的傅里叶变换模型如图 3.10 所示[18,19]，其中 O 为物平面，T 为变换平面，I 为像平面，(x,y)，(u,v)，(x',y') 为三个平面的空间坐标，$\tilde{t}_0(x,y)$ 和 $\tilde{t}_T(u,v)$ 分别代表物平面和变换平面的光振幅透过率，f 代表透镜的焦距，F 表示傅里叶变换。用 A_0 表示初始入射光场的振幅，物平面上的振幅分布为

$$\tilde{U}_0(x,y) = A_0\tilde{t}_0(x,y) \tag{3.21}$$

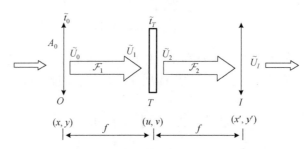

图 3.10　"猫眼"效应的傅里叶变换模型

设变换平面 T 上的振幅透过率 $\tilde{t}_T = \rho$（$0 < \rho < 1$，这实际上就是光敏面上的光学反射率），在像平面 I 上复振幅分布 $\tilde{U}_I(x',y')$ 可以认为是经过两次夫琅禾费衍射，对复振幅的变换是傅里叶变换，所以像平面 I 上的复振幅分布为[20]

$$\tilde{U}_I(x',y') = \iiiint_{-\infty}^{+\infty} A_0\rho\tilde{t}_0(x,y)\exp\left\{\frac{-\mathrm{i}k}{f}[u(x+x')+v(y+y')]\right\}\mathrm{d}u\mathrm{d}v\mathrm{d}x\mathrm{d}y$$

$$\tilde{U}_I(x',y') = \rho A_0\tilde{t}_0(-x',-y')$$

即

$$\tilde{U}_I(x,y) = \rho\tilde{U}_0(-x,-y) \tag{3.22}$$

由式（3.22）可知，输出图像与输入图像完全一致，式中的负号表示倒像。这说明光是沿原路返回的，仅是振幅有所降低（$0 < \rho < 1$）。

"猫眼"结构常被用于逆向反射器。与适用的调制器件结合可形成逆向调制器。因为"猫眼"结构逆向调制器被动地受光源的控制，只有光源照射到"猫眼"结构，入射光才会受"猫眼"结构的作用按原路反射回光源处，在反射过程中，反射光经过调制，同时也将有用信息携带回光源处，故又称为被动调制器。

3.3.2　逆向调制原理

离焦分为前向离焦和后向离焦，焦平面处的反射面向靠近透镜方向移动的离焦

称为前向离焦，反之称为后向离焦。

如图 3.11 所示[21,22]，聚焦透镜的口径为 D，焦距为 f，离焦量为 d。出射光束被限制在一定的孔径和角度范围内，如果超出这个范围，则有一部分光将无法射出光学系统，我们称之为离焦的有效孔径 D' 和发散角 θ_s。

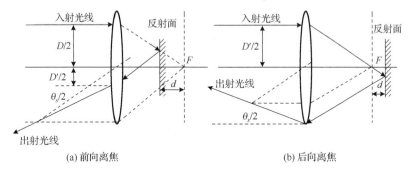

(a) 前向离焦　　　　　　　　　　　(b) 后向离焦

图 3.11　前向离焦和后向离焦

前向离焦时，有效孔径为

$$D' = \frac{f - 2d}{f} D \quad (d \ll f) \tag{3.23}$$

发散角为

$$\theta_s = 2\arctan\frac{dD}{f^2} \tag{3.24}$$

后向离焦时，有效孔径为

$$D' = \frac{f}{f + 2d} D \quad (d \ll f) \tag{3.25}$$

发散角为

$$\theta_s = 2\arctan\frac{dD}{f(f + 2d)} \tag{3.26}$$

由式 (3.23) 和式 (3.25) 可以看出：反射面的离焦量与"猫眼"有效孔径成反比。

设激光发射功率为 P_t，有效接收面积为 A_r，目标与激光发射接收机之间的距离为 r，光束的发散角为 θ_0，"猫眼"光学系统的有效截面积为 A_s，反射系数为 ρ_s，大气透过率为 τ_a，接收光学系统透过率为 τ_r。接收机接收到的"猫眼"目标反射回波功率为

$$P_r = P_t \frac{16\tau_a\tau_r A_r A_s \rho_s}{\pi^2 \theta_0^2 \theta_s^2 r^4} \tag{3.27}$$

将 $A_r = \pi\left(\dfrac{D}{2}\right)^2$、$A_s = \pi\left(\dfrac{D'}{2}\right)^2$ 及式(3.23)～式(3.26)代入式(3.27)，可将"猫眼"目标反射回波功率公式简化为

$$P_r = P_t \tau_a \tau_r \rho_s \frac{f^4 D^2}{4\theta_0^2 d^2 r^4} \tag{3.28}$$

由式(3.28)可得，"猫眼"逆向调制器的回波功率与系统的多方面因素都有关系。与透镜焦距的四次方和透镜直径的平方成正比，与离焦量的平方及发射和接收调制端距离的四次方成反比。当猫眼调制器结构参数 f、D 及距离 r 取固定值时，可变的离焦量成为可以对回波功率进行调制的最理想且最容易实现的参量。

当反射镜位于焦平面时，入射光束将严格按原路返回，而离焦时则发散。"猫眼"逆向调制的离焦状态与逆向调制输出功率的关系如图3.12所示，形成了一种通过调节"猫眼"结构离焦量来进行回射光功率调制的调制方法。而功率的变化在接收端则直观地表现为信号幅度的变化，方便接收端信号的提取和判别。

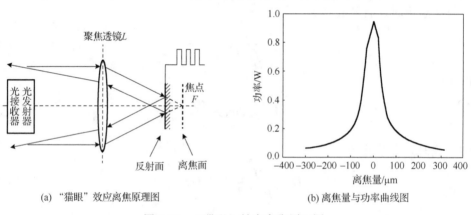

(a) "猫眼"效应离焦原理图　　　　　　　(b) 离焦量与功率曲线图

图 3.12　"猫眼"效应离焦原理图

3.3.3 "猫眼"逆向调制系统

逆向调制系统包括两个不对等的终端[23-25]：主动端和被动端，其原理图如图3.13所示。主动端即传统 FSO 的发射/接收终端，包括激光发射系统、激光接收系统、信号处理系统和控制系统四部分；被动端即逆向调制终端，包括逆向调制系统、信息获取系统、信号处理系统和控制系统四部分，其中逆向调制系统包括调制器和逆向反射器。

逆向调制 FSO 系统的工作过程为：发射/接收终端通过控制系统对准逆向调制终端发射激光束，逆向调制终端通过控制器调整角度和位置接收入射光束。逆向调

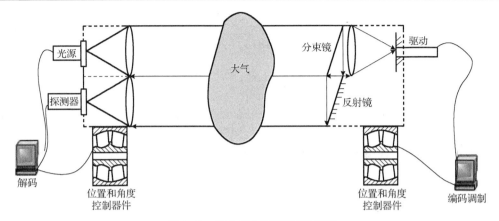

图 3.13　逆向调制系统原理框图

制终端探测到入射光束时，信号处理系统将获取的调制信号加载到调制器上，通过调制器状态变化实现入射光调制，由逆向反射器将调制光束原路返回到发射端。发射/接收端通过接收系统获取调制光信号，将光信号转换为电信号，最后由信号处理系统对信号进行处理，解调出有用信号。

3.3.4　逆向调制的传输特性

在考虑湍流的影响下，根据逆向调制无线光通信系统的模型，主动端接收到的电信号 y 表示为

$$y = \eta u I_0 x + n \tag{3.29}$$

式中，η 为接收机的光电转换系数；I_0 为发送数据为"1"时对应的信号光强；$x \in \{0,1\}$ 代表发送电信号；n 表示均值为 0，方差为 σ_n^2 的加性高斯白噪声；$u = u_1 u_2$ 是大气湍流造成的衰落系数，u_1 和 u_2 分别为前后向链路归一化大气湍流衰落系数，两者相互独立。

为了更好地描述有限接收孔径下的衰落分布，采用 EW 分布来模拟前、后向链路的大气湍流衰落系数。EW 分布作为一种十分新颖的模型，不仅适用于点接受的系统，还能够应用于考虑孔径平均时的系统。EW 分布由韦布尔(Weibull)衰落模型演化而来，并对其求指数 Weibull 分布，得到式(3.30)。其中，$u_i (i = 1,2)$ 的概率密度函数 $f_{EW_i}(u_i)$ 可表示为

$$f_{EW_i}(u_i) = \frac{\alpha_i \beta_i}{\eta_i}\left(\frac{u_i}{\eta_i}\right)^{\beta_i-1}\exp\left[-\left(\frac{u_i}{\eta_i}\right)^{\beta_i}\right]\times\left\{1-\exp\left[-\left(\frac{u_i}{\eta_i}\right)^{\beta_i}\right]\right\}^{\alpha_i-1}, \quad u_i \geqslant 0 \tag{3.30}$$

式中，α_i 和 β_i 是 EW 分布的形状参数，η_i 是比例参数。α_i、β_i 以及 η_i 的表达式为

$$\alpha_i \cong \frac{7.220\sigma_{I_i}^{2/3}}{\Gamma(2.487\sigma_{I_i}^{2/6} - 0.104)} \tag{3.31}$$

$$\beta_i \cong 1.012(\alpha_i\sigma_{I_i}^2)^{-13/25} + 0.142 \tag{3.32}$$

$$\eta_i = \frac{1}{\alpha_i\Gamma(1+1/\beta_i)g_{n_i}(\alpha_i,\beta_i)} \tag{3.33}$$

式中，$\sigma_{I_i}^2 (i=1,2)$ 分别表示前后向链路的光强闪烁，$g_{n_i}(\alpha,\beta)$ 是为了简化符号而引入，两者的计算方式如下

$$\sigma_I^2 = \exp\left[\frac{0.49\sigma_R^2}{(1+1.11\sigma_R^{12/5})^{7/6}} + \frac{0.51\sigma_R^2}{(1+0.69\sigma_R^{12/5})^{5/6}}\right] - 1 \tag{3.34}$$

$$g_{n_i}(\alpha_i,\beta_i) = \sum_{j=0}^{\infty} \frac{(-1)^j\Gamma(\alpha_i)}{\Gamma(\alpha_i-j)j!(j+1)^{1+(n/\beta_i)}} \tag{3.35}$$

式中，$\sigma_R^2 = 1.23k^{7/6}C_n^2L^{11/6}$ 为 Rytov 方差，L 表示单向链路的传输距离，C_n^2 表示大气折射率结构常数，$k=2\pi/\lambda$ 是指波长为 λ 时的波数。式 (3.35) 易于数值计算，因为级数收敛速度很快，通常多达 10 项或更少的项就足以使级数收敛。

结合 $u=u_1u_2$，衰落系数 u 的概率密度函数 $f_u(u)$ 可以表示如下

$$f_u(u) = \int \frac{1}{u_1}f_{u_1}(u_1)f_{u_2}\left(\frac{u}{u_1}\right)\mathrm{d}u_1 \tag{3.36}$$

将式 (3.30) 代入式 (3.36)，并结合牛顿广义二项式定理，可以得到如下转换

$$\begin{aligned}
f_u(u) &= \frac{\alpha_1\alpha_2\beta_1\beta_2}{\eta_1\eta_2}\int_0^\infty \frac{1}{u_1}\left(\frac{u_1}{\eta_1}\right)^{\beta_1-1}\exp\left[-\left(\frac{u_1}{\eta_1}\right)^{\beta_1}\right]\left\{1-\exp\left[-\left(\frac{u_1}{\eta_1}\right)^{\beta_1}\right]\right\}^{\alpha_1-1} \\
&\quad \times \left(\frac{u}{u_1\eta_2}\right)^{\beta_2-1}\exp\left[-\left(\frac{u}{u_1\eta_2}\right)^{\beta_2}\right]\left\{1-\exp\left[-\left(\frac{u}{u_1\eta_2}\right)^{\beta_2}\right]\right\}^{\alpha_2-1}\mathrm{d}u_1 \\
&= \frac{\alpha_1\alpha_2\beta_1\beta_2}{\eta_1\eta_2}u^{\beta_2-1}\sum_{j=0}^{\infty}\sum_{i=0}^{\infty}\frac{(-1)^{i+j}\Gamma(\alpha_1)\Gamma(\alpha_2)}{i!j!\Gamma(\alpha_1-j)\Gamma(\alpha_2-i)} \\
&\quad \times \int_0^\infty u_1^{\beta_1-\beta_2-1}\exp\left\{-\left[(1+j)\left(\frac{u_1}{\eta_1}\right)^{-\beta_1} + (1+i)\left(\frac{u}{u_1\eta_2}\right)^{-\beta_2}\right]\right\}\mathrm{d}u_1
\end{aligned} \tag{3.37}$$

利用 Meijer' G 函数将式 (3.37) 中表达形式为 e^{-Sx} 的表示为 $G_{0,1}^{1,0}\left[Sx\Big|_0^-\right]$，并结合文献 [26] 中的式 (2.24.1.1)，其中，式 (2.24.1.1) 给出如下

$$
\int_0^\infty x^{\alpha-1} G_{u,v}^{s,t}\left(\sigma x \Big|_{(d_v)}^{(c_u)}\right) G_{p,q}^{m,n}\left(\omega x^{l/k} \Big|_{(b_q)}^{(a_p)}\right) dx
$$

$$
= \frac{kulp + a(v-u) - \sigma - a}{(2\pi)^{b(l-1)+c(k-1)}} G_{lp+lv,kq+lu}^{kn+lt,kn+ls}\left(\frac{\omega^k k^{k(p-q)}}{\sigma^l l^{l(u-v)}}\right) \tag{3.38}
$$

$$
\times \left(\begin{array}{l} \Delta(k,a_1),\cdots,\Delta(k,a_n),\Delta(l,1-a-d_1),\cdots,\Delta(l,1-a-d_v),\Delta(k,a_{n+1}),\cdots,\Delta(k,a_p) \\ \Delta(k,b_1),\cdots,\Delta(k,b_m),\Delta(l,1-a-c_1),\cdots,\Delta(l,1-a-c_u),\Delta(k,b_{m+1}),\cdots,\Delta(k,b_q) \end{array}\right)
$$

则式 (3.37) 衰落系数 u 的概率密度函数 $f_u(u)$ 可化简为

$$
f_u(u) = \frac{\alpha_1 \alpha_2 \beta_2 \sqrt{kl}\, u^{\beta_2-1}}{(2\pi)^{\frac{1}{2}(l+k)-1} (\eta_1 \eta_2)^{\beta_2} l^{\frac{\beta_2}{\beta_1}}} \sum_{j=0}^\infty \sum_{i=0}^\infty \frac{(-1)^{i+j}(1+j)^{\frac{\beta_2}{\alpha_1-1}} \Gamma(\alpha_1)\Gamma(\alpha_2)}{i!\,j!\,\Gamma(\alpha_1-j)\Gamma(\alpha_2-i)}
$$

$$
\times G_{0,k+l}^{k+l,0}\left[\omega u^{\beta_2 k} \Big|_{1-\Delta}^{(k,1)} \quad \begin{array}{c} - \\ 1-\Delta(l,\beta_2/\beta_1) \end{array}\right] \tag{3.39}
$$

式中，$G_{n,m}^{m,n}$ 表示 Meijer' G 函数，$\Delta(a,b) = \left[\dfrac{b}{a}, \dfrac{b+1}{a}, \cdots, \dfrac{a+b-1}{a}\right]$，$l$ 和 k 分别是满足 $l/k = \beta_2/\beta_1$ 的正整数，ω 表示如下

$$
\omega = \frac{(1+i)^k(1+j)^l}{\eta_1^{\beta_1 l} \eta_2^{\beta_2 k} k^k l^l} \tag{3.40}
$$

3.4 类脉冲位置调制

3.4.1 类脉冲位置调制原理

类脉冲位置调制是脉冲位置调制方式的统称。主要的调制方式有开关键控（on-off keying，OOK）、脉冲位置调制（pulse position modulation，PPM）、数字脉冲间隔调制（digital PIM，DPIM）、双头脉冲间隔调制（dual-header PIM，DHPIM）等，这些调制方式都是以光脉冲与参考点的时间间隔作为信息的载体进行信息的传输，信息的接收端以光脉冲在某一段时间中的位置来确定传输的信息，统称为类脉冲位置调制。适用于强度调制/直接检测的大气无线光通信系统的调制方式主要有 OOK、PPM 和多路副载波调制。其中 OOK 调制平均发射功率较大；PPM 虽然降低了平均发射功率，但增加了带宽需求。下面主要对这些调制方式的符号结构、带宽需求、平均发射功率、误时隙率和信道容量等进行系统分析[26-30]。

1) 类脉冲位置调制的符号结构

OOK 调制是强度调制/直接检测系统中应用最多，也是最简单的调制方式，利

用光脉冲的有无来传递信息，在一个时隙内有光脉冲表示传输信息"1"，无光脉冲表示传输信息"0"。

PPM 是将一组 n 位二进制数据映射为 2^n 个时隙组成的时间段上的某一个时隙处的单个脉冲信号，脉冲的位置就是二进制数据对应的十进制数。

多脉冲位置调制(multiple PPM，MPPM)是将长度为 M 的二进制数据映射为由 n 个时隙组成的信息帧中的 p 个时隙上同时出现光脉冲的符号。M、n、p 满足 $C_n^p \geqslant 2^M$。

差分脉冲位置调制(differential PPM，DPPM)是在 PPM 的基础上将"1"后面的"0"去掉，所以它的符号长度不固定。

双宽脉冲位置调制(dual duration PPM，DDPPM)是 PPM 的改进形式，符号长度为 $(2^{M-1} + \alpha - 1)$ 个时隙，设 k 为二进制数据对应的十进制数，当 $k < 2^{M-1}$ 时，脉冲位于第 $(k+1)$ 个时隙处，脉宽为 $\alpha / 2$ 个时隙；当 $k \geqslant 2^{M-1}$ 时，脉冲位于第 $k+1-2^{M-1}$ 时隙处，脉宽为 α 个时隙。

双幅度脉冲位置调制(dual amplitude PPM，DAPPM)是采用两种幅度的信号来区分信息的前半部分与后半部分，当 $k < 2^{M-1}$ 时，脉冲幅度为 A，去掉相对于 PPM 映射后面的 2^{M-1} 个时隙；当 $k \geqslant 2^{M-1}$ 时，脉冲幅度为 βA，去掉相对于 PPM 映射前面的 2^{M-1} 个时隙，脉冲的位置调制方式与 PPM 一致。

缩短脉冲位置调制(shorten PPM，SPPM)将二进制数据分成两部分：前 1 比特和后 $(M-1)$ 比特。前 1 比特的数据不变，后 $(M-1)$ 比特数据按照 PPM 方式的映射方法进行调制，再将两部分的数据合并，就得到调制后的数据，解调时又将两部分信息分开解调。

分离双脉冲位置调制(separated double PPM，SDPPM)是在脉冲数为 2 的 MPPM 的基础上改进而来的。假设每个符号的长度为 N，则会出现 C_N^2 种脉冲组合，为避免码间干扰，选择脉冲组合时去掉连续脉冲的组合，因此，可供选择的脉冲组合数为 $C_{N-1}^2 - (N-2)$，且满足 $C_{N-1}^2 - (N-2) \geqslant 2^M$。

脉冲间隔调制(pulse interval modulation，PIM)是利用相邻光脉冲之间的空时隙间隔来表示传递的信息，调制符号中的脉冲位置固定在符号的起始位置，称为起始脉冲，后跟若干个保护时隙和 k 个表示传递的信息的空时隙，k 是传递的二进制数据对应的十进制数。DPIM 是 PIM 的一种，符号结构与 PIM 大致相同，该调制方式在接收端解调时，不需要符号同步。

DHPIM 是 PIM 的改进形式，该调制方式结构较复杂，每个符号由头部时隙与后续的空时隙组成，头部时隙固定为 $(\alpha + 1)$ 个时隙(α 为正整数)，分两种情况：当 $k < 2^{M-1}$ 时，头部时隙为 $\alpha / 2$ 个脉冲时隙，加 $(\alpha / 2 + 1)$ 个时隙为保护时隙，后续的空时隙个数为 k，表示要传递的信息；当 $k \geqslant 2^{M-1}$ 时，头部时隙为 α 个脉冲时隙和一个保护时隙，后续的空时隙的个数为 $(2^M - 1 - k)$。

双脉冲间隔调制(dual pulse PIM，DPPIM)是利用一个固定的起始脉冲和一个变化的标识脉冲以及起始脉冲和标识脉冲之间的时间间隔来标示传递的信息。起始脉冲宽度固定为 1 个时隙，标识脉冲变化为：当 $k < 2^{M-1}$ 时，标识脉冲宽度为 α 个时隙，起始脉冲与标识脉冲之间的空时隙个数为 $k - 2^{M-1}$。最后在标识脉冲后加上若干个空时隙，确保 DPPIM 符号长度固定。

双幅度脉冲间隔调制(dual amplitude PIM，DAPIM)的符号由一个起始脉冲、一个保护时隙以及 m 个空时隙组成，起始脉冲的幅度变化如下：当 $k < 2^{M-1}$ 时，起始脉冲的幅度为 A，信息时隙的个数为 $m = k$；当 $k \geqslant 2^{M-1}$ 时，起始脉冲的幅度为 βA（β 为正数），信息时隙的个数为 $m = k - 2^{M-1}$。

定长数字脉冲间隔调制(fixed length digital PIM，FDPIM)的每个符号由固定在起始位置的单时隙脉冲、一个保护时隙、一个信息时隙、一个双时隙作为标识脉冲和后续的 $(2^M - k)$ 个空时隙组成，标识脉冲后的第一个空时隙为保护时隙，其他的空时隙不标示任何信息，只是为了确保符号长度固定。

定长双幅度脉冲间隔调制(fixed length dual amplitude PIM，FDAPIM)的符号长度固定为 $(2^M + 3)$ 个时隙，符号结构与 FDPIM 类似，区别在于该调制方式的起始脉冲和标识脉冲的幅度分别为 A 和 βA，脉冲是单时隙，其他的与 FDPIM 是一样的。以调制比特数 $M = 4$ 为例，各种调制方式的符号结构如图 3.14 所示。

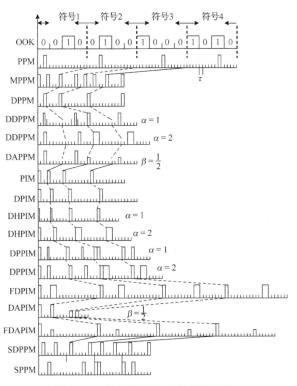

图 3.14 各种调制方式的信号结构

2) 几种调制方式的性能分析

无线光通信系统中普遍使用的是 OOK 调制，由于其抗干扰能力、功率利用率等较差，于是人们就提出了 PPM、DPIM、DHPIM 等调制方式[31,32]。表 3.1 是类脉冲位置调制的平均符号长度。

(1) 平均符号长度。

各调制方式的符号长度指的是一帧信息中时隙的个数，前面所述的调制方式的符号长度有些是固定的，有些是随发送数据不同而变化的。

根据前面讲到的类脉冲位置调制的符号结构可以得到其平均符号长度，如表 3.1 所示，其中，M 表示信息比特数，T_s 表示时隙宽度，α 表示脉宽参数。MPPM 和 SDPPM 的符号长度分别满足 $C_{nm}^p \geqslant 2^M$、$C_{ns-1}^2 - (ns-2) \geqslant 2^M$。

表 3.1　平均符号长度

调制方式	OOK	PPM	DPPM
平均符号长度	MT_s	$2^M T_s$	$(2^M+1)T_s/2$
调制方式	DPIM	DAPPM	DPPIM
平均符号长度	$(2^M+3)T_s/2$	$2^{M-1}T_s$	$(2^{M-1}+\alpha)T_s$
调制方式	FDPIM	DHPIM	SPPM
平均符号长度	$(2^M+3)T_s$	$(2^{M-1}+2\alpha+1)T_s/2$	$(2^{M-1}+1)T_s$
调制方式	DAPIM	FDPIM	DDPPM
平均符号长度	$(2^{M-1}+3)T_s/2$	$(2^M+4)T_s$	$(2^{M-1}+\alpha-1)T_s$

(2) 带宽需求和带宽利用率。

无线光通信系统传输信息需要一定的带宽，而且这个带宽是越小越好。假设信源的传输速率为 R_b bit/s，脉宽占空比为 1，每个符号发送 Mbit 信息，各调制方式的带宽可以近似认为是时隙宽度的倒数，即根据这个公式可得出各种调制方式的带宽需求，如表 3.2 所示。

表 3.2　带宽需求

调制方式	OOK	PPM	DPPM
带宽需求	R_b	$\dfrac{2^M}{M}B_{OOK}$（B_{OOK} 为 OOK 调制的带宽）	$\dfrac{2^M+1}{2M}B_{OOK}$
调制方式	DPIM	DHPIM	DDPPM
带宽需求	$\dfrac{2^M+3}{2M}B_{OOK}$	$\dfrac{2^{M-1}+2\alpha+1}{\alpha M}B_{OOK}$	$\dfrac{2^M+2\alpha-2}{\alpha M}B_{OOK}$
调制方式	DPPIM	DAPPM	DAPIM
带宽需求	$\dfrac{2^M+2\alpha}{\alpha M}B_{OOK}$	$\dfrac{2^{M-1}}{M}B_{OOK}$	$\dfrac{2^{M-1}+3}{2M}B_{OOK}$

续表

调制方式	SPPM	FDPIM	FDAPIM
带宽需求	$\dfrac{2^{M-1}+1}{M}B_{\mathrm{OOK}}$	$\dfrac{2^{M}+4}{M}B_{\mathrm{OOK}}$	$\dfrac{2^{M}+3}{M}B_{\mathrm{OOK}}$
调制方式	MPPM		
带宽需求	$\dfrac{n}{M}B_{\mathrm{OOK}}$		

带宽利用率可定义为 $\eta = R_b / B$（B 为带宽），由此可得出各种调制方式的带宽利用率，如表 3.3 所示。

表 3.3　带宽利用率

调制方式	OOK	PPM	DPPM
带宽利用率	1	$M/2^{M}$	$2M/(2^{M}+1)$
调制方式	DPIM	DHPIM	DDPPM
带宽利用率	$2M/(2^{M}+3)$	$\alpha M/(2^{M-1}+2\alpha+1)$	$\alpha M/(2^{M}+2\alpha-2)$
调制方式	DPPIM	DAPPM	DAPIM
带宽利用率	$\alpha M/(2^{M}+2\alpha)$	$M/2^{M-1}$	$2M/(2^{M-1}+3)$
调制方式	SPPM	FDPIM	FDAPIM
带宽利用率	$M/(2^{M-1}+1)$	$M/(2^{M}+4)$	$M/(2^{M}+3)$

SDPPM 和 MPPM 的带宽利用率表示方法一致，都为 M/n，只是前者的 n 满足 $C_{n-1}^{2}-(n-2)\geqslant 2^{M}$，后者的 n 满足 $C_{n}^{p}\geqslant 2^{M}$。

（3）平均发射功率。

在大气激光通信中，类脉冲位置调制方式可认为是等概率发送 "1" "0" 序列，发 "1" 时需要功率 P_c，发 "0" 时不需要功率，所以平均发射功率可以简单确定为 $P_{\mathrm{ave}}=P_1 P_c$，各种调制方式的平均发射功率如表 3.4 所示。

表 3.4　平均发射功率

调制方式	OOK	PPM	DPPM
平均发射功率	$\dfrac{P_c}{2}$	$\dfrac{P_c}{2^{M}}$	$\dfrac{2M}{2^{M}+1}$
调制方式	DPIM	DHPIM	DDPPM
平均发射功率	$\dfrac{2}{2^{M}+3}P_c$	$\dfrac{3\alpha}{2^{M}+4\alpha+2}P_c$	$\dfrac{3\alpha}{2^{M+1}+4\alpha-4}P_c$
调制方式	DPPIM	DAPPM	DAPIM
平均发射功率	$\dfrac{\alpha M}{(2^{M}+2\alpha)}$	$\dfrac{M}{2^{M-1}}$	$\dfrac{1+\beta}{2^{M-1}+3}P_c$

调制方式	SPPM	FDPIM	FDAPIM
平均发射功率	$\dfrac{3}{2^M+2}P_c$	$\dfrac{3}{2^M+4}P_c$	$\dfrac{1+\beta}{2^M+3}P_c$
调制方式	SDPPM	MPPM	
平均发射功率	$\dfrac{2}{n_s}P_c$	$\dfrac{p}{n}P_c$	

(4) 信道容量。

信道容量是信道能无差错传送的最大信息率。根据平均接收光功率与平均发射功率的关系 $P_R(h)=P_T(\eta A/(\lambda L))^2 h$ 可得出接收端电信噪比为

$$\gamma(h)=\frac{\eta_z^2 t^2 P_c^2 R}{2\sigma_n^2}\left(\frac{\eta A}{\lambda L}\right)^4 h^2$$

不同湍流信道下的平均信道容量如下。

弱湍流:

$$\langle C\rangle=\frac{B}{\ln 2\cdot\sigma\sqrt{2\pi}}\int_0^\infty \ln\left(1+\frac{\eta_z^2 t^2 P_c^2 R}{2\sigma_n^2}\left(\frac{\eta A}{\lambda L}\right)^4 h^2\right)\cdot h^{-1}\exp\left[-\frac{\left(\ln h+\sigma^2/2\right)^2}{2\sigma^2}\right]\mathrm{d}h \qquad (3.41)$$

中强湍流:

$$\langle C\rangle=\frac{B\cdot 2^{\alpha+\beta-1}}{2\ln 2\cdot\pi\Gamma(\alpha)\Gamma(\beta)}G_{6,2}^{1,6}\left(\frac{8t^2 P_c^2\eta_z^2 R}{\sigma_n^2(\alpha\beta)^2}\cdot\left(\frac{\eta A}{\lambda L}\right)^4\left|\begin{matrix}1,1,\frac{1-\alpha}{2},\frac{2-\alpha}{2},\frac{1-\beta}{2},\frac{2-\beta}{2}\\1,0,\frac{2-\alpha-\beta}{4},\frac{4-\alpha-\beta}{4}\end{matrix}\right.\right) \qquad (3.42)$$

强湍流:

$$\langle C\rangle=\frac{B\cdot 2^a}{2\pi\ln 2\Gamma(a)}G_{6,2}^{1,6}\left(\frac{8t^2 P_c^2\eta_z^2 R}{a^2\sigma_n^2}\cdot\left(\frac{\eta A}{\lambda L}\right)^4\left|\begin{matrix}1,1,\frac{1-a}{2},\frac{2-a}{2},0,\frac{1}{2}\\1,0,\frac{1-a}{4},\frac{3-a}{4},0\end{matrix}\right.\right) \qquad (3.43)$$

3.4.2 同步技术

1. 帧与超帧

如图 3.15 所示,超帧的开始是同步头,以保证信息帧同步。若干个信息帧组成一个超帧,每个信息帧中都有一个保护段和信息段。保护时隙为防止激光器过载,如果激光器允许,则可以没有保护时隙。

2. 帧同步

为了能正确解调 PPM 帧中的信息,需要接收机的信息帧在时间上严格同步,图 3.16 是接收机组成原理图。光脉冲信号经过大气信道后叠加了噪声且信号幅度有衰减,

因此雪崩二极管（APD）输出的信号首先经过预处理器进行处理。分路器将过滤后的信号分别送入解调检测单元、时隙同步单元和帧同步单元。

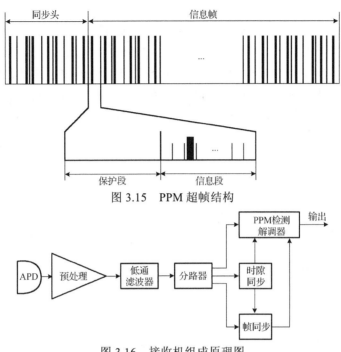

图 3.15　PPM 超帧结构

图 3.16　接收机组成原理图

3. 时隙同步

PPM 信号的保护时隙为帧周期的 1/2，不管 PPM 脉冲处于哪一个时隙，脉冲前沿在时隙内的位置是不变的，这就为使用数字锁相环（DPLL）提取同步信号提供了条件。时隙同步子系统组成框图如图 3.17 所示，分路器输出的信号首先送入幅度比较器，将幅度小的噪声去掉，宽度比较器可以把窄脉冲的噪声信号去掉，脉冲展宽器

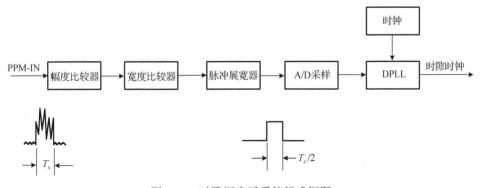

图 3.17　时隙同步子系统组成框图

将脉冲信号的占空比调整为50%，输出电平信号。然后经过A/D采样，将模拟信号转换为数字信号，送入数字锁相环提取同步时隙时钟[33]。

3.5 光源直接调制

光源直接调制是将需要传输的信号注入半导体激光器中，通过改变激光器的某些参数使输出的光波随着调制信号而相应变化，从而达到改变激光输出特性来实现调制的目的。典型电路如图3.18所示，其中信号输入端为单端信号输入。

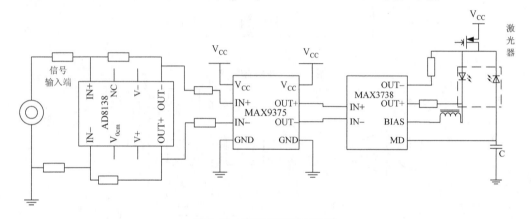

图3.18 直接调制驱动电路

电路的工作过程：首先芯片AD8138将输入的单端电信号转化为差分信号；然后芯片MAX9375将AD8138输出的差分信号调整到合适的范围，输出到芯片MAX3738；最后MAX3738在输入差分信号的作用下，以电流驱动激光器工作，发出载有信号的光波。

3.5.1 单端转差分部分

信号在高速率传输时，差分比单端性能更加稳定，而且大部分器件传输信号时一般都是差分输入、差分输出，如芯片MAX3738。差分工作条件是两个幅值相等、相位相反且以适当的共模电压为中心的信号同时驱动IN+和IN−。对MAX3738进行差分驱动的理想方法是采用AD8138之类的差分放大器，该器件可以用于单端至差分放大器或差分至差分放大器，还能提供共模电平转换。AD8138及其外围电路[27]如图3.19所示。

AD8138采用±5V双电源供电，其主要工作过程为：芯片双端输入，IN+接输入单端信号，IN−接地，通过运算放大器得到两路输出，一路同相输出，一路取反输出，这样就得到了一对幅值相同且相位相反的信号，这一过程就将单端信号转换成差分信号，以便激光器驱动单元工作。

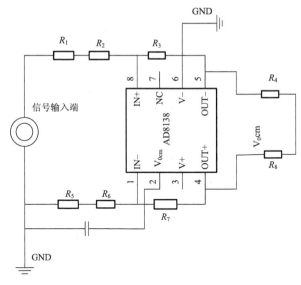

图 3.19　AD8138 及其外围电路

AD8138 具有独特的内部反馈特性，提供输出增益和相位平衡，从而抑制偶数阶谐波。AD8138 利用两个反馈环路来分别控制差分输出电压和共模输出电压，外部电阻设定的差分反馈控制差分输出电压；共模反馈控制共模输出电压，在 V_{0cm} 引脚上施加电压便可调整差分输出的共模电压。在输出端串联一个小电阻以防止在脉冲响应中出现高频振铃[27]。

3.5.2　电平调整部分

单端电信号通过芯片 AD8138 后转化为一对差分信号，但是转换后信号的电平不满足激光驱动器 MAX3738 的要求，所以还需对得到的差分信号电平进行调整，以满足 MAX3738 输入信号电平的要求。芯片 MAX9375 用来完成这一过程，MAX9375 及其外围电路[28]如图 3.20 所示。

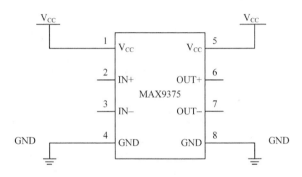

图 3.20　MAX9375 及其外围电路

该芯片能接受多种类型输入电平,转换为 LVPECL(低电压正射极耦合逻辑)电平信号输出,工作频率高达 2GHz,时钟抖动非常小,而且具有温度补偿网络。芯片内部有两级工作原理相同的运算放大器,均为一路同相输入输出,另一路输入输出取反,经过两级运算放大器调整后输出 LVPECL 电平信号。

3.5.3　激光器驱动部分

MAX3738 激光驱动器是整个驱动电路的核心,其完成的工作是把输入的电压信号转换成电流信号,并驱动激光器发光,从而对信号进行传输。MAX3738 典型应用电路[29]如图 3.21 所示。

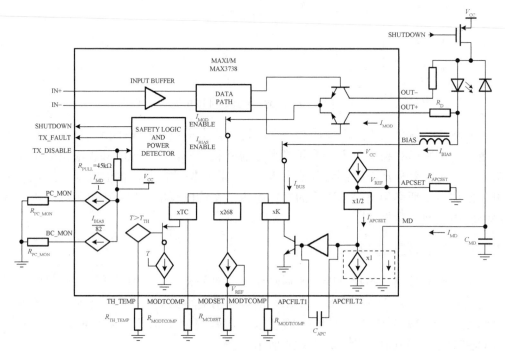

图 3.21　MAX3738 及其外围电路

如图 3.21 所示,MAX3738 主要包括三个部分:高速调制驱动器(图 3.22)、带消光比控制的偏置电流单元以及保护电路。MAX3738 采用自动功率控制工作模式,数据从 IN−端、IN+端输入,经输入缓冲电路和数据通道处理后,控制差分对调制器输出以实现调制。当输入为 IN+时,数据选通使 Q2 导通,从而使电流流过 LD,使其发光。输入信号经过数据缓存、数据选通后驱动晶体管。调制后的信号从 OUT−端和 OUT+端输出,驱动外接激光管。这样就可以将所需要的信息调制到激光器的光束上,得以传输。相反,当输入 IN−时,选通 Q1,此时 LD 不发光或者发弱光[30]。当输出功率变化时,反馈信号从 MD 端输入,消光比控制电路通过调节调制电流和偏置电流变化，自动控制输出光功率的稳定；当温度变化超过阈值时，温度补偿电路起作用，通过调节调制电流以维持功率稳定；当电路发生故障和其他意外情况发生时，安全电路起作用，SHUTDOWN 端输出控制信号关闭激光管输出，同时TX_FAULT 端输出告警信号。

　　MAX3738 接收差分输入信号，提供 5～60mA（交流耦合时高达 85mA）的宽调制电流范围和高达 100mA 的偏置电流范围，使 MAX3738 适合于驱动光模块中的FP/DFB（法布里–珀罗/分布反馈式）激光器。根据激光器和 MAX3738 接法的不同，可以将激光器驱动接口分为直流耦合、交流耦合和差分驱动三种方式。

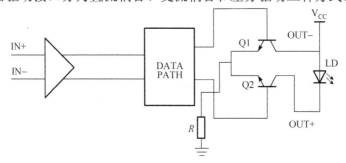

图 3.22　芯片内部高速调制驱动电路

1）直流耦合

　　直流耦合方式输出网络的基本连接如图 3.23 所示，它的外围器件较少，能提供的最大调制电流是 60mA；如果采用交流耦合方式，则调制电流最大可以达到 85mA。

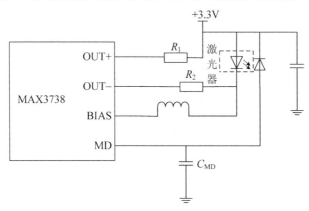

图 3.23　直流耦合方式

2）交流耦合

　　交流耦合方式输出网络的基本连接如图 3.24 所示，该电路会滤除直流分量，使平均值为零[31]。交流耦合输出配置可以使 MAX3738 输出最大 85mA 的调制电流。

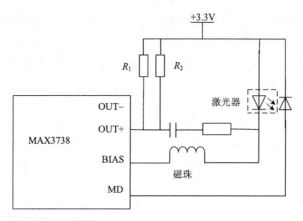

图 3.24　交流耦合方式

交流耦合时，R_1 用于将调制电流从激光器分流，降低总的交流负载阻抗，R_1 与激光器串联后的电阻值再和 R_2 并联，总阻值应该在 15Ω左右（MAX3738 针对驱动 15Ω负载进行优化）。交流耦合更适用于驱动 VCSEL（垂直腔面发射）激光器。

3）差分驱动

差分驱动方式必须是交流耦合输出，配置大概分为电感上拉和电容上拉两种，其基本连接如图 3.25 和图 3.26 所示。电感上拉式和电容上拉式非常相似，主要区别在于 MAX3738 芯片 OUT 引脚上的上拉元件是阻性还是容性。电感上拉可以比电容上拉提供更大的调制电流，而电阻上拉式除了比电容上拉式需要更少的电感器件外，还提供了背向匹配[31]。

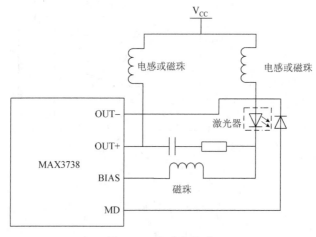

图 3.25　电感上拉式

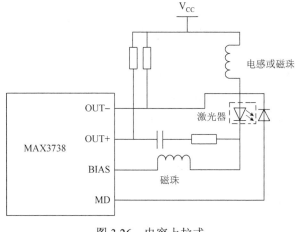

图 3.26　电容上拉式

3.5.4　光反馈原理

由于激光器的阈值电流会随着温度和器件的影响而变化，工作在给定偏流下的激光器，其输出功率必然会下降。为了维持光发射机的输出功率恒定，可采用激光器的自动功率控制电路。常用的自动功率控制原理结构框图[32]如图 3.27 所示，其中一个重要部分就是光反馈。

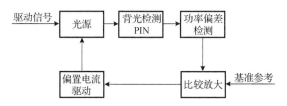

图 3.27　自动功率控制原理结构框图

图 3.27 中测量光功率的元件是封装在激光器组件中的 PIN 光探测器。它从激光器背向光中检测输出光功率的变化，经光电转换变成电信号。功率偏差检测电路的作用是放大 PIN 输出的微弱电信号，作为激光器输出光功率的等效信号被送到比较积分放大器的输入端，并与参考基准电平进行比较，从而调整激光器的直流偏置电流。

负反馈控制原理如下[33]：当某种原因使激光器的输出光功率减小时，PIN 探测器输出电流减小，引起比较放大器的反相输入端的电平下降，因参考基准电平没有变化，比较放大器输出电平上升，驱动晶体管基极输入电流增大，从而使激光器的直流偏置电流增加，最后使激光器的输出光功率及时得以回升，达到了稳定 LD 输出光功率的目的；反之，当激光器的输出功率增加时，PIN 检测输出电流增加，比较放大器反相输入端电平增加，导致比较放大器输出电平下降，驱动晶体管基极的输出电流减小，从而使激光器的直流偏置电流减小，最后使激光器的输出光功率得到下调。

　　MAX3738 激光驱动器集成了自动功率控制（APC）模块，通过 APC 调节平均功率，保持激光器耦合到光电二极管的电流恒定，通过补偿调制电流能够在整个有效使用期限内和温度范围内保持峰值功率恒定。

3.6　副载波强度调制

　　将基带信号调制到电载波上，用电信号再对光源强度进行调制，把电载波称为副载波。在接收端通过光检波恢复含有基带信号的电载波，然后还原为基带信号。由于这种调制是对光强进行调制，所以称为副载波强度调制。这里有两种载波，一种是光载波，另一种是电信号载波（称为副载波）。副载波强度调制无线光通信系统框图如图 3.28 所示。

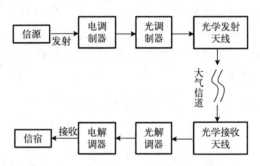

图 3.28　副载波调制无线光通信系统

3.6.1　副载波强度调制原理

　　在 PSK 调制时可分为二进制 PSK（2PSK）和多进制 PSK（MPSK）。在二进制调制技术中，载波相位只有"0"和"π"两种取值，分别对应于调制信号的"0"和"1"。当发送"1"信号时，发送起始相位为 π 的载波；当发送"0"信号时，发送起始相位为"0"的载波。由"0"和"1"表示的二进制调制信号通过电平转换后，变成由"–1"和"1"表示的双极性 NRZ（不归零）信号，然后与载波相乘，即可形成 2PSK 信号。

　　在 MPSK 中，最常用的是四相相移键控（quaternary PSK，QPSK），可视为由两个 2PSK 调制器构成的。输入的串行二进制信息序列经串/并转换后分成两路速率减半的序列，由电平转换器分别产生双极性二电平信号 $I(t)$ 和 $Q(t)$，然后对载波 $A\cos(2\pi f_c t)$ 和 $A\sin(2\pi f_c t)$ 进行调制，相加后即可得到 QPSK 信号。

　　在副载波调制系统中，设 $m(t)$ 是对信源 $d(t)$ 进行预调制后的射频副载波信号，

采用 $m(t)$ 对激光器所发射的激光进行强度调制。对于 MPSK 副载波调制，经过串/并转换，每次将一码元转换为同相支路数据 I 和正交支路数据 Q，其幅度为 $\{a_{ic}, a_{is}\}_{i=1}^{N}$。根据 I 路和 Q 路数据，可将其映射到相应的相位；因为副载波信号 $m(t)$ 是正弦信号，有正有负，所以需要给 $m(t)$ 加直流偏置 b_0，然后作为驱动电流注入激光器中。在 N 路 SIM-FSO 系统中，有

$$m(t) = \sum_{i=1}^{N} m_i(t) \tag{3.44}$$

在其一码元持续时间内，射频副载波调制信号一般表示为

$$m_i(t) = g(t)a_{ic}\cos(\omega_{ci}t + \varphi_i) + g(t)a_{is}\sin(\omega_{ci}t + \varphi_i) \tag{3.45}$$

式中，$g(t)$ 为脉冲成型函数；载波频率与相位为 $\{\omega_{ci}, \varphi_i\}_{i=1}^{N}$。当接收机采用直接检测时，光强度信号经光电转换为电流信号 $I(t)$：

$$I(t) = RA(t)[1 + \xi m(t)] + n(t) \tag{3.46}$$

式中，R 为光电转换常数；光调制指数 $\xi = |m(t) / (i_B - i_{\text{Th}})|$。

3.6.2　BPSK 副载波调制

二进制相移键控（binary phase shift keying，BPSK）就是根据数字基带信号的两个电平，使载波相位在两个不同的数值之间切换的一种相位调制方法。通常两个载波相位相差 π 弧度，故有时又称为反相键控。以二进制调相为例，取码元为"0"时，调制后载波与未调载波同相；取码元为"1"时，调制后载波与未调载波反相；"1"和"0"时调制后载波相位差 π。对于光强度调制/直接检测通信系统，接收机接收到的光强 $P(t)$ 可以表示为

$$P(t) = A(t)P_s(t) + n(t) \tag{3.47}$$

式中，$P_s(t)$ 表示发射机发射的光强；$n(t)$ 表示接收机的噪声。对于副载波 BPSK 调制系统，光发射机发出的光强为

$$s(t) = 1 + \xi[s_i(t)\cos\omega_c t - s_q(t)\sin\omega_c t] \tag{3.48}$$

式中，$s_i(t) = \sum_j g(t - jT_s)\cos\varPhi_j$ 为同相信号，$\varPhi_j$ 为第 j 位相位，$g(t)$ 为门脉冲，T_s 为符号时间；$s_q(t) = \sum_j g(t - jT_s)\sin\varPhi_j$ 为正交信号；ξ 为调制指数，且 $0 < m \leqslant 1$。接收机接收到的光强为

$$P(t) = \frac{P_{\max}}{2} A(t)\{1 + \xi[s_i(t)\cos\omega_c t - s_q(t)\sin\omega_c t]\} \tag{3.49}$$

经过光电探测器后，输出的电信号为

$$I(t) = \frac{P_{\max}R}{2} A(t)\{1 + \xi[s_i(t)\cos\omega_c t - s_q(t)\sin\omega_c t]\} + n_i(t)\cos\omega_c t - n_q(t)\sin\omega_c t \tag{3.50}$$

式中，R 为光电转换常数；$n_i(t)$ 与 $n_q(t)$ 是方差为 σ_g^2 的高斯白噪声。

在副载波调制系统中，我们要求和前面讨论的 OOK 系统传输相同的光功率，则接收机接收信号的功率谱密度为[34]

$$I(f) = A(f) + \frac{B(f-f_c) + B(f+f_c)}{2} + \frac{N(f-f_c) + N(f+f_c)}{2} \tag{3.51}$$

式中，$B(f) = A(f) * Z(f)$。信道慢衰落依赖于直流分量 $A(f)$，若载频 f_c 足够高，假定 $f_c > B_A + B_B$，f_c 是中频(intermediate frequency，IF)，是指高频信号经过变频而获得的一种信号。为了使放大器能够稳定地工作和减小干扰，一般的接收机都要将高频信号变为中频信号。B_A 为 $A(f)$ 单边带带宽，B_B 为 $B(f)$ 单边带带宽，式中的第一项可以通过接收机带通滤波器滤除，将滤波后的信号通过相干解调进行载波相位恢复，再经过低通滤波器滤除高频分量后，得到输出信号的同相信号

$$r_i(t) = \frac{P_{\max} R}{2} \xi A(t) s_i(t) + n_i(t) \tag{3.52}$$

和正交信号

$$r_q(t) = \frac{P_{\max} R}{2} \xi A(t) s_q(t) + n_q(t) \tag{3.53}$$

当采用副载波调制方式为 BPSK，不考虑大气衰落效应，信道为高斯分布时，系统误码率可表示为

$$P_e = Q(\sqrt{2\text{SNR}}) \tag{3.54}$$

式中，$\text{SNR} = \dfrac{(P_{\max}/2)^2 (R)^2 \xi^2}{2\sigma_g^2}$。若考虑大气衰落效应，则其解调信号为

$$r(t) = \frac{P_{\max} R}{2} [\xi A(t) s(t) + n(t)] / 2 \tag{3.55}$$

设等概率发送"0"码和"1"码，即 $p(1) = p(0) = 0.5$，则 BPSK 无线光通信系统误码率为

$$P_e = p(1) p(r|1) + p(0) p(r|0) \tag{3.56}$$

(1)在弱湍流情况下，光强起伏 $A(t)$ 服从对数正态(Log-normal)分布，对于 BPSK 副载波调制，接收信号的条件概率密度函数 $p(r|x)$ 为

$$p(r|x) = \begin{cases} \dfrac{\exp(-\sigma_l^2/2)}{2\pi\sigma_l\sigma_g} \displaystyle\int_0^\infty \frac{1}{t^2} \exp\left\{ -\left[\frac{\ln^2 x}{2\sigma_l^2} + \frac{(\xi r - t)^2}{2\sigma_g^2} \right] \right\} \mathrm{d}t, & x = +1 \\[4mm] \dfrac{\exp(-\sigma_l^2/2)}{2\pi\sigma_l\sigma_g} \displaystyle\int_{-\infty}^0 \frac{1}{t^2} \exp\left\{ -\left[\frac{\ln^2 x}{2\sigma_l^2} + \frac{(\xi r + t)^2}{2\sigma_g^2} \right] \right\} \mathrm{d}t, & x = 0 \end{cases} \tag{3.57}$$

对于 BPSK 调制，判决门限值为 0，将式(3.57)代入式(3.56)中可得

$$P_e = \frac{\exp(-\sigma_l^2/2)}{\sqrt{2\pi}\sigma_l}\int_0^\infty \frac{1}{x^2}\exp\left(-\frac{\ln^2 x}{2\sigma_l^2}\right)Q\left(\frac{x}{\sigma_g}\right)\mathrm{d}x \tag{3.58}$$

(2) 当光强起伏 $A(t)$ 服从 Gamma-Gamma 分布时，对于 BPSK 副载波调制，接收信号的条件概率密度函数 $p(r|x)$ 为[35]

$$p(r|x) = \begin{cases} \dfrac{2}{\sqrt{2\pi}\sigma_g\Gamma(\alpha)\Gamma(\beta)}\left(\dfrac{\alpha\beta}{\xi}\right)\displaystyle\int_0^\infty t^{\frac{\alpha+\beta}{2}}\mathrm{K}_{\alpha-\beta}\left(2\sqrt{\dfrac{\alpha\beta t}{\xi}}\right)\exp\left\{-\left[\dfrac{(r-t)^2}{2\sigma_g^2}\right]\right\}\mathrm{d}t, & x=+1 \\[4mm] \dfrac{2}{\sqrt{2\pi}\sigma_g\Gamma(\alpha)\Gamma(\beta)}\left(\dfrac{\alpha\beta}{\xi}\right)\displaystyle\int_0^\infty t^{\frac{\alpha+\beta}{2}}\mathrm{K}_{\alpha-\beta}\left(2\sqrt{\dfrac{\alpha\beta t}{\xi}}\right)\exp\left\{-\left[\dfrac{(r+t)^2}{2\sigma_g^2}\right]\right\}\mathrm{d}t, & x=0 \end{cases}$$

$$\tag{3.59}$$

将式(3.59)代入式(3.56)中可得到误码率

$$P_e = \frac{(\alpha\beta)^{\frac{\alpha+\beta}{2}}}{\Gamma(\alpha)\Gamma(\beta)}\int_0^\infty x^{\frac{\alpha+\beta}{2}-1}\mathrm{K}_{\alpha-\beta}(2\sqrt{\alpha\beta x})\,\mathrm{erfc}\left(\frac{\xi x}{\sqrt{2}\sigma_g}\right)\mathrm{d}x \tag{3.60}$$

3.6.3　FSK 副载波调制

FSK 调制按照相位是否连续可以分为两种：第一种是相位不连续，FSK 调制根据输入的数据比特(0 和 1)而在两个独立的振荡器中切换。采用这种方法产生的波形在切换的时刻相位是不连续的。第二种是相位连续的 FSK 信号，其功率谱密度函数按照频率偏移的负四次方衰减。

如果相位不连续，那么功率谱密度函数按照频率偏移的负二次方衰减。二进制 FSK 信号的时域表达式为[36]

$$e_{2\mathrm{FSK}}(t) = b(t)\cos(\omega_1 t + \varphi_1) + \overline{b(t)}\cos(\omega_2 t + \varphi_2) \tag{3.61}$$

式中，$b(t)$ 为基带信号，$\overline{b(t)}$ 为其期望值。$b(t)$ 表达式为

$$b(t) = \sum_{n=-\infty}^\infty a_n g(t - nT_s), \quad a_n = \begin{cases} 0, & \text{概率为}P \\ 1, & \text{概率为}1-P \end{cases} \tag{3.62}$$

发射激光的强度为

$$s(t) = 1 + \sum_{n=-\infty}^\infty a_n g(t - nT_s)\cos(\omega_1 t + \varphi_1) + \sum_{n=-\infty}^\infty \overline{a_n}g(t - nT_s)\cos(\omega_2 t + \varphi_2) \tag{3.63}$$

不失一般性，可令

$$s(t) = 1 + \sum_{n=-\infty}^\infty a_n g(t - nT_s)\cos(\omega_1 t) + \sum_{n=-\infty}^\infty \overline{a_n}g(t - nT_s)\cos(\omega_2 t) \tag{3.64}$$

那么接收信号为

$$r(t) = A(t) + \sum_{n=-\infty}^{\infty} a_n g(t - nT_s) A(u,t) \cos(\omega_1 t)$$

$$+ \sum_{n=-\infty}^{\infty} \overline{a_n} g(t - nT_s) A(u,t) \cos(\omega_2 t) + n(t) \qquad (3.65)$$

式 (3.65) 的第一项可以通过一个带通滤波器滤除，得到的接收信号为

$$r(t) = \sum_{n=-\infty}^{\infty} a_n g(t - nT_s) A(u,t) \cos(\omega_1 t) + \sum_{n=-\infty}^{\infty} \overline{a_n} g(t - nT_s) A(u,t) \cos(\omega_2 t) + n(t) \qquad (3.66)$$

若采用同步检测法，假定在 $(0, T_s)$ 时间所发送的码元为"1"，则这时送入抽样判决器进行比较的两路信号的波形为

$$\begin{cases} x_1(t) = A(t) + n_1(t) \\ x_2(t) = n_2(t) \end{cases} \qquad (3.67)$$

式中，$n_1(t)$、$n_2(t)$ 是方差为 σ_g^2 的正态随机变量；抽样值 $x_1(t) = A(t) + n_1(t)$ 是均值为 $A(t)$、方差为 σ_g^2 的正态随机变量；抽样值 $x_2(t) = n_2(t)$ 是均值为 0，方差为 σ_g^2 的正态随机变量。此时 $x_1 < x_2$，将"1"码错误判决为"0"码，故这时的误码概率 P_{e1} 为（这里 $A(t)$ 用 a 代替）

$$P_{e1} = p(x_1 < x_2) = p[(a + n_1) < n_2] = p(a + n_1 - n_2 < 0) \qquad (3.68)$$

令 $z = a + n_1 + n_2$，则 z 也是正态随机变量，且均值为 a，方差为 σ_z^2，$\sigma_z^2 = 2\sigma_g^2$，因此 z 的概率密度函数 $p(z)$ 为

$$p(z) = \frac{1}{\sqrt{2\pi}\sigma_z} \exp\left[-\frac{(z-a)^2}{2\sigma_z^2}\right] = \frac{1}{2\sqrt{\pi}\sigma_g} \exp\left[-\frac{(z-a)^2}{4\sigma_g^2}\right] \qquad (3.69)$$

$A(t)$ 的概率密度函数为

$$p(A) = \frac{1}{\sqrt{2\pi}\sigma_l A} e^{\frac{(\ln A + \sigma_l^2/2)^2}{2\sigma_l^2}} \qquad (3.70)$$

由式 (3.69) 和式 (3.65) 可知，联合概率密度函数为

$$p(r \mid z) = \frac{\exp(-\sigma_l^2/2)}{4\pi\sigma_l\sigma_g} \int_0^\infty \frac{1}{x^2} \exp\left\{-\left[\frac{\ln^2 x}{2\sigma_l^2} + \frac{(r-x)^2}{4\sigma_g^2}\right]\right\} dx \qquad (3.71)$$

由于发送"0"被判为"1"和发送"1"被判为"0"的概率相等，所以两种情况下的误码率相同，令 $P(0) = 0.5$，可以得到总的误码率为

$$P_e = \frac{1}{\sqrt{2\pi}\sigma_l} \exp\left(-\frac{\sigma_l^2}{2}\right) \int_0^\infty \frac{1}{x^2} \exp\left(-\frac{\ln^2 x}{2\sigma_l^2}\right) Q\left(\frac{x}{\sqrt{2}\sigma_g}\right) dx \qquad (3.72)$$

3.6.4　互调失真与载噪比

激光器的非线性其实就是调制响应的非线性，在 LD 调制系统中，我们采用速率方程，对其进行贝塞尔函数法分析，求解出互调失真。由于传输带宽为一倍频程，二阶互调失真可以忽略掉，这里我们只考虑三阶互调失真。

三阶互调失真的方差[37]为

$$\sigma_{\text{IMD3}}^2 = \frac{1}{32}(\eta P_r)^2 m^6 (N_{21} + N_{111}) \tag{3.73}$$

式中，η 为响应度；P_r 为平均接收光功率；N_{111} 和 N_{21} 分别为一倍频程内符合带宽要求的三阶互调产物 $\omega_x + \omega_y - \omega_z$ 和 $2\omega_x - \omega_y$ 的个数。

速率方程的注入电流作为等振幅、等带宽的副载波的总和，光源的输出功率可以表示为[38]

$$P(t) = P_T \exp\left(m\sum_{n=1}^{N} \cos(\omega_n t + \phi_n(t)) \right) \tag{3.74}$$

式中，P_T 是平均传输光功率；m 是光调制指数。输出光强可以表示为

$$I(t) = I[1 + mx(t) + a_2 m^2 x^2(t) + \cdots + a_i m^i x^i(t) + \cdots] \tag{3.75}$$

式中，$\{a_n\}_{n=2}^{\infty}$ 是激光器非线性系数，定义为常数。当考虑多路副载波 PSK 调制时，令 $x(t) = \sum_{i=1}^{N} \cos(\omega_i t + \phi_i)$。

由于光强起伏非常缓慢，只考虑交流信号，则接收到的电流信号为[4]

$$i(t) = \eta \operatorname{Im}\left(\sum_{n=1}^{N} \cos(\omega_n t + \phi_n) \right) + n(t) \tag{3.76}$$

所以，得到载波功率和噪声功率分别为

$$S_P = \frac{\eta^2 I^2}{2}\left[m + \frac{3}{4} a_3 m^3 (2N-1) \right]^2 \tag{3.77}$$

$$\sigma^2 = \sigma_{\text{Sh}}^2 + \sigma_{\text{Th}}^2 \tag{3.78}$$

则得到载噪比如下：

$$\text{CINR} = \frac{S_P}{\sigma^2 + \sigma_{\text{IMD}}^2} = \frac{16R^2 I^2\left[m + \dfrac{3}{4} a_3 m^3 (2N-1) \right]^2}{32\sigma^2 + (\eta P_r)^2 a_3^2 I^2 m^6 (N_{21} + N_{111})} \tag{3.79}$$

令 $\dfrac{\text{d(CINR)}}{\text{d}m} = 0$，求得 $m = \left[\dfrac{16\sigma^2}{(\eta P_r)^2 a_3^2 I^2 (N_{21} + N_{111})} \right]^{1/6}$。

因为式(3.79)没有考虑大气湍流引起的光强起伏，所以求得的调制指数不是最佳调制指数。一般大气湍流条件下求得载噪比[39]：

$$\text{CINR}_{\text{ave}} = \int_0^\infty \text{CINR} \cdot p(I)\text{d}I \tag{3.80}$$

弱湍流条件下，我们使用对数正态分布模型，则式(3.80)变为

$$\text{CINR}_{\text{ave}} = \frac{16R^2\left[m+\frac{3}{4}a_3m^3(2N-1)\right]^2}{\sqrt{2\pi}\sigma_1}\int_0^\infty \frac{I}{32\sigma^2+Ka_3^2I^2m^6}\exp\left\{-\frac{[\ln(I/I_0)+\sigma_1^2/2]^2}{2\sigma_1^2}\right\}\text{d}I \tag{3.81}$$

式中，$K=(\eta P_r)^2(N_{111}+N_{21})$。

对于 BPSK 调制产生的互调失真 IMD，产生的系统非条件误码率可以由式(3.82)给出[40]。

$$P_e(m) = \int_0^\infty Q(\sqrt{\text{CINR}})p(I)\text{d}I$$

$$= \int_0^\infty Q(\sqrt{\text{CINR}})\frac{1}{\sqrt{2\pi}\sigma_1 I}\text{e}^{-\frac{[\ln(I/I_0)+\sigma_1^2/2]^2}{2\sigma_1^2}}\text{d}I \tag{3.82}$$

中强湍流条件下，对数正态分布模型不适用，我们使用 Gamma-Gamma 模型，则式(3.82)变为

$$\text{CINR}_{\text{ave}} = \frac{32R^2\left[m+\frac{3}{4}a_3m^3(2N-1)\right]^2(\alpha\beta)^{\frac{\alpha+\beta}{2}}}{\Gamma(\alpha)\Gamma(\beta)}\int_0^\infty \frac{I^{\frac{\alpha+\beta}{2}+1}}{32\sigma^2+Km^6I^2a_3^2}\text{K}_{\alpha-\beta}(2\sqrt{\alpha\beta I})\text{d}I \tag{3.83}$$

式中，$\Gamma(\cdot)$ 是 Gamma 函数；$\text{K}_n(\cdot)$ 是 n 阶修正的第二类贝塞尔函数；α、β 分别为外尺度和内尺度参数。SI 为闪烁指数，定义为

$$\text{SI} = \frac{1}{\alpha}+\frac{1}{\beta}+\frac{1}{\alpha\beta} \tag{3.84}$$

中强湍流条件下，光强起伏方差使用 Gamma-Gamma 模型时，FSO 系统的误码率变为

$$P_e(m) = \int_0^\infty Q(\sqrt{\text{CINR}})p(I)\text{d}I$$

$$= \int_0^\infty Q(\sqrt{\text{CINR}})\frac{2(\alpha\beta)^{\frac{\alpha+\beta}{2}}}{\Gamma(\alpha)\Gamma(\beta)}I^{\frac{\alpha+\beta}{2}-1}\text{K}_{\alpha-\beta}(2\sqrt{\alpha\beta I})\text{d}I \tag{3.85}$$

3.7　正交频分复用

正交频分复用(orthogonal frequency-division multiplexing，OFDM)的概念最早源于频分复用(frequency-division multiplexing，FDM)和多载波调制(multi-carrier modulation，MCM)技术[41]。OFDM 系统将宽带信道转换成许多并行的正交子信道，从而将频率选择性信道转换成一系列的频率平坦衰落的信道。图 3.29 所示为 OFDM 子载波频谱分布图。OFDM 选择时域相互正交的子载波，它们虽然在频域相互混叠，但仍能在接收端被分离出来。

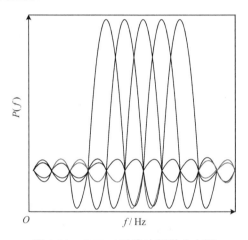

图 3.29　OFDM 子载波频谱分布图

3.7.1　基本原理

OFDM 把发送端数据信号调制到多路并行的子载波中进行传输,这些子载波共享系统的宽带。OFDM 系统基本原理框图如图 3.30 所示。图中 IFFT 为快速傅里叶逆变换(inverse fast Fourier transform)，FFT 为快速傅里叶变换(fast Fourier transform)。

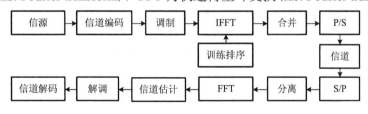

图 3.30　OFDM 系统基本原理框图

图 3.31 所示为 OFDM 发射端原理图，在 OFDM 系统的发射机端，串行数据流首先通过串/并(S/P)转换变为 M 路并行子数据流(a_m 和 b_m 分别代表第 m 路数据符号

的同相分量和正交分量），每路子数据流被分别调制到对应的子载波上，这些调制信号合成为发射机发送信号 $s(t)$ [42]。

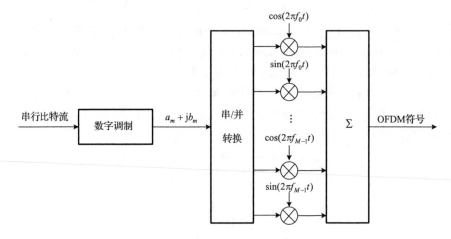

图 3.31　OFDM 调制原理图

$$s(t) = \sum_{m=0}^{M-1} \mathrm{Re}\{(a_m + \mathrm{j}b_m)\exp(\mathrm{j}2\pi f_m t)\} = \sum_{m=0}^{M-1}[a_m\cos(2\pi f_m t) - b_m\sin(2\pi f_m t)] \quad (3.86)$$

一个 OFDM 信号由 M 个不同频率的子载波信号组成。在 OFDM 系统中，M 个子载波之间相互正交，即子载波信号满足如下关系：当 $m \neq n$ 时，有

$$\int_0^{T_s} (a_m + \mathrm{j}b_m)\exp(\mathrm{j}2\pi f_m t) \times (a_n + \mathrm{j}b_n)^* \exp(-\mathrm{j}2\pi f_n t)\mathrm{d}t = 0 \quad (3.87)$$

式中，*代表共轭。因此，M 个频率满足如下关系：

$$f_m - f_n = \frac{i}{T_s} \quad (3.88)$$

式中，i 是满足 $i \geq 1$ 的整数。

OFDM 的解调如图 3.32 所示，首先用 $2\cos(2\pi f_0 t)\mathrm{d}t$ 与 $s(t)$ 相乘，然后在一个符号周期内进行积分，该过程可以表示为

$$\frac{1}{T_s}\int_0^{T_s} s(t)\cdot 2\cos(2\pi f_0 t)\mathrm{d}t = \frac{1}{T_s}\int_0^{T_s}\sum_{m=0}^{M-1}[a_m\cos(2\pi f_m t) - b_m\sin(2\pi f_m t)]\cdot 2\cos(2\pi f_0 t)\mathrm{d}t$$

$$= \sum_{m=0}^{M-1} a_m \frac{1}{T_s}\int_0^{T_s}[\cos(2\pi(f_m + f_0)t) + \cos(2\pi(f_m - f_0)t)]\mathrm{d}t$$

$$- \sum_{m=0}^{M-1} b_m \frac{1}{T_s}\int_0^{T_s}[\sin(2\pi(f_m + f_0)t) + \sin(2\pi(f_m - f_0)t)]\mathrm{d}t \quad (3.89)$$

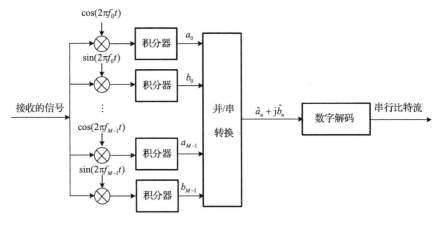

图 3.32 OFDM 解调端原理图

在 OFDM 系统中，子载波频率的取值为 i/T_s，所以在式 (3.89) 中有

$$\frac{1}{T_s}\int_0^{T_s}\cos[2\pi(f_m+f_0)t]\mathrm{d}t=0$$

$$\frac{1}{T_s}\int_0^{T_s}\cos[2\pi(f_m-f_0)t]\mathrm{d}t=\begin{cases}1, & f_m=f_0\\0, & f_m\neq f_0\end{cases}$$

$$\frac{1}{T_s}\int_0^{T_s}\sin[2\pi(f_m+f_0)t]\mathrm{d}t=0$$

$$\frac{1}{T_s}\int_0^{T_s}\sin[2\pi(f_m-f_0)t]\mathrm{d}t=0$$

把上式代入式 (3.89) 中，即可得到

$$\frac{1}{T_s}\int_0^{T_s}s(t)\cdot 2\cos(2\pi f_0 t)\mathrm{d}t=a_0 \tag{3.90}$$

同理，在子载波 f_0 上传输的正交分量 b_0 也可以根据同样的过程得到

$$\frac{1}{T_s}\int_0^{T_s}s(t)[-2\sin(2\pi f_0 t)]\mathrm{d}t=b_0 \tag{3.91}$$

在其他子载波上传输的数据符号可以采用与 a_0 和 b_0 类似的过程进行解调。所有子载波信号被解调完成之后，通过并/串 (P/S) 转换还原为串行数据。

3.7.2 OFDM 中离散傅里叶变换实现

在 OFDM 系统中，式 (3.91) 的信号可以改写为

$$s(t) = \sum_{m=0}^{M-1} \mathrm{Re}\left\{(a_m + jb_m)\exp\left(j\frac{2\pi mt}{T_s}\right)\right\}$$

$$= \sum_{m=0}^{M-1}\left[a_m\cos\left(\frac{2\pi mt}{T_s}\right) - b_m\sin\left(\frac{2\pi mt}{T_s}\right)\right] \tag{3.92}$$

在时刻 $0, \Delta t, 2\Delta t, \cdots, (M-1)\Delta t$（$\Delta t = T_s/M$），对式 (3.92) 中的 OFDM 信号 $s(t)$ 进行采样，得到矢量 $\boldsymbol{s} = [s_0, s_1, \cdots, s_{M-1}]^T$（上标 T 代表矢量转置），则矢量 $\boldsymbol{s}$ 的第 n 个元素可以表示为

$$s_n = s(n\Delta t)$$

$$= \sum_{m=0}^{M-1} \mathrm{Re}\left\{(a_m + jb_m)\exp\left(j\frac{2\pi mn}{M}\right)\right\} \tag{3.93}$$

$$= \sum_{m=0}^{M-1}\left[a_m\cos\left(\frac{2\pi mn}{M}\right) - b_m\sin\left(\frac{2\pi mn}{M}\right)\right] \tag{3.94}$$

式中，$n = 0, 1, \cdots, M-1$。由式 (3.93) 和式 (3.94) 可知，除了相差一个常量 $1/\sqrt{M}$，矢量表示将 M 个传输符号 $\{S_k = a_k + jb_k\}_{k=0}^{M-1}$ 作为 IDFT 的实数部分，因此，忽略这个常系数（与传输功率有关）。$\boldsymbol{s}$ 中的元素可以表示为

$$s_n = \mathrm{Re}\left\{\mathrm{IDFT}\{a_0 + jb_0, a_1 + jb_1, \cdots, a_{M-1} + jb_{M-1}\}\right\}$$

$$= \frac{1}{\sqrt{M}}\sum_{m=0}^{M-1}\left[a_m\cos\left(\frac{2\pi mn}{M}\right) - b_m\sin\left(\frac{2\pi mn}{M}\right)\right], \quad n = 0, 1, \cdots, M-1 \tag{3.95}$$

因此，OFDM 发射信号 $s(t)$ 可以将 $\boldsymbol{s}$ 中的元素以 Δt 的时间间隔通过低通滤波器得到[43]。OFDM 系统中的多载波调制就可以利用 IDFT 来实现。与式 (3.95) 相应的发射信号可以表示为

$$s(t) = \frac{1}{\sqrt{M}}\sum_{m=0}^{M-1}\left[a_m\cos\left(\frac{2\pi mt}{T_s}\right) - b_m\sin\left(\frac{2\pi mt}{T_s}\right)\right] \tag{3.96}$$

首先考虑无失真信道，OFDM 解调器的输入信号与式 (3.96) 相同，由于发射机只传送 IDFT 的实数部分，所以接收机需要以时间间隔 $\Delta t/2 = T_s/(2M)$ 进行采样，以及采样速率为 $1/\Delta t$ 的两倍，采样后的信号为[43]

$$s_n = s\left(\frac{n\Delta t}{2}\right) = \frac{1}{\sqrt{M}}\sum_{m=0}^{M-1}\left[a_m\cos\left(\frac{2\pi mn}{2M}\right) - b_m\sin\left(\frac{2\pi mn}{2M}\right)\right], \quad n = 0, 1, \cdots, 2M-1 \tag{3.97}$$

因为 $\cos\alpha = (e^{j\alpha} + e^{-j\alpha})/2$ 和 $\sin\alpha = (e^{j\alpha} - e^{-j\alpha})/(2j)$，则式 (3.97) 可以表示为

$$s_n = \frac{1}{\sqrt{M}}\sum_{m=0}^{M-1}\left[\left(\frac{a_m}{2} - \frac{b_m}{2j}\right)\exp\left(j\frac{2\pi mn}{2M}\right) + \left(\frac{a_m}{2} + \frac{b_m}{2j}\right)\exp\left(-j\frac{2\pi mn}{2M}\right)\right], \quad n = 0, 1, \cdots, 2M-1$$

$$\tag{3.98}$$

对上述序列 $\{S_n\}_{n=0}^{2M-1}$ 进行离散傅里叶变换(discrete Fourier transform，DFT)，可得

$$
\begin{aligned}
S_k &= \frac{1}{\sqrt{2M}} \sum_{n=0}^{2M-1} s_n \exp\left(-\mathrm{j}\frac{2\pi nk}{2M}\right) \\
&= \frac{1}{\sqrt{2}}\frac{1}{M} \sum_{n=0}^{2M-1}\sum_{m=0}^{M-1}\left[\left(\frac{a_m}{2}-\frac{b_m}{2\mathrm{j}}\right)\exp\left(\mathrm{j}\frac{2\pi mn}{2M}\right)+\left(\frac{a_m}{2}+\frac{b_m}{2\mathrm{j}}\right)\exp\left(-\mathrm{j}\frac{2\pi mn}{2M}\right)\right]\exp\left(-\mathrm{j}\frac{2\pi nk}{2M}\right) \\
&= \frac{1}{\sqrt{2}}\frac{1}{M}\sum_{n=0}^{2M-1}\sum_{m=0}^{M-1}\left[\left(\frac{a_m}{2}-\frac{b_m}{2\mathrm{j}}\right)\exp\left(\mathrm{j}\frac{2\pi n(m-k)}{2M}\right)+\left(\frac{a_m}{2}+\frac{b_m}{2\mathrm{j}}\right)\exp\left(-\mathrm{j}\frac{2\pi n(m+k)}{2M}\right)\right]
\end{aligned}
$$

$$(3.99)$$

式中，$k=0,1,2,\cdots,M-1$。

利用恒等式

$$
\frac{1}{\sqrt{2M}}\sum_{m=0}^{2M-1}\exp\left(\mathrm{j}\frac{2\pi mn}{2M}\right)=\begin{cases}1,&m=0,\pm 2M,\pm 4M,\cdots\\0,&\text{其他}\end{cases} \tag{3.100}
$$

则

$$
\begin{aligned}
S_k &= \sum_{m=0}^{2M-1} s_n \exp\left(-\mathrm{j}\frac{2\pi nk}{2M}\right) \\
&= \begin{cases}\sqrt{2}a_0,&k=0\\[2mm]\dfrac{1}{\sqrt{2}}(a_k-\mathrm{j}b_k),&k=1,2,\cdots,M-1\\[2mm]\text{不相关},&k\geqslant M\end{cases}
\end{aligned} \tag{3.101}
$$

这表明忽略常量 $1/\sqrt{2}$ 后，除了 $k=0$ 以外，当 $k=1,2,\cdots,M-1$ 时，对接收信号进行 DFT 后的实部和虚部分别表示发送符号的同相分量和正交分量。假设发射端有 $a_0=b_0$，OFDM 的发射信号在接收端可以通过 DFT 进行恢复，因此 OFDM 信号可以用 DFT 技术进行解调。

3.7.3　保护间隔和循环前缀

OFDM 把输入的高速率数据流串/并转换到 N 个并行的子信道中，使得每个用于调制子载波的数据符号周期扩大为原始数据符号周期的 N 倍，时延扩展与符号周期的比值也同样降低 N 倍。为了最大限度地消除符号间干扰，可以在每个 OFDM 符号之间插入保护间隔(guard interval，GI)，而且该保护间隔长度 T_g 一般要大于无线信道的最大时延扩展，这样一个符号的多径分量就不会对下一个符号造成干扰。在这段保护间隔内，可以不插入任何信号，即是一段空闲的传输时段。然而在这种情况下，由于多径传播的影响，会产生信道间干扰(inter channel interference，ICI)，即子载波之间的正交性遭到破坏，不同的子载波之间产生干扰[44]。这种效应如图 3.33 所示。

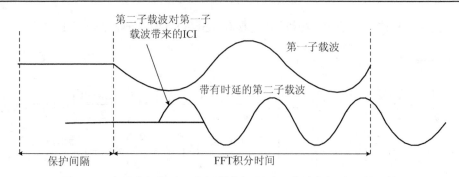

图 3.33　由于多径影响，空闲保护间隔对子载波之间造成的干扰

　　由于每个 OFDM 符号中都包括所有的非零子载波信号，而且同时会出现该 OFDM 符号的时延信号，所以在图 3.33 中给出了第一子载波和第二子载波的时延信号。从图中可以看到，两个子载波之间会造成相互干扰。

　　为了消除由多径所造成的 ICI，OFDM 符号需要在其保护间隔内填入循环前缀（cyclic prefix，CP），见图 3.34。这样就可以保证在 IFFT 周期内，OFDM 符号的时延副本内所包含的波形的周期个数也是整数。这样，时延小于保护间隔 T_g 的时延信号就不会在解调过程中产生 ICI。

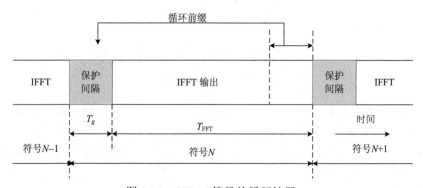

图 3.34　OFDM 符号的循环扩展

　　CP 的引入是 OFDM 系统的关键技术之一。在一定条件下，CP 可以完全消除由多径传播造成的码间串扰（inter symbol interference，ISI），且不会破坏子载波正交性，抑制子信道间干扰的影响。CP 是将 OFDM 符号尾部的一部分子载波复制后放到 OFDM 符号最前部，在 OFDM 发射端将其添加到 OFDM 符号的最前端，在接收端将其去除。CP 的长度应与信道单位冲激响应的长度相当。

　　CP 可以充当保护间隔，从而消除 ISI。因为它的存在使得前一个符号多径的副本都落在后一个符号的 CP 范围内，从而消除前两个符号之间的干扰；由于 CP 的加入，每个 OFDM 符号的一部分呈现周期性，将信号与信道冲激响应的线性卷积转换成循环卷积，可以看到，各子载波将保持正交性，从而防止 ICI。

3.7.4　峰均功率比及其降低方法

多载波系统的输出是多个子信道信号的叠加，如果多个信号的相位一致，则所得到的叠加信号的瞬时功率就会远高于信号的平均功率，导致较大的峰值平均功率比（peak-to-average power ratio，PAPR）。这就对发射机内放大器的线性度提出了很高的要求，否则可能带来信号畸变，导致各个子信道间的正交性遭到破坏，使系统的性能恶化。

限幅类技术采用了非线性过程，直接在 OFDM 信号幅度峰值或附近采用非线性操作来降低信号 PAPR 值。非线性过程的缺点是会引起信号的畸变，从而导致整个系统的误比特率性能劣化。限幅技术有的对傅里叶逆变换后、插值前的信号进行限幅处理。对处理后的信号在 D/A 变换前必须进行插值，这将导致峰值再生。为了避免这种峰值再生，可以对插值后的信号进行限幅。

编码类技术可用于传输的信号码字集合，只有那些幅度峰值低于某一阈值的码字才能被选择用于传输，从而完全避开了信号峰值。这类技术为线性过程，不会出现限幅类技术中的限幅噪声。这类技术的出发点并不着眼于降低信号幅度的最大值，而是降低峰值出现的概率。

3.8　空 时 编 码

多输入多输出（multiple-input multiple-output，MIMO）系统利用发射端的多个天线各自独立发送信号，同时在接收端用多个天线接收并恢复原信息。空时编码是一种能获取更高数据传输率的信号编码技术，实质是空间和时间二维处理相结合的方法，它利用多天线来抑制信道衰落。图 3.35 所示为 MIMO 系统组成框图。空时编码方式主要有：①正交空时分组码（orthogonal space time block coding，OSTBC）；②贝尔分层空时结构（Bell layered space time architecture，BLAST）；③空时格型编码（space time trellis coding，STTC）。

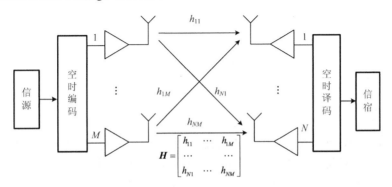

图 3.35　MIMO 系统组成框图

3.8.1　空时编码的演变

Alamouti 提出的发送分集–空时编码方案如图 3.36 所示[44]。在 Alamouti 空时编码中，首先对信源发送的二进制信息比特进行调制（星座映射），然后把调制后的符号 x_1、x_2 分别送入编码器，并按照下列方式进行编码：

$$X = \begin{bmatrix} x_1 & x_2 \\ -x_2^* & x_1^* \end{bmatrix} \tag{3.102}$$

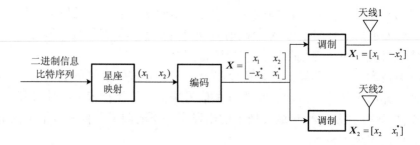

图 3.36　Alamouti 提出的发送分集–空时编码方案

经编码后的符号分别从两副天线上发送出去，即在第一个符号的发送周期，符号 x_1、x_2 分别从发送天线 1 与发送天线 2 上同时发送出去；第二个符号发送周期，符号 $-x_2^*$、x_1^* 分别从发送天线 1 与发送天线 2 上同时发送出去。其中，x_1^* 是 x_1 的复共轭。这种方法既在空间域上又在时间域上进行编码，记 X_1 和 X_2 分别为从发送天线 1 和发送天线 2 上发送的符号，则

$$X_1 = [x_1 \quad -x_2^*] \tag{3.103}$$

$$X_2 = [x_2 \quad x_1^*] \tag{3.104}$$

$$X_1 X_2^{\mathrm{T}} = x_1 x_2^* - x_1 x_2^* = 0 \tag{3.105}$$

编码矩阵具有如下的特性：

$$XX^{\mathrm{T}} = \begin{bmatrix} |x_1|^2 + |x_2|^2 & 0 \\ 0 & |x_1|^2 + |x_2|^2 \end{bmatrix} = \left(|x_1|^2 + |x_2|^2 \right) I_2 \tag{3.106}$$

式中，I_2 是一个 2×2 的单位矩阵。

图 3.37 是 Alamouti 空时分组码的接收机。假设信道为快衰落信道，即衰落系数在两个连续符号发送周期保持不变。设 $h_1(t)$ 表示在时刻 t 发射天线 1 到接收天线的信道衰落系数，$h_2(t)$ 表示在时刻 t 发射天线 2 到接收天线的信道衰落系数。假定其均服从瑞利分布，则在接收端的两个连续符号周期中的接收信号可以表示为

$$r_1 = h_1 x_1 + h_2 x_2 + n_{01} \tag{3.107}$$

$$r_2 = -h_1 x_2^* + h_2 x_1^* + n_{02} \tag{3.108}$$

式中，r_1 和 r_2 分别表示接收天线在时刻 t 和 $t+T$ 时的接收信号；n_{01} 和 n_{02} 分别表示接收天线在时刻 t 和 $t+T$ 时的独立复高斯白噪声。假设接收端已知信道的衰落系数 h_1 和 h_2，同时接收端用最大似然译码方法。也就是从星座中找出一对符号 $(\hat{x}_1, \hat{x}_2)$，使得下式的欧氏距离最小：

$$d^2(r_1, h_1 \hat{x}_1 + h_2 \hat{x}_2) + d^2(r_2, -h_1 \hat{x}_2^* + h_2 \hat{x}_1^*)$$
$$= \left| r_1 - h_1 \hat{x}_1 - h_2 \hat{x}_2 \right|^2 + \left| r_2 + h_1 \hat{x}_2^* - h_2 \hat{x}_1^* \right|^2 \to \min \tag{3.109}$$

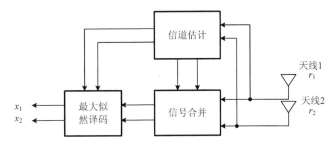

图 3.37 Alamouti 空时分组码的接收机

把式 (3.107) 和式 (3.108) 代入式 (3.109) 中，则式 (3.109) 可变为

$$(\hat{x}_1, \hat{x}_2) = \arg\min\left(\left| h_1 \right|^2 + \left| h_2 \right|^2 - 1 \right)\left(\left| \hat{x}_1 \right|^2 + \left| \hat{x}_2 \right|^2 \right)$$
$$+ d^2(\tilde{x}_1, \hat{x}_1) + d^2(\tilde{x}_2, \hat{x}_2), \quad 4(\hat{x}_1, \hat{x}_2) \in C \tag{3.110}$$

式中，C 是所有可能发送符号的集合；$\tilde{x}_1, \tilde{x}_2$ 是根据信道衰落系数和接收信号进行合并得到的信号。

$$\tilde{x}_1 = h_1^* r_1 + h_2 r_2^* = \left(\left| h_1 \right|^2 + \left| h_2 \right|^2 \right) x_1 + h_1^* n_{01} + h_2 n_{02}^* \tag{3.111}$$

$$\tilde{x}_2 = h_2^* r_1 - h_1 r_2^* = \left(\left| h_1 \right|^2 + \left| h_2 \right|^2 \right) x_2 - h_1 n_{02}^* + h_2 n_{01} \tag{3.112}$$

在接收端已获得信道衰落系数 h_1 和 h_2 的情况下，合并信号 $\tilde{x}_1$ 和 $\tilde{x}_2$ 分别是 x_1 和 x_2 的函数。所以，可以将式 (3.111) 分解为两个独立的译码算法，即

$$\hat{x}_1 = \arg\min\left(\left| h_1 \right|^2 + \left| h_2 \right|^2 - 1 \right)\left| \hat{x}_1 \right|^2 + d^2(\tilde{x}_1, \hat{x}_1), \quad \hat{x}_1 \in S \tag{3.113}$$

$$\hat{x}_2 = \arg\min\left(\left| h_1 \right|^2 + \left| h_2 \right|^2 - 1 \right)\left| \hat{x}_2 \right|^2 + d^2(\tilde{x}_2, \hat{x}_2), \quad \hat{x}_2 \in S \tag{3.114}$$

式中，S 为调制映射星座。若采用 QAM 或 MPSK 星座，在给定信号衰落系数的情

况下，对于所有信号 $(|h_1|^2 + |h_2|^2 - 1)|\hat{x}_i|^2$ $(i = 1, 2)$ 都是恒定的。因此，可以将式 (3.113) 和式 (3.114) 简化为

$$\hat{x}_1 = \arg\min d^2(\tilde{x}_1, \hat{x}_1), \quad \hat{x}_1 \in S \tag{3.115}$$

$$\hat{x}_2 = \arg\min d^2(\tilde{x}_2, \hat{x}_2), \quad \hat{x}_2 \in S \tag{3.116}$$

由式 (3.115) 和式 (3.116) 可见，只要寻找出度量值最小的码字，就完成了极大似然译码。

3.8.2　无线光通信中的空时编码

Simon 和 Vilnrotter 提出了改进的 Alamouti 码[45]。该编码方法在实数域进行操作，通过对符号求补码的方式规避了存在着负数和复数形式的信号。改进后的编码矩阵为[46]

$$X = \begin{bmatrix} x_1 & \bar{x}_2 \\ x_2 & x_1 \end{bmatrix} \tag{3.117}$$

式中，$\bar{x}_2$ 表示符号 x_2 的补码。在该编码方法中，关键是如何得到 $\bar{x}_2$ 的补码。为此针对不同的调制方式，下面将给出符号 x 的补码形式 (即 $\bar{x}$)。其补码被定义为

$$\bar{x}_i = A - x_i \tag{3.118}$$

式中，A 表示脉冲的幅度，是与发射光强相关的常数。由式 (3.118) 可见，取补码意味着发射光信号 "on" 和 "off" 的状态反转。对 OOK 调制而言，假设信号为

$$\begin{cases} s_1(t) = 0, & 0 < t < T \\ s_2(t) = A, & 0 < t \leqslant T \end{cases} \tag{3.119}$$

式中，T 表示字符周期。其补码为

$$\begin{cases} \bar{s}_1(t) = A, & 0 < t < T \\ \bar{s}_2(t) = 0, & 0 < t \leqslant T \end{cases} \tag{3.120}$$

而对于二进制 PPM (2PPM) 而言，假设发射的信号形式为

$$s_1(t) = \begin{cases} 0, & 0 < t < \dfrac{T}{2} \\ A, & \dfrac{T}{2} \leqslant t \leqslant T \end{cases}$$

$$s_2(t) = \begin{cases} A, & 0 < t < \dfrac{T}{2} \\ 0, & \dfrac{T}{2} \leqslant t \leqslant T \end{cases} \tag{3.121}$$

则其对应的补码形式为

$$\overline{s}_1(t) = \begin{cases} A, & 0 < t < \dfrac{T}{2} \\[2mm] 0, & \dfrac{T}{2} \leqslant t \leqslant T \end{cases}$$

$$\overline{s}_2(t) = \begin{cases} 0, & 0 < t < \dfrac{T}{2} \\[2mm] A, & \dfrac{T}{2} \leqslant t \leqslant T \end{cases} \tag{3.122}$$

3.8.3　无线光通信中的空时译码

依据改进后 Alamouti 码的特点[46]和光 MIMO 的信道模型，对于 2×1 的大气激光通信系统，记 r_1 和 r_2 分别表示探测器在时刻 t 与 $t + T_s$ 接收到的信号，有

$$\begin{cases} r_1 = \eta(h_1 C_1 + h_2 C_2) + n_1 \\ r_2 = \eta(h_1 \overline{C}_2 + h_2 C_1) + n_2 \end{cases} \tag{3.123}$$

式中，n_1 和 n_2 分别表示均值为 0、方差为 N_0 的高斯白噪声。采用与传统 Alamouti 编码方案相同的方法对信号进行合并，则

$$\begin{cases} \tilde{x}_1 = h_1 r_1 + h_2 r_2 = \eta(h_1^2 + h_2^2)C_1 + \eta h_1 h_2 A + h_1 n_1 + h_2 n_2 \\ \tilde{x}_2 = h_2 r_2 - h_1 r_1 = \eta(h_1^2 + h_2^2)C_2 - \eta h_1 h_2 A + h_2 n_1 + h_1 n_2 \end{cases} \tag{3.124}$$

由式(3.124)可见，$\tilde{x}_1$ 和 $\tilde{x}_2$ 除了与自身发送的码字有关，还与 $\eta h_1 h_2 A$ 有关。在相邻的两个字符周期上 $\eta h_1 h_2 A$ 为一常数，那么可直接利用式(3.124)进行信号判决，或者可利用变形后的公式进行信号判决，即

$$\begin{cases} \tilde{x}_1 - \eta h_1 h_2 A = h_1 r_1 + h_2 r_2 = \eta(h_1^2 + h_2^2)C_1 + h_1 n_1 + h_2 n_2 \\ \tilde{x}_2 + \eta h_1 h_2 A = h_2 r_2 - h_1 r_1 = \eta(h_1^2 + h_2^2)C_2 + h_2 n_1 + h_1 n_2 \end{cases} \tag{3.125}$$

为了寻找适合于任意 Q-PPM 的空时编码方案，我们将该编码方法推广到任意的 Q-PPM。假设任意的 Q-PPM 信号为

$$s_i(t) = \begin{cases} A, & \dfrac{iT}{Q} \leqslant t \leqslant \dfrac{(i+1)T}{Q} \\[2mm] 0, & \text{其他} \end{cases} \tag{3.126}$$

类似于 2PPM，$s_i(t)$ 的补码形式为

$$\overline{s}_i(t) = \begin{cases} 0, & \dfrac{iT}{Q} \leqslant t \leqslant \dfrac{(i+1)T}{Q} \\[2mm] A, & \text{其他} \end{cases} \tag{3.127}$$

由式(3.127)可见，虽然对于任意的 Q-PPM 能够得到 $s_i(t)$ 的补码形式 $\overline{s}_i(t)$，但

是我们注意到 $\bar{s}_i(t)$ 在其他时隙上的信号均为 A，这就意味着增加了发送"on"时隙的个数，即"on"时隙的个数为 $Q-1$，那么此时每个符号上的总功率就会被改变。

空时编码技术属于分集的范畴，它利用时间和空间二维信息构造码字，可有效抑制衰落，提高发射效率；在发射端和接收端使用多个天线，在传输信道中实现并行的多路传送，提高频谱利用率。

3.9　信　道　编　码

3.9.1　信道编码及其分类

信道编码是解决信息传输以及存储系统中差错控制问题的重要技术手段。基本思想是按照一定的规则对给定数字序列 m 增加一些冗余校验位，使不具有规律性的数字序列 m（通常称为信息元），变换为具有某种规律约束的数字序列 c（通常称为码字序列），以实现对数字序列 m 的差错控制保护作用。m 与 c 之间具有一一对应的关系。

按照信道编码应用的目的不同，可分为检错码和纠错码；按照码元符号取值的不同，可分为二进制码与 q 进制码，通常 $q=p^m$，p 为素数，m 为正整数。按照对信息元处理方法的不同，纠错码可分为分组码与卷积码两大类。根据校验元与信息元之间的关系，可分为线性码与非线性码，若校验元与信息元之间是线性关系（满足线性叠加原理），则称为线性码；否则，称为非线性码。

3.9.2　线性纠错码

线性分组码是一类非常重要的纠错码，其基本思想是对每段 k 位长的信息序列，以一定规则增加 $r=n-k$ 个校验元，组成长为 n 的序列 $c=(c_{n-1}, c_{n-2}, \cdots, c_1, c_0)$，称这个序列为码字（码组、码矢）。在 q 进制的情况下，信息组总共有 q^k 个，因此通过编码器后，相应的码字也有 q^k 个，称这 q^k 个码字集合（许用码组或合法码字集合）为 q 进制 (n, k) 分组码，其码率 $R=k/n$。对于数字通信和计算机系统，通常关注 $q=2$ 或 $q=2^m$ 的情形。从数学角度讲，q 进制的线性分组码 $[n, k]$ 是 $\mathrm{GF}(q)$ 上的 n 维线性空间 V_n 中的一个 k 维线性子空间 $V_{n,k}$。由于该线性子空间在加法运算下构成阿贝尔群，所以线性分组码又称为群码。对于 $[n, k]$ 线性分组码，通常以其生成矩阵 $G_{k\times n}$ 和校验矩阵 $H_{(n-k)\times n}$ 来描述线性分组码，信息序列 m 编码后的码字 $c=m\cdot G_{k\times n}$，所有码字序列 c 满足 $c\cdot H_{(n-k)\times n}=0$ 的校验方程约束。

两个 n 重序列（向量）x、y 之间，对应位置元素取值不同的个数，称为它们之间的汉明距离，用 $d(x, y)$ 表示。(n, k) 分组码中，任两个码字之间距离的最小值，称为该分组码的最小汉明距离 $d_{\min}$（或简记为 d），简称为最小距离。分组码通常以

(n, k, d) 来表示，当码满足线性关系时，记为线性分组码$[n,k,d]$，这里的最小距离参数 d 表明了其抗干扰的能力。对于任一 (n, k) 分组码，若要在码字内检测所有 e 个随机错误，则要求码的最小距离 $d \geq e+1$；纠正所有 t 个随机错误，则要求 $d \geq 2t+1$；纠正 t 个随机错误，同时检测 $e(\geq t)$ 个错误，则要求 $d \geq t+e+1$。

对于线性分组码，若其码字的任意循环移位仍是一个合法码字序列，则称之为循环码。将 q 进制循环码的码字序列与系数取自有限域 $\mathrm{GF}(q)$ 的多项式建立一一对应关系，则循环码可由一个生成多项式 $g(x)$ 的倍式得到。BCH 码作为一类可以纠正多个随机错误的循环码，通常用生成多项式 $g(x)$ 的根描述。给定任一有限域 $\mathrm{GF}(q)$ 及其扩域 $\mathrm{GF}(q^m)$，其中 q 是素数或素数的幂，m 为某一正整数。若码元取自 $\mathrm{GF}(q)$ 上的一循环码，它的生成多项式 $g(x)$ 的根集合中含有以下 $\delta-1$ 个连续根 $\{\alpha^{m_0}, \alpha^{m_0+1}, \cdots, \alpha^{m_0+\delta-2}\}$，则由 $g(x)$ 生成的循环码称为 q 进制 BCH 码，这里 α 为 $\mathrm{GF}(q^m)$ 中的 n 级元素。

RS 码是一类有很强纠错能力的多进制 BCH 码，是一类典型的代数几何码。在有限域 $\mathrm{GF}(q)(q \neq 2)$ 上码长 $n = q-1$ 的本原 BCH 码，称为 RS 码。由上述定义可知，RS 码最主要的特点之一便是码元取自 $\mathrm{GF}(q)$ 上，其生成多项式的根也在 $\mathrm{GF}(q)$ 上，所以 RS 码是码元符号域与根域相一致的本原 BCH 码。码长为 $n = q-1$ 的最小距离为 δ 的 RS 码，其生成多项式为 $g(x) = (x-\alpha^{m_0})(x-\alpha^{m_0+1})\cdots(x-\alpha^{m_0+\delta-2})$，通常 m_0 设定为 1 或者 0，这里令 $m_0 = 1$，则 $g(x) = (x-\alpha)(x-\alpha^2)\cdots(x-\alpha^{\delta-1})$。该多项式可生成一个 q 进制的 $[q-1, q-\delta, \delta]$ RS 码，其最小距离为 δ。由于线性分组码最小距离的最大可能取值是校验元的个数加 1，而 RS 码恰好达到这一条件，所以 RS 码是一类极大距离可分(MDS)码。

3.9.3　卷积码

(n_0, k_0, m) 卷积码是对每段 k_0 长信息以一定的规则，增加 $r_0 = n_0 - k_0$ 个校验元组成长为 n_0 的码段(或子码)，这里 r_0 个校验元不仅与本段信息元有关，还与前 m 段信息元有关。这里的参数 m 称为卷积码编码存储，它表示输入信息组在编码器中需存储的单位时间。参数 $N = m+1$ 称为编码约束度，表示编码过程中互相约束的码段个数。与分组码的码长 n 相对应，在卷积码中称 $n_c = n_0(m+1)$ 为编码约束长度，表示编码过程中互相约束的码元个数，即 k_0 个信息元从输入编码器到离开时在码序列中影响的码元数目。由此可知，m 或 N 是表示卷积码编码器复杂性的一个重要参数。

图 3.38 是一个 $(2, 1, 2)$ 卷积码编码器的框图。图中 D 表示移位寄存器。这里输入的信息序列以 $k_0=1$ 为一段送入编码器，输出 $n_0=2$ 的卷积码子码序列，其码率 $R=1/2$、编码存储 $m=2$、编码约束度 $N=3$、编码约束长度 $n_c=6$。在卷积码译码过程中，同样不仅要根据此时刻输入到译码器的子码，还要根据以后很长一段时间(如

m_d 段单位时间)内收到的各子码，才能译出一个子码的信息元，通常取 $m_d \geq m$。这里 $m_d + 1 = N_d$ 称为译码约束度，称 $n_0 N_d$ 为译码约束长度，它们分别表示译码过程中互相约束的码段或码元个数。

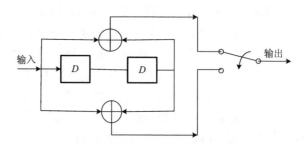

图 3.38　(2, 1, 2) 卷积码编码器框图

香农 (Shannon) 的信道编码定理表明，随机码是一种可以达到信道容量限的好码，但其译码复杂度太高，无法用于具体实现。1993 年，Berrou 等提出将两个系统递归卷积码编码器进行随机交织级联的 Turbo 码方案，采用软输出迭代译码来逼近最大似然译码，实现了随机编码的思想。1996 年 MacKay 等对于 Gallager 在 1963 年所提出的低密度奇偶校验 (low-density parity-check，LDPC) 码的重新研究发现，LDPC 码也具有 Turbo 码的随机稀疏图特点，可实现逼近 Shannon 容量限的良好性能。Turbo 码和 LDPC 码统称稀疏图码，是现代纠错码理论的重要组成部分。

Turbo 码编码器是由两个反馈的系统卷积码编码器通过一个随机交织器并行级联而成的，编码后的校验位经过删余后得到不同码率的 Turbo 码序列。图 3.39 所示为典型的 Turbo 码编码器结构框图，信息序列 $u = \{u_1, u_2, \cdots, u_N\}$ 经过一个 N 位交织器，形成一个重新排序后的新序列 $u_1 = \{u_1', u_2', \cdots, u_N'\}$。$u$ 与 u_1 分别送给两个系统递归卷积码的分量码编码器 (RSC1 与 RSC2)，得到对应的校验序列 X^{p1} 和 X^{p2}。为了提高 Turbo 码的码率，从序列 X^{p1} 与 X^{p2} 中周期性地删除一些校验位，得到 Turbo 码校验位序列 X^p，与信息序列 u 经过复用，合成得到 Turbo 码序列 $X = (u, X^p)$。例如，若图 3.39 中两个分量卷积码编码器的码率均是 1/2，则 (u, X^{p1}, X^{p2}) 序列对应一个 1/3 码率的 Turbo 码序列。为了得到 1/2 码率的 Turbo 码，可以依次删去 RSC1 校验序列 X^{p1} 的偶数位置比特和 RSC2 校验序列 X^{p2} 的奇数位置比特，得到的 (u, X^p) 即为 1/2 码率的 Turbo 码序列。Turbo 码译码的基本思想是采用软输入 / 软输出 (soft-in-soft-out，SISO) 的迭代译码算法，通过两个分量码译码器之间的外信息传递更新，迭代多次以达到最佳的译码性能。

LDPC 码是一类具有稀疏校验矩阵 $\boldsymbol{H}$ 的线性分组纠错码，这里的稀疏指校验矩阵 $\boldsymbol{H}$ 中只有数量很少的非零元素，大部分都是零元素，即具有低密度的非零元素分

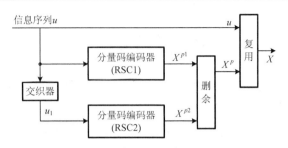

图 3.39　Turbo 码编码器结构框图

布。任何一种线性分组码都可以由一个双向图来简单表示，Tanner 图便是一种常采用的模型描述方式。LDPC 码的 Tanner 图由变量节点(variable node)和校验节点(check node)两类节点集合组成，分别对应于校验矩阵 $H_{(n-k) \times n}$ 的 n 列和 $n-k$ 行。同一类节点集合的内部没有连线，只有属于不同集合的两点之间可能有连线，每一条连线对应于校验矩阵中的 1。

　　图 3.40(a)所示为一个行列重为 4 和 2 的[8,4]线性分组码的校验矩阵 $H_{4\times8}$；根据该校验矩阵，可以画出其 Tanner 图，如图 3.40(b)所示。图中变量节点集合 $(x_1, x_2, \cdots, x_8)$ 和校验节点集合 (z_1, z_2, z_3, z_4) 内部不存在相连的边，但两类节点之间存在着连线。若某一对变量节点和校验节点之间存在连线，则表示该变量比特参与了此校验节点的校验方程约束，也就是校验矩阵某一行中 1 的位置。图 3.40(b)的 Tanner 图中，四条虚线构成了一个有向的闭合环路，由 z_1 起始经过 $x_6 \to z_4 \to x_8$ 返回 z_1。在一个 LDPC 码的 Tanner 图中，每个节点都会存在许多的闭合环路，我们将其组成环中长度的最小值称为该节点的最小环长(shortest cycle)。Tanner 图中所有节点构成的环中，称长度最小的环长为该 Tanner 图的围长(girth)，例如，图 3.40 中 Tanner 图的围长为 4。LDPC 码的置信传播(belief-propagation，BP)类译码算法，便是基于 Tanner 图中变量节点和校验节点之间关于码元可靠度信息的迭代更新判决过程，而环长为 4 的短环会极大降低其译码的收敛性能。因此，LDPC 码的设计原则，必须保证其 H 矩阵对应的 Tanner 图中没有 4 环的存在，即保证 H 矩阵的任意两行或者两列，均最多只有一个位置同时为非零元素。

图 3.40　行列重为 4 和 2 的[8,4]线性分组码校验矩阵和 Tanner 图表示

3.10　总结与展望

无线光通信的调制方式有两种：脉冲位置调制与正弦调制。脉冲位置调制简单，但占用带宽大，信号通过信道后，会产生畸变，信道容量有限；正弦调制属于连续波调制，占用带宽窄，但可以采用先进的调制方法，提高信道利用率。但非线性现象对连续波调制的影响大。内调制速率低，外调制速率比较高。编码技术可以抑制大气湍流等信道特性的影响。采用新的编码方法是无线光通信编码的趋势，如空时编码、纠错编码等。

思 考 题 三

3.1　什么是模拟调制？什么是数字调制？

3.2　调制的功能是什么？

3.3　什么是被动调制？

3.4　副载波调制有哪几种？调制基本原理是什么？

3.5　类脉冲位置调制有哪些？类脉冲位置调制有哪些需要时间同步？哪些不需要时间同步？

3.6　试比较类脉冲位置调制与副载波调制所需带宽。

3.7　正交频分复用的优点是什么？

3.8　空时编码有哪些？特点是什么？

3.9　简述光源直接驱动电路的工作原理。

3.10　比较电光调制、声光调制与磁光调制的异同。

3.11　在 OFDM 中，循环前缀的作用是什么？

3.12　什么是信道编码？信道编码有几类？

3.13　什么是检错码？什么是纠错码？

3.14　简述 RS 码的编码原理。

3.15　简述 LDPC 码的编码原理。

3.16　说明 QAM 本质上就是 ASK 与 PSK 的一种结合调制方式。

习 题 三

3.1　一脉冲激光器重复频率 200kHz，采用 PPM，脉冲宽度为 3ns，保护时隙宽度为 5μs。设计一个采用该激光器的 16PPM 的帧结构形式，并分析 16PPM、16DPPM 的调制速率。

3.2　试分析无背景噪声情况下，PPM 的信道容量[26]。

3.3　试分析白噪声背景下光 PPM 的检测问题，推导出最大似然检测算法[27]。

3.4　仅考虑散弹噪声的情况下，分析无线光通信系统误码率与发射光功率、发射天线半径、接收孔径半径及探测器灵敏度等因素之间的关系[28]。

3.5　求 Alamouti 编码增益、成对差错概率[29]及码字距离[30]。

3.6　以铌酸锂晶体横向调制为例，求从晶体出射的两束光的相位差[31]。

3.7　试分析声光调制的最佳工作条件[32]。

3.8　试分析无线光副载波调制系统在调幅、调频和调相情形下的信噪比[33]。

3.9　试比较脉冲位置调制与副载波调制的误码率[34]。

3.10　通过计算证明：由于循环前缀的加入，每个 OFDM 符号的一部分呈现周期性，将信号与信道冲激响应的线性卷积转换成循环卷积，各子载波将保持正交性。

3.11　证明 OFDM 加入循环前缀后可以克服 ICI 与 ISI。

3.12　假设有一个 M 发射、N 接收的可见光通信系统，求采用迫零(ZF)检测准则下的系统误码率[35]。

3.13　设有一个工作波长 $1\mu m$，带宽 $10MHz$ 的接收机，要想得到 $50dB$ 的信噪比[36]，问平均检测功率是多少？

3.14　试证明[37]大小为 n 的复正交设计 O_c 只存在于 $n=2$ 或者 $n=4$。

3.15　具有单位功率及 $1MHz$ 带宽的基带信号对 RF 副载波调制,把后者再调制到 $10^{14}Hz$ 的光载波上。该系统工作在量子极限状态下，对副载波解调所需的副载波 SNR 之门限值为 $20dB$。

(1)为使副载波系统工作，所需的接收光功率有多大？

(2)如果用 AM/IM，则副载波解调后基带 SNR 是多少？

(3)如果用 FM/IM，副载频偏移 $10MHz$，则副载频解调后的基带 SNR 是多少？

(4)在以上(2)及(3)中所需的副载频带宽是多少？

(5)如果背景噪声与接收到的信号功率之比为 0.5(已不是量子极限)，则(1)中需要多少的光频功率？

3.16　某光频载波是用信号 $m(t)$ 进行强度调制的，并且是通过一个衰落通道来传输的。衰落效应就是传输强度乘以倍增项 $q(t)=q_0(1+r(t))$，q_0 是一常数，$r(t)$ 具有的频谱为 $S_r(\omega)$。信号 $m(t)$ 的频谱 $S_m(\omega)$ 覆盖了 $q(t)$ 的频谱。

(1)衰落将如何用检测的散弹噪声频谱来表现？

(2)假定信号 $m(t)$ 先对副载波进行幅度调制，然后再用副载波强度来调制载波。试确定这种情况下的频谱。

3.17　某光频系统所用的强度调制为 $m(t)$，功率频谱为 $S_m(\omega)$，并在直接检测之后使用维纳滤波器。略去背景噪声。

(1) 设 $S_m(\omega) = S_0$, $|\omega| \leqslant 2\pi B_m$, 在 $S_0 B_m \gg 1$ 及 $S_0 B_m \leqslant 1$ 时, 画出维纳滤波器幅度函数。

(2) 重新设 $S_m(\omega) = \dfrac{C}{1 + (\omega/(2\pi B_m))^2}$, 再画出维纳滤波器幅度函数草图, 并表示出滤波器响应的峰值及半功率频率。

3.18 设有一定时误差为 Δ 的 M-电平脉冲相位调制系统。证明, 若考虑终端效应(即考虑两个连续字间隔中的全部可能脉冲位置), 则 PWE$|\Delta$ 由下式给出

$$\text{PWE} \,|\, \Delta = \frac{M^2 - 2M + 2}{M^2} P[K_1, K_2, (M-2)K_3]$$
$$+ \frac{M-1}{M^2} P[K_1, 2K_2, (M-1)K_3] + \frac{M-1}{M^2} P[K_1, 0, (M-1)K_3]$$

式中, $P[K_1, bK_2, CK_3]$ 是有正确间隔计数 K_1 的误差概率, b 间隔计数是 K_2, C 间隔计数是 K_3。这里与 K_1, K_2, K_3 相应的是具有能量 $[K_s(1-\varepsilon) + K_s]$, $(\varepsilon K_s + K_b)$ 和 K_b 的泊松计数。

3.19 检测器的响应度是其输出电压与输入电压之比。噪声等效功率(NEP)是指信号功率与噪声功率之比为 1 时, 入射到探测器件上的辐射通量。检测度(D)定义为 1/NEP。参量 D^* 是 1cm^2 检测器的检测度。

(1) 试导出 NEP 与上述响应度之间的关系。

(2) 试证明 $D^* = (A_r B_0)^{1/2}/\text{NEP}$, B_0 是光频带宽, A_r 是接收机面积。

3.20 某光频系统的工作波长为 0.6μm, 光电检测器的效率为 50%, 负载阻抗为 100Ω, 系统温度保持在 300K。

(1) 试确定达到散弹噪声极限条件所需的信号计数率范围。

(2) 把(1)变换成用瓦特表示的功率。

(3) 如果黑体背景的有效温度为 1000K, 试确定达到量子极限特性时所需的接收信号功率。

(4) 试确定 1MHz 带宽内所得的量子极限 SNR 值。

3.21 考虑在背景噪声计数电平为 n_b 的情况下, 单色场强度电平的估值问题。求出 θ 的 MAP 估值, 下列先验概率密度必须满足的方程为

(1) 瑞利分布: $p(\theta) = \dfrac{\theta}{\sigma^2} e^{-\theta^2/(2\sigma^2)}$。

(2) χ^2 平方分布: $p(\theta) = \dfrac{(2\sigma^2)^{-D}}{(D-1)!} \theta^{D-1} e^{-\theta/(2\sigma^2)}, D \geqslant 2$。

(3) 均匀分布: $p(\theta) = \dfrac{1}{\theta_0}, 0 \leqslant \theta \leqslant \theta_0$。

(4) 在量子极限条件 $n_b = 0$ 的情况下, 对以上三种情况, 求出 MAP 估值和估值方差。

3.22　给定光强度 $n(t) = n_s[1 + s(t)]$，$|s(t)| \leqslant 1$，试证明：如果光场的峰值功率受到限制，对所有时间 t，$s(t) = \pm 1$，也就是任意周期的一个方波，则在时间区间 $(0, T)$ 内出现最大的脉冲能量。

参 考 文 献

[1] 樊昌信. 通信原理[M]. 6 版. 北京：国防工业出版社，2006.

[2] 倪新蕾. 电光调制及其应用[J]. 中山大学学报，2002，22(1)：34-36.

[3] 王本菊. 光电效应及其应用[J]. 中国校外教育，2014，(z1)：991-992.

[4] 赵军良，薛中会，陈纪东，等. 泡克耳斯效应与法拉第效应组合光调制的应用[J]. 河南大学学报（自然科学版），2005，35(3)：23-27.

[5] 张方波. 浅谈光学克尔效应[J]. 华人时刊，2013，(3)：163.

[6] 韩军，刘均. 工程光学[M]. 西安：西安电子科技大学出版社，2007.

[7] 羊国光，宋菲君. 高等物理光学[M]. 合肥：中国科学技术大学出版社，2008.

[8] 张秀峰，王培昌，常治学，等. 声光调制系统驱动器的研制[J]. 压电与声光，2007，29(3)：255-257.

[9] 徐山河，肖沙里，王珊，等. 基于声光调制的激光通信调制系统研究[J]. 光通信研究，2014，(5)：59-62.

[10] 石顺祥，王学恩，刘劲松，等. 物理光学与应用光学[M]. 2 版. 西安：西安电子科技大学出版社，2008.

[11] 李永安，李小俊，李书婷，等. 磁光调制的模拟与特性分析[J]. 西北大学学报（自然科学版），2007，37(5)：719-723.

[12] 靳伟佳，刘雪雯，石小琛，等. 磁致旋光现象的观测[J]. 物理通报，2013，(8)：76-78.

[13] 孟甜甜，符照森，刘辉，等. 基于磁光调制原理的高精度偏振角测量方法模拟与实验研究[J]. 西北大学学报（自然科学版），2011，41(6)：964-968.

[14] 单能飞，肖胜利. 法拉第效应在光通信和探测上的应用[J]. 红外与激光工程，2007，36(z2)：624.

[15] Plett M L. Free-space optical communication link across 16 kilometers to a modulated retro-reflector array[D]. City of College Park: University of Maryland, 2007: 22-24.

[16] 李展. 大视场"猫眼"结构光学逆向调制器研究[D]. 成都：电子科技大学，2008.

[17] 赵勋杰，高稚允，张英远. 基于"猫眼"效应的激光侦察技术及其在军事上的应用[J]. 光学技术，2003，29(4)：415-417.

[18] 卞学丽. 光学镜头"猫眼"效应分析及在短距离信息交换中的应用[D]. 成都：电子科技大学，2005：12-13.

[19] 卿光弼，王学楷，郭勇，等. "猫眼效应"的物理模型及证明[J]. 激光技术，1995，(4)：244-248.

[20] 吕乃光. 傅里叶光学[M]. 北京: 机械工业出版社, 2009.

[21] 魏宾. 基于声换能器的"猫眼"逆向光调制技术及应用[D]. 成都: 电子科技大学, 2012: 24-25.

[22] 和婷, 牛燕雄, 张鹏, 等. 光电系统离焦量对其"猫眼"效应回波功率的影响规律及原因分析[J]. 红外与激光工程, 2012, 41(11): 2956-2960.

[23] Shay T M, MacCannell J A, Garrett C D, et al. First experimental demonstration of full-duplex communication on a single laser beam[C]. SPIE, San Diego, 2004: 265-271.

[24] Wang Q, Junique S, Almqvist S, et al. 1550nm surface normal electro absorption modulators for free space optical communication[C]. SPIE, Bruges, 2005.

[25] Ohgren J, Kullander F, Sjoqvist L, et al. A high-speed modulator communication link with a transmissive modulator in a cat's eye optics arrangement[C]. SPIE, Florence, 2007.

[26] 柯熙政, 殷致云. 无线激光通信系统中的编码理论[M]. 北京: 科学出版社, 2008.

[27] https://www.alldatasheetcn.com/datasheet-pdf/pdf/48412/AD/AD8138.html[2016-10-01].

[28] https://www.alldatasheet.com/datasheet-pdf/pdf/161427/MAXIM/MAX9375.html[2016-10-01].

[29] https://www.alldatasheet.com/datasheet-pdf/pdf/116412/MAXIM/MAX3738.html[2016-10-01].

[30] Aldibbiat N M, Ghassemlooy Z, McLaughlin R. Dual header pulse interval modulation for optical free space communication links[J]. IEE Proceedings-Circuits, Devices and Systems, 2002, 149(3): 187-192.

[31] 常鹏. 无线光通信(FSO)收发机的研究与实现[D]. 北京: 北京交通大学, 2008.

[32] 曾永福, 熊汉林, 朱宏韬, 等. 基于MAX3738的激光器驱动电路设计与优化[J]. 光通信技术, 2012, 36(8): 20-22.

[33] 田国栋. 光发射机APC及ATC电路研究与分析[J]. 电子设计工程, 2011, 19(3): 18-20.

[34] 齐忠亮. 小功率半导体激光器的恒温控制与驱动方法研究[D]. 哈尔滨: 哈尔滨理工大学, 2012.

[35] Li J, Liu J Q, Taylor D P. Optical communication using subcarrier PSK intensity modulation through atmospheric turbulence channels[J]. IEEE Transactions on Communications, 2007, 55(8): 1598-1606.

[36] 吴晗玲, 李新阳, 严海星. Gamma-Gamma 湍流信道中大气光通信系统误码特性分析[J]. 光学学报, 2008, 12(28): 99-104.

[37] 樊昌信, 张甫翊, 徐炳祥, 等. 通信原理[M]. 北京: 国防工业出版社, 2001.

[38] 刘东华. Turbo 码的原理与应用技术[M]. 北京: 电子工业出版社, 2004: 126-129.

[39] Huang W, Nakagawa M. Nonliner effect of direct-sequence CDMA in optical transmission[C]. IEEE 3rd International Symposium on Spread Spectrum Techniques & Applications, Oulu, 1994: 1185-1192.

[40] Bekkali A, Naila C B, Kazaura K, et al. Transmission analysis of OFDM-based wireless services over turbulent ratio-on-FSO links modeled by Gamma-Gamma distribution[J]. IEEE Photonics

Journal, 2010, 2 (3): 510-520.

[41] Ghassemlooy Z, Popoola W O, Leitgeb E. Free-space optical communication using subcarrier modulation in Gamma-Gamma atmospheric turbulence[C]. IEEE International Conference on Transparent Optical Networks, Rome, 2007: 156-160.

[42] Huang W, Takayanngi J, Sakanaka T, et al. Atmospheric optical communication system using subcarrier PSK modulation[C]. IEEE International Conference on Communication, Geneva, 1993: 1597-1601.

[43] Shieh W, Djordjevic I. OFDM for Optical Communication[M]. Beijing: Publish House of Electronics Industry, 2009: 21-22.

[44] Yang L L. Multicarrier Communications[M]. Beijing: Publishing House of Electronics Industry, 2010: 74-77.

[45] Weinstein S B, Ebert P M. Date transmission by frequency-division multiplexing using the discrete Fourier transform[J]. IEEE Transactions on Communication Technology, 1971, 19 (5): 628-634.

[46] 佟学俭, 罗涛. OFDM 移动通信技术原理及应用[M]. 北京: 人民邮电出版社, 2003:36-37.

第 4 章 大气信道、信道估计与信道均衡

大气信道中各种自然现象如雨、雪、雾、霾、气体分子和气溶胶等都会引起激光光束能量衰减。光波在大气中传播时，大气气体分子及气溶胶粒子的吸收和散射会引起光束能量衰减，空气折射率不均匀会引起光波振幅和相位起伏。本章介绍大气信道特性、信道估计与信道均衡。

4.1 大气衰减效应

大气衰减可分为大气吸收衰减和散射衰减，主要包括：大气分子吸收散射和气溶胶粒子吸收、散射。吸收和散射都会使传输光辐射的强度减弱。分子的散射对光波衰减作用较小，但分子吸收对任一光波段都是不可忽视的。当光在大气信道传输时，受大气中气体分子(水蒸气、二氧化碳等)、水汽凝结物(冰晶、雪、雾等)及悬浮微粒(尘埃、烟、盐粒、微生物等)的吸收和散射作用，形成了光辐射能量被衰减的吸收带[1]。

4.1.1 大气衰减系数与透过率

激光在大气中传播时，一部分辐射能量被吸收而转变为其他形式的能量，另一部分能量则被散射而偏离原来的传播方向。图 4.1 为大气衰减示意图。图中 $I(\lambda)$ 为单色光的辐射强度，dl 为均匀厚度的大气薄层，$I'(\lambda)$ 为经过大气薄层后光辐射强度。

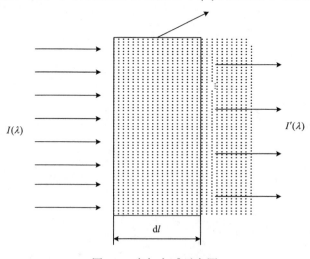

图 4.1 大气衰减示意图

如图 4.1 所示，光强度为 $I(\lambda)$ 的单色光波穿过均匀介质的大气薄层，光波使薄层内各带电粒子产生振动，而提供给粒子振动的能量来自光波消耗的能量。光波还有一部分能量由于散射而偏离原来的传输方向，所以光波穿过大气薄层后由于吸收和散射作用使光波的辐射能量衰减为 $I'(\lambda)$。若定义大气衰减系数为 β（单位：km^{-1}），光强度衰减量为 dI，则光强相对变化为

$$\frac{dI}{I} = \frac{I' - I}{I} = -\beta dl \tag{4.1}$$

对式 (4.1) 进行积分就得到大气透过率。传输距离 L 后的大气透过率 τ 的表达式为

$$\tau = \frac{I}{I_0} = \exp(-\beta L) \tag{4.2}$$

式中，I_0 和 I 分别表示通过宽度为 L 的大气层前后的光强。式 (4.2) 就是朗伯定律。朗伯定律描述了衰减效应和散射效应对光传输的影响。一般将大气衰减系数表示为

$$\beta = \alpha_m + \alpha_a + \sigma_m + \sigma_a$$

式中，α_m 为大气分子吸收系数；α_a 为气溶胶粒子吸收系数；σ_m 为大气分子散射系数（瑞利散射系数）；σ_a 为气溶胶粒子散射系数。

4.1.2　大气分子吸收与散射

大气分子吸收是指一部分光辐射能量与大气分子相互作用后，转化为分子运动的能量。极性分子的内部运动一般由组成分子的原子振动、分子绕其质量中心的转动以及分子内电子运动组成。分子的固有频率则由分子内部的运动形态决定。相应的共振吸收频率分别与光波的紫外光、可见光、近红外、中红外以及远红外区相对应。因此分子的吸收特性取决于光波的频率。

大气主要由多种气体混合而成，若正常的空气成分按体积分数计算，则其中氮气（N_2）所占最多，约占 78%；氧气（O_2）约占 21%，稀有气体如氦气（He）、氖气（Ne）、氪气（Kr）、氙气（Xe）以及二氧化碳（CO_2）约占 0.03%，还有其他气体和杂质如臭氧（O_3）、一氧化氮（NO）、二氧化氮（NO_2）、水蒸气（H_2O）约占 0.03%。氮气和氧气分子在大气中所占比例最大（约 99%），但是它们在可见光（波长范围为 0.4~0.76μm）和红外区几乎没有吸收特性，在远红外（波长范围为 6~1000μm）和近红外（波长范围为 0.75~1.5μm）区才会表现吸收特性且较强烈。大气中除了氮气和氧气，还有氦气、氖气、氪气、氙气、臭氧等稀有气体，这些分子在可见光和近红外有可观的吸收谱线，但其在大气分子中所占比例很小，一般不考虑其吸收作用；只有在高空处，其他衰减因素都很弱时，才考虑它们的吸收作用。大气分子的吸收还与海拔高度有

关。因为离地面越近(几千米)，水蒸气的浓度越大，而水分子因其纯振动结构而在可见光和近红外区有着非常强烈的吸收光波能力，所以在近地面，水蒸气吸收能力非常强。可见光和近红外区主要吸收谱线如表 4.1 所示。

表 4.1　可见光和近红外区主要吸收谱线[1]

吸收分子	主要吸收谱线中心波长/μm
H_2O	0.72, 0.82, 0.93, 0.94, 1.13, 1.38, 1.46, 1.87, 2.66, 3.15, 6.26, 11.7, 12.6, 13.5, 14.3
CO_2	1.4, 1.6, 2.05, 4.3, 5.2, 9.4, 10.4
O_2	4.7, 9.6

从表 4.1 可以看出，大气对某些特定波长的光的吸收很强烈，几乎使光波无法通过。根据大气对不同波长光波的吸收能力特性的差异，一般把近红外区分成八个区段，将透过率较高的波段称为大气窗口[2]。在窗口之内，大气分子呈现较弱的吸收性质。通信常用的激光波长都位于这些窗口之内。

大气分子也存在密度起伏而导致大气的光学性质不均匀，所以光波通过不均匀大气场时就会发生散射现象。散射会改变光波辐射的方向，使一部分光波不能按原来的辐射方向继续传播。散射强度取决于大气分子的半径与被散射光波的波长二者之间的对比关系。当光波波长比粒子半径小得多的时候，采用瑞利散射理论进行分析，而当光波波长与粒子半径可比拟时，我们采用米氏散射理论进行分析。在 100km以下的各个高度上大气分子系数 σ_m 可近似表示为

$$\sigma_m = 4.56 \times 10^{-22} \, Ng \left(\frac{0.55}{\lambda}\right)^4 \tag{4.3}$$

式中，λ 为波长(单位：μm)；Ng 为单位体积内的分子数，在海平面处标准大气压条件下，$Ng = 2.55 \times 10^{-9} \, cm^{-3}$。

4.1.3　大气气溶胶粒子吸收与散射

大气中有大量的固态和液态微粒，如尘埃及有机生物等，这些微粒在大气中一般呈现胶溶状态，所以又称为大气气溶胶。气溶胶微粒尺寸分布很复杂，受天气影响也非常大，当光的波长(λ)小于或者等于气体溶胶微粒尺寸(r)时，就会产生米氏散射。

$$\sigma_a \propto \lambda^{-2}, \quad r \geq \lambda \tag{4.4}$$

当 $r \geq \lambda$ 时发生的散射，其散射强度与波长无关。米氏散射主要依赖于散射粒子的尺寸、密度分布，与波长的依赖关系远不如瑞利散射强烈(一般认为米氏散射与波长无关)。工程中常以下述的经验模式来估计气溶胶粒子衰减系数：

$$\beta_a = \frac{3.912}{V_M} \left(\frac{0.55}{\lambda} \right)^q \tag{4.5}$$

式中，V_M 为大气能见度（单位：km）；$q = 0.585 V_M / 3$，当 $V_M \leqslant 6\text{km}$ 时，$q = 1.3$。

4.1.4　大气窗口

大气窗口是指电磁辐射在大气中传输损耗非常小而透过率很高的波段。一般把近红外透过率较高的波段称为大气窗口，大气分子在这些窗口之内呈现弱吸收特性。现在常用的激光波长都处于这些窗口之内，如表 4.2 所示。

表 4.2　不同大气窗口及其使用[2]

大气窗口	特性
0.15～0.2μm	远紫外窗口，目前尚未利用
0.3～1.3μm	以可见光为主体，包括部分紫外和红外波段。目前应用最广泛
1.4～1.9μm	近红外窗口，透射率为 60%～95%，不能为胶片感光，只能为光谱仪及射线测定仪
2.05～3.0μm	近红外窗口，透射率超过 80%，不能为胶片感光，其中 2.08～2.35μm 窗口有利于遥感
3.5～5.5μm	中红外窗口，透射率为 60%～70%，是遥感高温目标，森林火灾、火山喷发等监控所用
8～14μm	远红外窗口，透射率为 80%，当物理温度在 27℃时，能测得最大发射强度
位于毫米波段	位于毫米波段的窗口，遥感还没有利用或不能利用
波长>1.5 cm	微波窗口，其电磁波已不受大气干扰，即所谓全透明窗口，故微波遥感是全天候的

一般将大气激光通信系统中所使用的激光器的波长选择在大气窗口，可以忽略大气吸收导致的光强衰减，所以大气衰减效应主要是由散射构成。根据激光波长与散射粒子线度的关系，将散射分为三种。

（1）当光波波长远大于散射粒子直径时，产生的是瑞利散射。大气中氮气、二氧化碳等对光波的影响主要是瑞利散射。

（2）当光波波长与大气中散射粒子尺寸相当时，产生的是米氏散射。霾、小雾、大气气溶胶粒子对信号光波的主要影响是米氏散射。

（3）当光波波长远小于散射粒子直径时，产生几何散射。雨滴、雪、浓雾对信号光波的影响是几何散射。

4.1.5　衰减系数估算

光波水平传输时，底层大气的主要衰减是米氏散射，这时大气透射率可以用与能见度有关的经验公式表示。能见度是反映大气透明度的一个指标。观测者以天空为背景沿水平方向观测，在正常肉眼下所能分辨的标准黑体的最大距离即为能见度。能见度的好坏代表大气的清浊程度，气象学上通常按气象状态把能见度分为十个等级，如表 4.3 所示[2]。

表 4.3 国际能见度等级[2]

等级	天气状态	能见度	散射系数	等级	天气状态	能见度	散射系数
0	厚雾	<50m	>78.2	5	霾	2000~4000m	1.96~0.954
1	中雾	50~200m	78.8~19.6	6	轻霾	4000~10000m	0.954~0.391
2	轻雾	200~500m	19.6~7.82	7	晴朗	10000~20000m	0.391~0.196
3	稍微轻雾	500~1000m	7.82~3.91	8	很晴朗	20000~50000m	0.196~0.078
4	薄雾	1000~2000m	3.91~1.96	9	极晴朗	>50000m	0.0141

4.1.6 传输方程

无线激光通信信道传输方程为

$$P_{接收} = P_0 \times \gamma(L,\theta) \times \tau_{大气} \times \tau_{发射} \times \tau_{接收} \tag{4.6}$$

式中，$P_{接收}$ 为接收天线接收到的光功率；$\tau_{发射}$ 和 $\tau_{接收}$ 分别为发射光学系统和接收光学系统的透过率；P_0 为半导体激光器输出功率；$\gamma(L,\theta)$ 为光束扩展损耗，是接收功率占总光斑功率的比值，可用式(4.7)计算得出(L 为传输距离，θ 为光束的发散角，d 为接收透镜孔径)；大气透过率 $\tau_{大气}$ 可由式(4.8)表示。

$$\gamma(L,\theta) = \frac{e^{-2[d/(L\theta)]^2} - 1}{e^{-2} - 1} \tag{4.7}$$

$$\tau_{大气} = e^{-(\alpha_m + \alpha_a + \beta_m + \beta_a)L} \tag{4.8}$$

4.2 大气湍流模型

各种大气效应对无线光通信的影响如图 4.2 所示[1]。大气信道是一种有记忆的时变信道。大气吸收效应导致接收光功率降低；大气对激光信号的多次散射使激光传

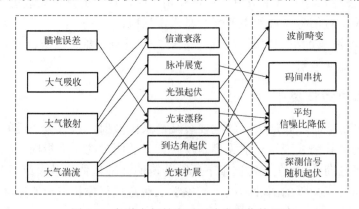

图 4.2 各种大气效应对无线光通信的影响

输产生多径效应，导致在空间和时间上激光脉冲信号展宽，在接收机中表现为码间串扰；大气湍流引起的光学折射率随机起伏使激光信号在传输过程中产生光强起伏、光束漂移、光束扩展及到达角起伏等现象，使得接收光信号受到严重干扰，通信误码率增加，甚至出现短时间通信中断，严重影响了大气光通信的稳定性和可靠性。

大气光散射、吸收和湍流效应等造成光电探测器接收面上的光强起伏，降低了探测器的信噪比和空间分辨率，导致光电系统在实际大气环境下的使用性能下降。

4.2.1　大气湍流

大气湍流是由太阳辐射和各种气象因素所产生的大气温度微小随机变化及大气风速随机变化而形成的。大气温度的随机变化引起大气密度随机变化，从而导致大气折射率也随之变化，这种变化的累积效应致使大气折射率明显不均匀。大气湍流运动引起大气折射率起伏的性质，表现为激光光波参量(如振幅、相位)产生随机起伏，最终造成光束的闪烁、分裂、弯曲、扩展及空间相干性降低，是制约无线光通信系统充分发挥其效能的重要因素。

Kolmogorov 理论指出：湍流平均速度的变化使湍流获得能量。大气折射率的随机起伏 $n(r)$ 主要由温度空间分布随机微观结构引起。这种微观结构变化是由于地球表面不同区域被太阳加热不同而引起极大尺度的温度非均匀性。这种大尺度的温度非均匀性进而又引起大尺度的折射率非均匀性，通常这些大气折射率的非均匀性称为湍流的涡旋。湍流可以用两个尺度来表征，在大气边界层内，可观测分析的最大尺度涡旋也称为湍流外尺度，用 L_0 表示，L_0 通常在数十米到数百米的范围之内；而最小尺度也称为湍流内尺度，用 l_0 表示，l_0 只有几毫米[1]，如图 4.3 所示。当光束穿过这些不同尺度涡旋传播时，大尺度湍流涡旋主要对光束产生折射效应，而小尺度涡旋主要对光束产生衍射效应。

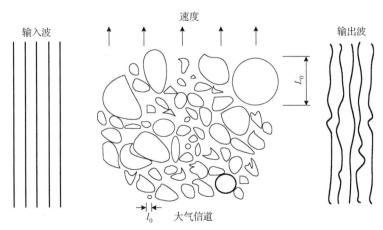

图 4.3　大气信道湍流涡旋

温度、大气折射率、气溶胶质粒的分布等与大气湍流形成有关的因素都会发生湍流掺杂作用。光波在湍流大气中传播时的折射率只与空间两点的位置相关，可以表示为[1]

$$n(r,t) = n_0 + n_1(r,t) \tag{4.9}$$

式中，折射率 $n(r,t)$ 与时间和位置参数相关；n_0 表示自由空间（无湍流时）折射率；$n_1(r,t)$ 表示围绕平均值 n_0 的折射率随机起伏，该起伏由大气湍流引起。折射率的随机起伏在湍流场中的统计特性对研究激光在大气湍流中的传输至关重要。

4.2.2 大气湍流信道模型

大气温度及压力不均匀所引起的大气湍流效应导致接收面上的光强随时间和空间发生随机起伏，即所谓的"强度闪烁效应"。接收端光强的随机起伏是大气湍流效应的一个重要表现，也是影响强度调制/直接检测光通信系统性能的一个主要因素。

泰勒提出：在满足某些条件下可以认为湍流是被冻结的[1]。这个假设意味着，光束时空变化的统计特性是由当地风垂直于光束的传播方向的分量引起的。大气湍流的相干时间 t_0 是在毫秒级，这个值与一个典型的数据符号时间相比相差是非常大的，因此，大气湍流信道可以作为一个"慢衰落信道"，静态地描述数据符号持续时间[1]。下面对三种不同光强起伏概率密度函数进行详细研究，以适应不同湍流强度链路模型。

4.2.3 Log-normal 湍流模型

光在介质中传播的麦克斯韦方程为

$$\nabla^2 E + k^2 n^2 E = 0 \tag{4.10}$$

式中，k 为空间波数；n 表示空间某点位置 r 处的折射率；E 为空间某点位置 r 处的电场矢量，∇ 表示哈密顿算子。与常规波动方程不同之处在于式(4.10)中的 $n(r)$ 是位置 r 的函数。对于大气湍流而言，折射率函数 $n(r)$ 的起伏在时间上是一个随机过程，因此需要用统计理论描述。求解大气湍流中光波传输方程可用 Rytov 近似方法[1]。

因为电场矢量的三个分量都服从同样的波动方程，所以可以用标量方程代替式(4.10)所示的矢量方程，得

$$\nabla^2 \tilde{u} + k^2 n(r)^2 \tilde{u} = 0 \tag{4.11}$$

式中，$\tilde{u}$ 表示任何一个场分量 E_x、E_y 或 E_z。对式(4.11)中的 $\tilde{u}$ 进行 Rytov 变换，即

$$\psi = \ln[\tilde{u}] \tag{4.12}$$

则式(4.11)变换为 Riccati 方程：

$$\nabla^2 \psi(r) + [\nabla \psi(r)]^2 + k^2 n^2(r) = 0 \tag{4.13}$$

对地球大气，有 $n(r) = 1 + n_1(r)$，故式 (4.13) 可转化为

$$\nabla^2 \psi + [\nabla \psi]^2 + k^2 [1 + n_1(r)]^2 = 0 \tag{4.14}$$

令 $\psi = \psi_0 + \psi_1 + \psi_2 + \cdots$，且 ψ_0 满足

$$\nabla^2 \psi_0 + [\nabla \psi_0]^2 + k^2 = 0 \tag{4.15}$$

忽略所有高于 ψ_1 的项，把 $\psi = \psi_0 + \psi_1$，可得

$$\nabla^2 \psi_1 + \nabla \psi_1 [(2\nabla \psi_0 + \nabla \psi_1)]^2 + 2k^2 n_1(r) + k^2 n_1^2(r) = 0 \tag{4.16}$$

对于大气湍流，有 $n_1(r) \ll 1$，假设 $|\nabla \psi_1| \ll |\nabla \psi_0|$，则式 (4.16) 中的二阶小量 $(\nabla \psi_1)^2$ 和 $k^2 n_1^2(r)$ 可以忽略。最后得到方程：

$$\nabla^2 \psi_1 + 2\nabla \psi_1 \nabla \psi_0 + 2k^2 n_1(r) = 0 \tag{4.17}$$

由于 $|\nabla \psi_0|$ 的量级为 $k = 2\pi / \lambda$，假设 $|\nabla \psi_1| \ll |\nabla \psi_0|$，可以写为

$$\lambda \nabla \psi_1 \ll 2\pi \tag{4.18}$$

式 (4.18) 表示在量级为波长 λ 的距离上 ψ_1 的变化是一个小量，由式 (4.13) 可得

$$\tilde{u} = \exp(\psi_0 + \psi_1) \tag{4.19}$$

$$\tilde{u}_0 = \exp(\psi_0) \tag{4.20}$$

由中心极限定理可知，$\tilde{u}$ 的解服从高斯分布，因此

$$\frac{\tilde{u}}{\tilde{u}_0} = 1 + \frac{\tilde{u}_1}{\tilde{u}_0} = \exp(\psi_1) \tag{4.21}$$

和

$$\psi_1 = \ln\left(1 + \frac{\tilde{u}_1}{\tilde{u}_0}\right) \approx \frac{\tilde{u}_1}{\tilde{u}_0} \tag{4.22}$$

由于 $|\tilde{u}_1| \ll |\tilde{u}_0|$，所以式 (4.22) 近似成立。$\psi_1 = \exp(-\psi_0)\tilde{u}_1$，式 (4.17) 变为

$$\nabla^2 \tilde{u}_1 + k^2 \tilde{u}_1 + 2k^2 n_1(r) \exp(\psi_0) = 0 \tag{4.23}$$

根据标量散射理论，式 (4.23) 的解为

$$\tilde{u}_1 = \frac{k^2}{2\pi} \iiint\limits_V n_1(r') \tilde{u}_0(r') \frac{\exp(ik|r - r'|)}{|r - r'|} \mathrm{d}V \tag{4.24}$$

式中，V 为散射体积。由于 $\psi_1 \approx \tilde{u}_1 / \tilde{u}_0$，可得

$$\psi_1(r) = \frac{k^2}{2\pi \tilde{u}_0(r')} \iiint\limits_V n_1(r') \tilde{u}_0(r') \frac{\exp(ik|r - r'|)}{|r - r'|} \mathrm{d}V \tag{4.25}$$

令 $\tilde{u}$ 的振幅和相位为 A 和 S，真空解（未受扰动）$\tilde{u}_0$ 的振幅和相位为 A_0 和 S_0，则

$$\tilde{u} = A\exp(iS) \tag{4.26}$$

$$\tilde{u}_0 = A_0\exp(iS_0) \tag{4.27}$$

从而得到

$$\psi_1(r) = \psi(r) - \psi_0(r) = \ln(A/A_0) + i(S - S_0) \tag{4.28}$$

记 $\psi_1(r)$ 的实部和虚部分别为

$$\chi = \ln(A/A_0) \tag{4.29}$$

$$\delta = S - S_0 \tag{4.30}$$

式中，χ 表示服从高斯分布的光波对数振幅起伏，δ 表示服从高斯分布的光波相位起伏。对数振幅 χ 的概率密度函数可表示为

$$P(\chi) = \frac{1}{\sqrt{2\pi}\sigma_x}\exp\left\{-\frac{(\chi - E(\chi))^2}{2\sigma_x^2}\right\} \tag{4.31}$$

式中，$E(\chi)$ 为 χ 的均值；σ_x^2 为对数振幅起伏方差。

采用 Kolmogorov 折射率起伏功率谱，可求出在大气湍流中平面波传播时的对数振幅起伏方差 σ_x^2 [2]。

水平均匀路径：

$$\sigma_x^2 = 0.307k^{7/6}L^{11/6}C_n^2 \tag{4.32}$$

斜程传输路径：

$$\sigma_x^2 = 0.56k^{7/6}(\sec\varphi)^{11/6}\int_0^L C_n^2(x)(L-x)^{5/6}\mathrm{d}x \tag{4.33}$$

式中，φ 为天顶角（$\varphi < 60°$）；$\sec\varphi$ 是对斜程路径的修正因子。同样，使用 Kolmogorov 折射率起伏功率谱，可求出球面波传播时的对数振幅起伏方差。

水平均匀路径：

$$\sigma_x^2 = 0.124k^{7/6}L^{11/6}C_n^2 \tag{4.34}$$

斜程传输路径：

$$\sigma_x^2 = 0.56k^{7/6}(\sec\varphi)^{11/6}\int_0^L C_n^2(x)(x/L)^{5/6}(L-x)^{5/6}\mathrm{d}x \tag{4.35}$$

已知大气湍流中的光波振幅为 A，则光波的光强可写为 $I = A^2$。定义对数光强起伏方差 σ_l^2 为

$$\sigma_l^2 = \left\langle(\ln I - \langle\ln I\rangle)^2\right\rangle \tag{4.36}$$

对于平面波水平均匀路径传输，对数光强起伏方差可写为

$$\sigma_l^2 = 1.23k^{7/6}L^{11/6}C_n^2 \tag{4.37}$$

式 (4.37) 也称为 Rytov 方差。自由空间（无湍流）中的光强 $I_0 = A_0^2$，则对数光强为

$$l = \ln\left(\frac{A}{A_0}\right)^2 = 2\chi \tag{4.38}$$

因此

$$I = I_0 \exp(l) \tag{4.39}$$

为了得到光波强度的概率密度函数，采用变量代换

$$P(I) = P(\chi)\left|\frac{\mathrm{d}\chi}{\mathrm{d}I}\right| \tag{4.40}$$

代入式 (4.31) 中，可得到

$$P(I) = \frac{1}{\sqrt{2\pi}\sigma_l I} \exp\left\{-\frac{(\ln(I/I_0) - E[l])^2}{2\sigma_l^2}\right\}, \quad I \geqslant 0 \tag{4.41}$$

式中，$\sigma_l^2 = 4\sigma_x^2$；$E[l] = 2E[\chi]$。

一般采用闪烁指数（光强起伏的归一化方差）σ_I^2 表征大气湍流引起的光强起伏的强弱，定义为

$$\sigma_I^2 = \left\langle (I - \langle I \rangle)^2 \right\rangle / \langle I \rangle^2 \tag{4.42}$$

式中，I 为光强。在 Rytov 近似下，有 $\sigma_I^2 = \exp(\sigma_l^2) - 1$。

在不同 σ_I^2 下，接收光强起伏对数正态分布概率密度函数曲线如图 4.4 所示，其

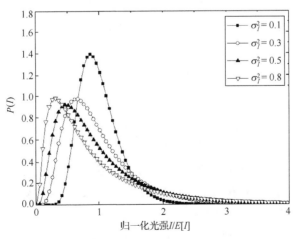

图 4.4　接收光强起伏对数正态分布概率密度函数曲线

中平均光强 $E[I] = 1$。从图中可以看出，随着 σ_I^2 的增大，光强起伏对数正态分布曲线越偏离光强均值，且具有更长的拖尾，与对数正态分布的近似效果越差。模拟数据与实验表明[1]，起伏分布的尾端偏离对数正态统计值，因此对数正态分布统计模型已不适用于描述强湍流环境下的光强起伏行为。

4.2.4　Gamma-Gamma 湍流模型

韩立强等[2]基于接收到的光强起伏是由小尺度湍流起伏(衍射效应)受大尺度湍流起伏(折射效应)再调制过程的假设，提出了 Gamma-Gamma 光强起伏概率分布模型。与对数正态分布模型不同的是，Gamma-Gamma 光强起伏概率分布是一个双参数模型，其参数与大气湍流物理特性紧密相关。

人们通常用一个乘积表征接收光强[1]：$I = xy$，x 表示大尺度散射系数，y 表示小尺度散射系数。假设 x 和 y 均为独立随机过程，则接收光强的二阶矩为

$$\langle I^2 \rangle = \langle x^2 \rangle \langle y^2 \rangle = (1 + \sigma_x^2)(1 + \sigma_y^2) \tag{4.43}$$

式中，σ_x^2 和 σ_y^2 分别为 x 和 y 的方差。为了方便计算，Gamma-Gamma 分布取光强均值 $\langle I \rangle = 1$。闪烁指数为

$$\sigma_I^2 = (1 + \sigma_x^2)(1 + \sigma_y^2) - 1 = \sigma_x^2 + \sigma_y^2 + \sigma_x^2 \sigma_y^2 \tag{4.44}$$

x 和 y 分别服从 Gamma 分布：

$$p_x(x) = \frac{\alpha(\alpha x)^{\alpha-1}}{\Gamma(\alpha)} \exp(-\alpha x), \quad x > 0, \alpha > 0 \tag{4.45}$$

$$p_y(y) = \frac{\beta(\alpha y)^{\beta-1}}{\Gamma(\beta)} \exp(-\beta y), \quad y > 0, \beta > 0 \tag{4.46}$$

首先确定 x，作 $y = I / x$，可以得出条件分布函数为

$$p_{I|x}(I|x) = \frac{\beta(\beta I / x)^{\beta-1}}{x\Gamma(\beta)} \exp(-\beta I / x), \quad I > 0 \tag{4.47}$$

根据全概率公式：

$$p(I) = \int_0^{+\infty} p_y(I|x) p_x(x) \mathrm{d}x = \frac{2(\alpha\beta)^{(\alpha+\beta)/2}}{\Gamma(\alpha)\Gamma(\beta)} I^{(\alpha+\beta)/2-1} K_{\alpha-\beta}[2(\alpha\beta I)^{1/2}], \quad I > 0 \tag{4.48}$$

式 (4.48) 即为 Gamma-Gamma 概率分布函数，又称为双 Gamma 分布。式中 α、β 参数分别表示大尺度散射系数和小尺度散射系数，$K_n(\cdot)$ 为阶数为 n 的第二类修正 Bessel 函数，$\Gamma(\cdot)$ 为 Gamma 函数。

从双 Gamma 概率分布函数中，可以得出 $\langle I^2 \rangle = (1 + 1/\alpha)(1 + 1/\beta)$，通过下式来定义大尺度散射和小尺度散射的参数：

$$\alpha = \frac{1}{\sigma_x^2}, \quad \beta = \frac{1}{\sigma_y^2} \tag{4.49}$$

由于 $\langle I \rangle = 1$，有

$$\sigma_I^2 = \langle I^2 \rangle - \langle I \rangle^2 \tag{4.50}$$

则散射指数和上述参数的关系可以由式 (4.51) 给出。

$$\sigma_I^2 = \frac{1}{\alpha} + \frac{1}{\beta} + \frac{1}{\alpha\beta} \tag{4.51}$$

式中，α 和 β 与波束模型有关，对平面波而言，有[1]

$$\alpha = \left[\exp\left(\frac{0.49\sigma_l^2}{(1 + 0.65d^2 + 1.11\sigma_l^{12/5})^{7/6}} \right) - 1 \right]^{-1} \tag{4.52}$$

$$\beta = \left[\exp\left(\frac{0.51\sigma_l^2(1 + 0.69\sigma_l^{12/5})^{-5/6}}{(1 + 0.9d^2 + 0.62d^2\sigma_l^{12/5})^{5/6}} \right) - 1 \right]^{-1} \tag{4.53}$$

式中，$\sigma_l^2 = 1.23C_n^2 k^{7/6} L^{11/6}$，即 Rytov 方差，$L$ 为激光光束传输距离，C_n^2 是大气折射率结构常数，而 $k = 2\pi/\lambda$ 为光波数，λ 为波长；$d = (kD^2/(4L))^{1/2}$，D 为接收机孔径直径。Gamma-Gamma 分布模型光强闪烁指数 σ_I^2 为

$$\sigma_I^2 = \exp\left(\frac{0.49\sigma_l^2}{(1 + 0.65d^2 + 1.11\sigma_l^{12/5})^{7/6}} + \frac{0.51\sigma_l^2(1 + 0.69\sigma_l^{12/5})^{-5/6}}{(1 + 0.9d^2 + 0.62d^2\sigma_l^{12/5})^{5/6}} \right) - 1 \tag{4.54}$$

与对数正态分布模型相比，Gamma-Gamma 光强起伏概率分布适用范围更广，能较为准确地描述弱、中及强起伏区的光强起伏统计特征，而且在概率分布的尾端部分与数值模拟及实验结果更为吻合。Gamma-Gamma 分布概率密度函数如图 4.5 所示，图中湍流强度分别取弱、中和强湍流情况。

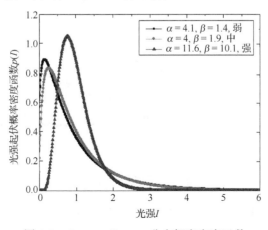

图 4.5　Gamma-Gamma 分布概率密度函数

　　图 4.6 是根据式 (4.54) 得到的 Gamma-Gamma 分布模型光强闪烁指数 σ_I^2 随 Rytov 方差的变化曲线。由图可以看出：随着 Rytov 方差的增大，光强闪烁指数也逐渐增大到大于 1 的最大值，当因湍流导致的信道衰落达到饱和时，闪烁指数不再随 Rytov 方差的增加而增大。随着湍流强度的进一步增加，对数振幅扰动达到饱和，此时由相位扰动引起的湍流扰动又变成主要部分，闪烁指数几乎不再随 Rytov 方差发生变化，这与经典的大气光波闪烁理论的结果相吻合。

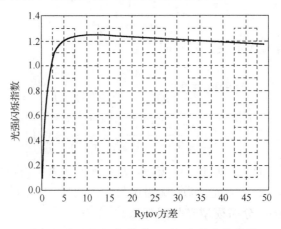

图 4.6　光强闪烁指数随 Rytov 方差变化曲线

　　根据式 (4.52) 和式 (4.53)，α 和 β 值在不同湍流强度下仿真见图 4.7。仿真中光接收机直径 $D = 0$，其为点接收器。

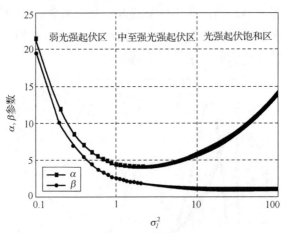

图 4.7　在不同湍流强度下的 α 和 β 值

　　从图 4.7 可以看出，在湍流非常微弱的情况下，$\alpha \gg 1$，$\beta \gg 1$，说明了大、小尺度散射元的有效数目都很多，当 σ_I^2 逐渐增大 (> 0.2) 时，α 和 β 值迅速下降，当湍流强度超过中至强湍流区，到达湍流强度饱和区时，$\beta \to 1$，说明小尺度散射元的有效数目最终值是由横向的空间相干性半径决定的[3]，而大尺度散射元的有效数目再次增加。

4.2.5　负指数分布湍流模型

随着湍流强度的增加，光强起伏对数正态分布模型与实验测量数据具有很大的偏差。强湍流情况下，光波的辐射场可近似为具有零均值的高斯分布，因此光强分布近似于负指数分布。负指数分布被认为是光强分布的极限分布，只适合于饱和区。文献[4]通过实验证明了，在强湍流情况下，光强起伏概率分布服从负指数分布：

$$p(I) = \frac{1}{I_0} \exp\left(-\frac{I}{I_0}\right), \quad I > 0 \tag{4.55}$$

式中，$I_0 = E[I]$ 为平均光强。在光强起伏达到饱和状态时，光强闪烁指数趋近于 1，光强起伏概率密度函数曲线如图 4.8 所示。

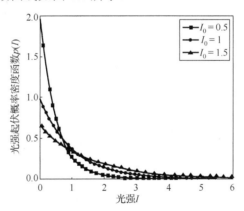

图 4.8　负指数分布光强起伏概率密度函数

图 4.9 所示为平面波传播，Rytov 方差分别为 0.2、3.5 及 3.0 时，光强起伏概率分布曲线，同时给出对数正态分布与 Gamma-Gamma 分布结果。从图 4.9 可以看出：在弱湍流区，Gamma-Gamma 分布和对数正态分布比较接近；在强湍流区，Gamma-Gamma 分布逐渐趋近于负指数分布，而对数正态分布却存在严重的偏差。因此，Gamma-Gamma 分布适用于较宽的湍流强度范围，而对数正态分布只适用于弱湍流情况。在弱湍流区，对数正态分布模型能很好地符合实验数据；但是在强湍流区，对数正态分布模型与实验数据有较大偏差，尤其在该函数曲线尾部表现更为明显，直接影响接收最佳判决门限的选择及误码率分析。Gamma-Gamma 分布模型适用湍流范围较广。

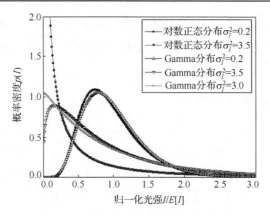

图 4.9　光强分布概率密度函数曲线

4.2.6　大气结构常数

对于局地均匀各向同性的湍流，通常用结构常数表示湍流的强度，大气折射率结构常数 C_n^2 是表示大气光学湍流强度的一个重要参数[5]。C_n^2 有几个描述的模型。

1. Hufnagel-Valley(HV)模型

$$
\begin{aligned}
C_n^2(h) = {}& 0.00594\left(\frac{v}{27}\right)^2 (10^{-5}h)^{10}\exp\left(-\frac{h}{1000}\right) \\
& + 2.7\times10^{-16}\exp\left(-\frac{h}{1500}\right) + A\exp\left(-\frac{h}{100}\right)
\end{aligned}
\tag{4.56}
$$

式中，v 表示风速；h 表示海拔高度(单位：m)；$A = 1.7\times10^{-14}\,\mathrm{m}^{-2/3}$。对于修正 Hufnagel-Valley(HV)模型，有

$$
\begin{aligned}
C_n^2(h) = {}& 8.16\times10^{-54}h^{10}\exp\left(-\frac{h}{1000}\right) + 3.02\times10^{-17}\exp\left(-\frac{h}{1500}\right) \\
& + 1.90\times10^{-15}\exp\left(-\frac{h}{100}\right)
\end{aligned}
\tag{4.57}
$$

2. 对潜激光通信模型

由卫星对潜艇通信时，可以采用如下模型描述[6]：

$$
C_n^2 = \begin{cases}
0, & 0 \leqslant h \leqslant 19\mathrm{m} \\
4.008\times10^{-13}, & 19\mathrm{m} \leqslant h \leqslant 230\mathrm{m} \\
1.300\times10^{-15}, & 230\mathrm{m} \leqslant h \leqslant 850\mathrm{m} \\
6.352\times10^{-7}h^{-2.966}, & 850\mathrm{m} \leqslant h \leqslant 7000\mathrm{m} \\
6.209\times10^{-16}h^{-6.229}, & 7000\mathrm{m} \leqslant h \leqslant 20000\mathrm{m}
\end{cases}
\tag{4.58}
$$

3. CLEAR I 模型

CLEAR I 模型是由美国新墨西哥州沙漠（中纬度地区，地面海拔高度为 1.23km）夜间测量数据拟合得到的，即

$$\lg(C_n^2) = A + Bh + Ch^2 \tag{4.59}$$

式中，$\begin{cases} 1.23 < h \leqslant 2.13, & A = -10.7025, B = -4.3507, C = 0.8141 \\ 2.13 < h \leqslant 10.14, & A = -16.2897, B = 0.0335, C = -0.0134 \end{cases}°$

$$\lg(C_n^2) = A + Bh + Ch^2 + D\exp\{-0.5[(h - E)/F]^2\} \tag{4.60}$$

式中，$10.34 < h \leqslant 30$；$A = -17.0577$；$B = -0.0449$；$C = -0.0005$；$D = 0.6181$；$E = 15.5617$；$F = 3.4666$。

4.2.7　大气湍流引起的误码率

激光在大气湍流中的传播方程为

$$\nabla^2 \Psi(r,t) - \frac{n^2}{c^2} \cdot \frac{\partial^2 \Psi(r,t)}{\partial t^2} = 0 \tag{4.61}$$

其解为

$$\begin{aligned} \Psi(r,t) &= A(r)\exp[\mathrm{i}\varphi(r)]\exp(-\mathrm{i}\omega t) \\ &= A_0(r)\exp[\chi + \mathrm{i}\varphi(r)]\exp(-\mathrm{i}\omega t) \end{aligned} \tag{4.62}$$

式中，$A_0(r)$ 是光束在真空中传输时的光波振幅；$A(r)$ 是光束在大气湍流中传输时的光波振幅；$\varphi(r)$ 是有大气湍流时的光波相位；ω 是角频率；χ 是湍流造成的对数振幅起伏，它和对数光强起伏存在以下关系：

$$\ln\frac{I(r,t)}{I_0} = \ln\left[\frac{A(r)}{A_0(r)}\right]^2 = 2\ln\frac{A(r)}{A_0(r)} = 2\chi \tag{4.63}$$

大气湍流会使光波振幅变化。在不考虑其他噪声，仅考虑大气湍流对通信系统误码率造成的影响时，我们可以将振幅变化近似看成大气湍流引起的噪声所引起的。对数光强起伏方差表达式为

$$\ln\frac{I(r,t)}{I_0} = 2\ln\frac{A(r)}{A_0(r)} = 2\frac{A_0(r) + A_i(r)}{A_0(r)} = 2\ln(1 + \varepsilon) \tag{4.64}$$

式中，$A_i(r)$ 为噪声振幅；$\varepsilon = A_i(r)/A_0(r)$ 是噪声和信号的振幅比。当 ε 非常小时，我们近似认为 $\chi = \ln(1 + \varepsilon) \approx \varepsilon$。设信号强度为 I_0，噪声强度为 $\langle I_n \rangle$，则大气湍流引起的信噪比 SNR 可以表示为[7]

$$\mathrm{SNR} = \frac{I_0}{\langle I_n \rangle} = \left\langle \frac{A_0^2(r)}{A_i^2(r)} \right\rangle = \frac{1}{\langle \varepsilon^2 \rangle} = \frac{1}{\langle \chi^2 \rangle} \tag{4.65}$$

在弱湍流条件下，对数光强起伏方差和对数振幅起伏方差存在以下关系：

$$\sigma_I^2 = 4\chi^2 \tag{4.66}$$

在强湍流条件下，运用泰勒级数简化后的信噪比可以近似表示为

$$\text{SNR} = \frac{1}{\langle \chi^2 + \chi^3 + \cdots \rangle} \approx \frac{1}{\alpha \langle \chi^2 \rangle}, \quad 1 \leqslant \alpha \leqslant 2 \tag{4.67}$$

式中，α 为闪烁强度因子。在实际的激光通信系统中，发射端发出的激光经过光学透镜准直后可以看成平面波，所以我们以平面波来进行分析。对于平面波，在弱湍流条件下的对数光强起伏方差为

$$\sigma_I^2 = 1.23 C_n^2 k^{7/6} L^{11/6} \tag{4.68}$$

式中，C_n^2 为大气湍流折射率结构常数；$k = 2\pi / \lambda$ 为波数；L 为传播距离。对于数字激光通信系统，光接收机接收到光信号时的误码率为

$$\text{BER} = \frac{1}{2}\left[\text{erfc}\left(\frac{\text{SNR}}{\sqrt{2}} \right) \right] \tag{4.69}$$

结合式(4.67)可知，误码率和对数光强起伏方差的关系式为

$$\text{BER} = \frac{1}{2}\left[\text{erfc}\left(\frac{4}{\sqrt{2}\sigma_I^2} \right) \right] = \frac{1}{2}\left[\text{erfc}\left(\frac{4}{\sqrt{2} \times 1.23 C_n^2 k^{7/6} L^{11/6}} \right) \right] \tag{4.70}$$

4.3　分　集　接　收

空间分集系统的一般模型如图 4.10 所示，M 个发射机和 N 个接收机（$M, N \geqslant 1$）构成 $M \times N$ 个子信道。分集技术通过对两个或多个不相关信号进行处理，以抑制大气湍流引起的光强起伏。在接收端，多路信号副本通过一定的合并法则进行合并，判决器对合并后的信号进行判决。常用合并算法有最大比合并（maximal ratio combining，MRC）、等增益合并（equal gain combining，EGC）和选择合并（selection combining，SC）。

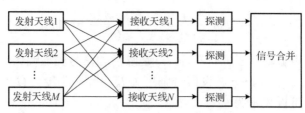

图 4.10　大气激光通信系统空间分集系统框图

假设接收端有 N 个输入信号，若第 i 条支路接收信号为 $x_i(t)(i=1,2,\cdots,N)$，w_i 为第 i 条接收支路的加权系数，则合并后输出的信号 $y(t)$ 可以表示为

$$y(t) = w_1 x_1(t) + w_2 x_2(t) + \cdots + w_N x_N(t) = \sum_{i=1}^{N} w_i x_i(t) \tag{4.71}$$

接收端以何种方式将多种信号相结合以达到提高信噪比的目的，是合并技术所要解决的问题。选择不同的加权系数，即选择了不同的合并策略。

4.3.1　最大比合并

最大比合并是一种最佳合并方式，它对多路信号进行同相加权合并，权重是由各支路信号所对应的信号功率与噪声功率的比值所决定的，最大比合并的输出 SNR 等于各路 SNR 之和[8]。即使当任一支路信号都很差时，没有任何单独信号可被解调出来，MRC 合并仍有可能合成一个达到 SNR 要求的可被解调的信号。

$$\text{SNR}_{\text{MRC}} = \frac{\eta^2}{2N^2\sigma_v^2}\sum_{n=1}^{N} I_n^2 = \sum_{n=1}^{N}\gamma_n \tag{4.72}$$

式中，γ_n 为各支路信噪比；η 为光电转换效率；I_n 为各支路接收光强；N 为分集支路数目；σ_v^2 为信道加性高斯白噪声的方差。

4.3.2　等增益合并

等增益合并无须对信号加权，各支路的信号是等增益相加的。这种方法使合并方式实现起来比较简单，其性能接近于最大比合并[9]。采用等增益合并方式，加权因子是常数，此时合并后输出的平均信噪比为

$$\text{SNR}_{\text{EGC}} = \frac{\eta^2}{2N^2\sigma_v^2}\left(\sum_{n=1}^{N} I_n\right)^2 \tag{4.73}$$

式中，η 为光电转换效率；I_n 为各支路接收光强；N 为分集支路数目；σ_v^2 为信道加性高斯白噪声的方差。

4.3.3　选择合并

选择合并是指检测所有分集支路的信号，以其中信噪比最高的一支路作为合并器输出。在选择合并中，加权系数只有一项为 1，其余均为 0。该合并方式较前两种合并方式更为简单，实现容易。

$$\gamma_{\text{SC}} = \max(\gamma_1,\gamma_2,\cdots,\gamma_N) \tag{4.74}$$

以上三种合并方法中，等增益合并实现较简单，而且性能也不错；选择合并性

能最差而且未被选择的支路弃之不用，造成资源浪费；最大比合并性能最好，相对也最复杂。在工程应用中，要综合考虑实现的难易程度和性能，做出合理的折中。

4.4　信　道　估　计

4.4.1　信道估计的概念

大气信道的随机性，会导致接收信号的幅度、相位、频率等产生失真。信道估计(channel estimation)就是从接收数据中将某个信道模型的模型参数(如信道增益、信噪比等)估计出来，对于线性信道，就是对信道的冲激响应进行估计。

信道估计[10]就是通过对接收信号按一定准则进行处理而获得信道状态的一种技术。信道估计算法一般有三种：一种是基于训练序列的估计算法，另一种是盲估计算法，以及这两种方法结合而产生的半盲信道估计算法。基于训练序列的信道估计利用已知的信息进行信道估计，发射机周期性地发出收发双方约定的训练序列，训练序列可以是与数据信息分离呈连续块状的信号，也可以均匀地插在数据信息中。

基于训练序列的信道估计可用于一般的无线通信系统中，但训练序列的缺点是降低了信道传输的有效性，浪费了带宽，导致频谱效率的下降。由于要将整帧的信号接收后才能提取出训练序列进行信道估计，会带来不可避免的时延，这样对帧结构就有所限制(如信道的相关时间小于帧长)。盲信道估计不需要训练序列，完全利用传输数据内在的信息来实现信道估计。盲信道估计节约了带宽，但其算法运算量较大、灵活性较差，算法实现的难度也较大，因此在实时系统中的应用会受到限制。常用的信道估计算法有最小均方误差(MMSE)准则和最大似然(ML)准则[11,12]。信道估计过程如图 4.11 所示。

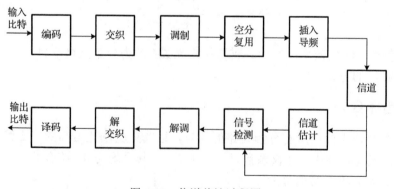

图 4.11　信道估计过程图

4.4.2　最小二乘信道估计算法

假设系统信号模型表示为[13,14]

$$Y_P = X_P H + W_P \tag{4.75}$$

式中，H 为信道系统函数；X_P 为已知的导频发送信号；Y_P 为接收到的导频信号；W_P 为加性高斯白噪声（AWGN）非零均值矢量。最小二乘（least square，LS）信道估计算法就是对式（4.75）中的参数 H 进行估计，使误差平方和函数 e_P 最小。

$$e_P = (Y_P - \hat{Y}_P)^{\mathrm{H}}(Y_P - \hat{Y}_P) = (Y_P - X_P \hat{H})^{\mathrm{H}}(Y_P - X_P \hat{H}) \tag{4.76}$$

式中，Y_P 是接收信号组成的向量；$\hat{Y}_P = X_P \hat{H}$ 是经过信道估计后得到的输出信号；$\hat{H}$ 是信道响应 H 的估计值；上标 H 表示共轭转置。欲使 e_P 达到最小，则应满足

$$\frac{\partial e_P}{\partial \hat{H}} = \frac{\partial \{(Y_P - X_P \hat{H})^{\mathrm{H}}(Y_P - X_P \hat{H})\}}{\partial \hat{H}} = 0 \tag{4.77}$$

可以得到 LS 算法的信道传递函数估计值为

$$\tilde{H}_{P,\mathrm{LS}} = (X_P^{\mathrm{H}} X_P)^{-1} X_P^{\mathrm{H}} Y_P = X_P^{-1} Y_P \tag{4.78}$$

LS 信道估计算法的最大优点是结构简单，计算量小，仅通过在各载波上进行一次除法运算即可得到导频位置子载波的信道特征。

4.4.3　MMSE 准则的信道估计

设 $\hat{H}_{\mathrm{MMSE}}(m)$ 为 $H_P(m)$ 的 MMSE 估计值，由 MMSE 的估计准则，希望 $E\left|\hat{H}_{\mathrm{MMSE}}(m) - H_P(m)\right|^2$ 的值最小，则

$$\hat{H}_{\mathrm{MMSE}}(m) = R_{H_P(m)\hat{H}_{\mathrm{LS}}(m)} R^{-1} H_{\mathrm{LS}}(m)$$

$$= R_{H_P(m)\hat{H}_P(m)}\left(R_{H_P(m)H_P(m)} + \sigma_n^2 (X_P^{\mathrm{H}}(m)X_P(m))^{-1}\right)^{-1} \hat{H}_{\mathrm{LS}}(m) \tag{4.79}$$

式中，σ_n^2 为高斯噪声的方差，且有

$$R_{H_P(m)H_P(m)} = E\left\{H_P(m)H_P^{\mathrm{H}}(m)\right\}$$

$$R_{H_P(m)\hat{H}_{\mathrm{LS}}(m)} = E\left\{H_P(m)\hat{H}_{\mathrm{LS}}^{\mathrm{H}}(m)\right\}, \quad R_{H_{\mathrm{LS}}(m)\hat{H}_{\mathrm{LS}}(m)} = E\left\{H_{\mathrm{LS}}(m)\hat{H}_{\mathrm{LS}}(m)^{\mathrm{H}}\right\}$$

MMSE 估计求解时考虑了噪声的影响，所以信道估计的均方误差较小。但 MMSE 算法计算量较大，硬件实现难度较高[15,16]。

4.5　信　道　均　衡

信道均衡（channel equalization）技术是为了消除或者抑制宽带通信时由多径时

延带来的码间串扰(ISI)问题。针对信道恒参、变参特性以及数据速率大小不同，对信道或整个传输系统特性进行补偿[13]。均衡有多种结构方式，大体上分为两大类：线性与非线性均衡，实际中一般采用自适应滤波器实现信道均衡。

4.5.1　码间干扰与信道均衡

理论上时域内比较尖锐的直方脉冲波形在频域内占用的带宽被认为是无限的。无线光通信以脉冲体制的调制居多，若该脉冲经过一个低通滤波器，则在时域内就会展宽，导致相邻的脉冲间相互干扰。当信道带宽远大于脉冲带宽时，脉冲的展宽较小；当信道带宽接近于信号的带宽时，展宽将会超过一个码元周期，造成信号脉冲的重叠，称为码间串扰[17-19]。

基带传输通信系统的串扰是不可避免的。当串扰严重时，必须对系统的传输函数 $H(\omega)$ 进行校正，使其达到或接近无码间串扰要求的特性。在基带系统中插入一种可调或不可调滤波器就可以补偿整个系统的幅频/相频特性，从而抑制码间串扰的影响。这种对系统校正的过程称为均衡，均衡一般由滤波器来实现，实现均衡的滤波器称为均衡器。

均衡分为频域均衡和时域均衡，频域均衡主要考虑频率响应，使包括均衡器在内的整个系统的总传输函数满足无失真传输条件。时域均衡从时间响应考虑，使包括均衡器在内的整个系统的冲激响应满足无码间串扰条件。

频域均衡在信道特性不变且传输低速率数据时是适用的，而时域均衡可以根据信道特性的变化进行调整，能够有效地减小码间串扰，故在高速数据传输中得以广泛应用。

4.5.2　时域均衡

均衡技术由接收端的均衡器产生与信道特性相反的特性，以减小、抑制或消除因信道的时变多径传播特性引起的码间干扰。

由图 4.12 可知，未加入均衡器的系统传输函数为

$$H(\omega) = G_T(\omega)H_T(\omega)G_R(\omega) \tag{4.80}$$

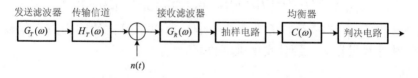

图 4.12　带均衡器的数字通信系统模型

一般将发送滤波器和接收滤波器设计成匹配的，而均衡器用来补偿信道的畸变，加入均衡器后，整个数字通信系统的传输函数为

$$H'(\omega) = C(\omega)H(\omega) \tag{4.81}$$

均衡器通常使用滤波器来补偿脉冲的失真。判决器得到的解调输出样本是经过均衡器修正过的或者清除了码间干扰之后的样本。

均衡器的基本结构为横向滤波器结构，如图 4.13 所示，每个抽头的加权系数是可调的，设置为可消除码间串扰的数值。假设有 $(2N+1)$ 个抽头，加权系数分别为 $C_{-N}, C_{-N+1}, \cdots, C_N$。输入波形的抽样值序列为 $\{x_k\}$，输出波形的抽样值序列为 $\{y_k\}$，则

$$y_k = \sum_{i=-N}^{N} C_i x_{k-i}, \quad k = -2N, \cdots, 0, \cdots, +2N \tag{4.82}$$

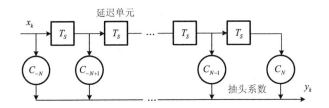

图 4.13　横向滤波器的结构

4.5.3　线性均衡

时域均衡技术可以分为线性均衡和非线性均衡。如果接收机中判决的结果经过反馈作用于均衡器的参数调整，则为非线性均衡器；反之为线性均衡器。常用的有两种算法：一种是以最小峰值畸变为准则的迫零算法，另一种是以最小均方误差为准则的最小均方算法[20-22]。

1. 迫零算法

迫零算法是 Lucky 于 1965 年提出的，该方法忽略了信道的加性噪声，在有噪声的情况下，该算法得到的解不一定是最佳的，但易于实现。峰值畸变定义为

$$D = \frac{1}{y_0} \sum_{\substack{k=-\infty \\ k \neq 0}}^{\infty} |y_k| \tag{4.83}$$

其物理意义表示在 $k \neq 0$ 的所有抽样时刻的系统冲激响应的绝对值之和与 $k = 0$ 抽样时刻冲激响应值之比。由式 (4.83) 可得，输入峰值误差为

$$D_0 = \frac{1}{x_0} \sum_{\substack{k=-\infty \\ k \neq 0}}^{\infty} |x_k| \tag{4.84}$$

输出峰值误差为

$$D = \frac{1}{y_0} \sum_{\substack{k=-\infty \\ k \neq 0}}^{\infty} |y_k| \tag{4.85}$$

当输入峰值误差 $D_0 < 1$ 时，输出峰值误差的极小值出现在 $\begin{cases} y_0 = 1 \\ y_k = 0, 1 \leqslant |k| \leqslant N \end{cases}$，再

由下式可得抽头系数必须满足的 $2N+1$ 个线性方程，即

$$\begin{cases} \sum_{i=-N}^{N} C_i x_{k-i} = 0, & k = \pm 1, \pm 2, \cdots, \pm N \\ \sum_{i=-N}^{N} C_i x_{-i}, & k = 0 \end{cases} \tag{4.86}$$

将它写成矩阵形式，即

$$\begin{bmatrix} x_0 & x_{-1} & \cdots & x_{-2N} \\ \vdots & \vdots & & \vdots \\ x_N & x_{N-1} & \cdots & x_{-N} \\ \vdots & \vdots & & \vdots \\ x_{2N} & x_{2N-1} & \cdots & x_0 \end{bmatrix} \begin{bmatrix} C_{-N} \\ C_{-N+1} \\ \vdots \\ C_0 \\ \vdots \\ C_{N-1} \\ C_N \end{bmatrix} = \begin{bmatrix} 0 \\ \vdots \\ 0 \\ 1 \\ 0 \\ \vdots \\ 1 \end{bmatrix} \tag{4.87}$$

由式 (4.87) 可以看出，在输入序列 $\{x_k\}$ 给定时，按上述方程组调整或设计抽头系数 C_i，可迫使均衡器输出的各抽样值 y_k 为零。

2. 最小均方算法

度量均衡效果的另一个标准为均方畸变，它的定义为

$$e^2 = \frac{1}{y_0} \sum_{\substack{k=-\infty \\ k \neq 0}}^{\infty} y_k{}^2 \tag{4.88}$$

式中，y_k 为均衡后的冲激响应的抽样值。在自适应均衡时，均衡器的输出波形不再是单脉冲冲激响应，而是实际的数据信号。设发送序列为 $\{a_k\}$，均衡后输出的样值序列为 y_k，此时误差信号为

$$e_k = y_k - a_k \tag{4.89}$$

此时，均方误差定义为

$$\overline{e^2} = E(y_k - a_k)^2 \tag{4.90}$$

将式 (4.82) 代入式 (4.90)，有

$$\overline{e^2} = E\left(\sum_{-N}^{N} C_i x_{k-i} - a_k\right)^2 \tag{4.91}$$

均方误差 $\overline{e^2}$ 是各抽头增益的函数。以最小均方畸变为准则时，均衡器应调整它的各抽头系数，使它们满足

$$\frac{\partial \overline{e^2}}{\partial C_i} = 0, \quad i = \pm1, \pm2, \cdots, \pm N \tag{4.92}$$

由式 (4.91) 和式 (4.92) 得

$$\frac{\partial \overline{e^2}}{\partial C_i} = 2E[e_k x_{k-i}] = 0, \quad i = \pm1, \pm2, \cdots, \pm N \tag{4.93}$$

式中

$$e_k = y_k - a_k = \sum_{i=-N}^{N} C_i x_{k-i} - a_k \tag{4.94}$$

由式 (4.94) 可知，当误差信号与输入抽样值的互相关为零时，抽头系数为最佳。虽然最小均方算法不仅可以均衡多径传输引起的码间干扰，还可以均衡加性噪声的影响，但是该方法不能完全消除码间干扰。

4.6　大气湍流对于误码率的影响

对于无线光通信系统，设 $s(t)$ 为激光经调制后的光信号，$h(t)$ 为大气传输信道模型，$n_o(t)$ 为背景光模型，η 为光电探测器转化系数，$n_e(t)$ 为探测器电噪声模型，$y(t)$ 为输出信号，系统的数学模型为

$$y(t) = [(s(t) + n_o(t)) * h(t)] \cdot \eta + n_e(t) = [(s(t) + n_o(t)) * (f_\beta f_h f_A)] \cdot \eta + n_e(t) \tag{4.95}$$

式中，$*$ 表示卷积；对于光电探测器引入的电噪声 $n_e(t)$，电阻中的电子热运动、半导体中载流子随机地产生和复合等，使得光电探测器中存在散粒噪声、电阻热噪声等一系列噪声，通常以 0 均值的加性高斯噪声进行描述；f_β 为光强衰减项，f_h 为瞄准误差项，f_A 为湍流引起的光强闪烁项。采用高斯函数进行拟合的乘性噪声模型，对应于式 (4.95) 中的 f_A，其定义如下：

$$f_A = \frac{1}{\sqrt{2\pi}\sigma} \times e^{\left[-\frac{(I-\mu)^2}{2\sigma^2}\right]} \tag{4.96}$$

式中，I 是接收到的光强，μ 和 σ 是乘性噪声模型的均值和方差。图 4.14 为无线光通信大气湍流乘性噪声高斯模型。

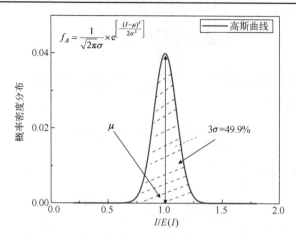

图 4.14　无线光通信大气湍流乘性噪声高斯模型

因此，无线光通信大气湍流乘性噪声 f_A 对于系统的中断概率 P_{out} 和误码率 P_{BER} 的影响分别为

$$P_{out} = F_A(\gamma_{th}) = \int_0^{\gamma_{th}} \frac{1}{\sqrt{2\pi}\sigma} \times e^{\left[-\frac{(x-\mu)^2}{2\sigma^2}\right]} dx \tag{4.97}$$

$$P_{BER} = \frac{q^p}{2\Gamma(p)} \int_0^\infty \exp(-qx)x^{p-1}F_A(x)dx \tag{4.98}$$

式中，参数 p 和 q 的不同取值代表不同调制方式，例如 $p = 1$ 和 $q = 1$ 代表差分相移键控 (DPSK)。

因此针对不同波长、不同时段以及不同波长情形下大气湍流对于光强闪烁的影响进行了实际测量，图 4.15 为不同时段下经大气湍流传输后的光强闪烁的概率密度分布曲线。

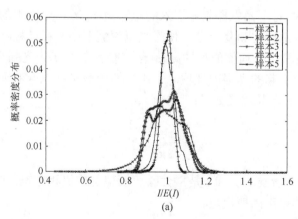

(a)

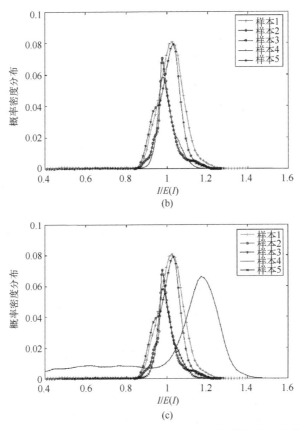

图 4.15 不同天气下经大气湍流传输后的光强闪烁的概率密度分布曲线

可以看出：①无线光通信大气湍流噪声模型可以用高斯函数进行表示；②白天情形下的大气湍流强度要大于夜间湍流强度。

4.7 总结与展望

信道是通信系统不可缺少的一部分。信道会引起大气激光通信光束漂移、光强闪烁等，对无线光通信产生不利影响。分析大气湍流等信道特性的目的是抑制大气湍流对无线光通信的影响。对大气信道进行估计，采用合适的信道编码、信道均衡等措施，减少码间干扰，是提高无线光通信性能的关键。

思 考 题 四

4.1 什么是编码信道？什么是调制信道？简述其异同。

4.2　简述什么是米氏散射？什么是瑞利散射？什么是几何散射？试比较其产生机理。

4.3　简述什么是大气窗口？什么是能见度？

4.4　什么是大气湍流？简述三种大气湍流模型。

4.5　简述信道估计及其常用方法。

4.6　简述信道均衡及其作用。

习　题　四

4.1　试分析大气衰减对无线光相干检测的影响，着重分析其对外差效率的影响。

4.2　假定在星地无线激光条件下，分析在不同天顶角下大气湍流对系统误码率的影响。

4.3　雨、雾对无线激光信号都有衰减，试构造能够适应雨雾共存天气、雨天和雾天的计算公式并分析其机理。

4.4　试分析波长为 635nm、780nm 和 1550nm 激光在不同大气湍流下传输的对数起伏方差。

4.5　假定激光发射功率 20mW，激光发射角 1mrad，发射光学透过率 0.9，接收光学透过率 0.6，接收孔径 120mm。试计算接收光学系统能够接收到的光功率。

4.6　试计算在不同条件下无线光通信系统激光发射功率：①大气衰减系数 5dB/km，通信距离 2km，光电探测器灵敏度 1μW。求激光器发散角与激光器发射功率之间的关系。②光束发散角 0.2mrad，通信距离 2km，光电探测器灵敏度 1μW。分析激光器发射功率与大气衰减之间的关系。③大气衰减系数 5dB/km，光束发散角 0.2mrad，光电探测器灵敏度 1μW。分析激光器发射功率与传输距离之间的关系。

4.7　某无线激光通信系统采用激光波长 1550nm，发射功率 500mW，光束发散角 1mrad，接收口径 130mm，接收灵敏度 −36dBm，发射和接收光学系统透过率都为 0.5。①问能见度 20km 时，1.25Gbit/s 的最大通信距离是多少？②当能见度为 2km 时，1.25Gbit/s 的最大通信距离是多少？

4.8　考虑大气湍流遵循高斯分布，接收机模型如题图 4.1 所示，P_s 是信号光功

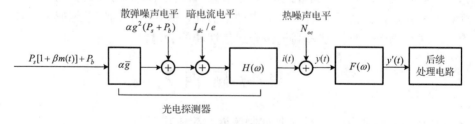

题图 4.1　接收机模型

率；P_b 是背景光功率；$m(t)$ 是调制信号；β 是调制系数；$\alpha = \eta/(hf)$，η 为探测器量子效率，h 是普朗克常数，f 是光载波频率；$\bar{g}$ 是雪崩二极管（APD）增益；k 是玻尔兹曼常数；e 是电子电量；R_L 是本地负载，试求大气湍流条件下直接检测接收机的误码率。

4.9　星地激光下行链路最大天顶角除了与通信激光功率、光束发散角、背景光、误码率等因素有关外，还受大气湍流引起的光强起伏、光束漂移等现象的影响。星地激光下行链路最大天顶角取决于误码率的上限，而大气湍流对误码率的影响主要是光强起伏造成的，光强起伏的强弱则取决于大气的湍流强度，因此大气湍流对最大天顶角的影响主要由湍流强度造成。试分析系统误码率与天顶角之间的关系。

4.10　试分析飞机对卫星激光通信上行链路的衰减，具体参数如题表 4.1 所示。

题表 4.1　数值仿真中使用的主要链路和环境参数

参数	值
通信距离 z	4000km
飞机飞行海拔 H_0	8km
激光波长 λ	810nm
消光系数 α_e	0.001
激光束发散角 θ_b	25μrad
接收器口径面积 A_0	415.48cm^2
天顶角 Θ	30°
发射端波前曲率半径 R_0	∞
发射端光束半径 W_0	2.15cm
卫星角速度 ω_s	300μrad/s
地面风速 v_g	5m/s
地面附近的 C_n^2 值	$3 \times 10^{-13} \, \mathrm{m}^{-2/3}$

4.11　假设有两条可区分的路径，延时一个符号时间，我们可以写出它的传递函数：

$$H(\omega) = 1 - e^{-j\omega\tau}$$

在离散的环境下，由数字信号处理器（digital signal processor，DSP）我们知道 ω 通常会用算子 $\dfrac{2\pi k}{N}$ 来代替，其中 $k = \{0, 1, 2, \cdots, N-1\}$，求该信道在不同采样值（$k = \{0, 1, 2, \cdots, N-1\}$）时的信道的幅度和相位。

4.12　一个无线光通信系统通过 2km 水平路径，假定发送直径 4cm 的准直光束，波长 1.55μm，接收孔径 10cm，$C_n^2 = 7 \times 10^{-14} \, \mathrm{m}^{-2/3}$，用 Kolmogorov 谱计算：

（1）接收平面上的闪烁指数；

（2）检测平面上的闪烁指数。

4.13　试分析大气湍流导致的脉冲展宽。取激光信号波长为 $1.5\mu m$，传输距离 100km，天顶角 $0.05°$。

4.14　由于大气折射率和激光波长有关，因此对于不同波长的脉冲信号，接收端脉冲展宽量将不同。当激光信号波长为 $0.85\mu m$ 时，求脉冲信号的展宽。

4.15　在噪声很小的情况下，误码率和信噪比都依赖于大气湍流的对数振幅起伏。试推导无线光通信中信噪比与误码率之间的关系。

4.16　试分析无线光通信中，在 OOK 调制和 PPM 调制情形下光强闪烁引起的误码率。

4.17　试分析大气湍流环境下 PPM 调制的最大似然检测。

4.18　考虑大气湍流的影响，分析多光束发射与接收系统的误码率。

4.19　分析大气湍流和量子噪声的联合影响下无线光通信系统的误码率。

4.20　设计一个最小均方自适应滤波器，分析滤波器各参数的设置及其工作原理。

4.21　无线光通信中，讨论采用 N 个接收天线接收时等增益合并、最佳合并的系统误码率。

4.22　考察一个无线光通信系统，水平传输，链路距离 2km，发射透镜直径 4mm，接收透镜直径 100mm，工作波长 $1.55\mu m$。假设大气结构常数 $C_n^2 = 7\times10^{-14}\,\mathrm{m}^{-2/3}$，用 Kolmogorov 谱模型进行计算：

（1）求接收平面上功率谱的闪烁指数；

（2）求发射平面上功率谱的闪烁指数；

（3）求临界值 6dB 以下的衰减概率（假定 Gamma-Gamma 分布）。

4.23　球面波传输水平链路，通信距离 1km，大气结构常数 $C_n^2 = 5\times10^{-14}\,\mathrm{m}^{-2/3}$，分别用 Kolmogorov 谱和对数谱计算衰减概率。

（1）当噪声阈值为 7，平均信噪比 25dB 时，接收孔径直径 150mm。

（2）当 $C_n^2 = 5\times10^{-13}\,\mathrm{m}^{-2/3}$ 时，重复（1）中的计算。

4.24　球面波传输水平链路，通信距离 1km，大气结构常数 $C_n^2 = 5\times10^{-14}\,\mathrm{m}^{-2/3}$，分别用 Kolmogorov 谱和对数谱计算误码率。

（1）平均信噪比 25dB 时，接收孔径直径 150mm。

（2）平均信噪比 25dB 时，接收孔径直径 300mm。

4.25　当虚惊概率为 10^{-6}，检测概率为 0.999，求对应的短期信噪比。

4.26　当短期信噪比对应概率为 1 的情况下，求检测系统的误码率。

4.27　在直接检测系统中，当虚惊概率与带宽之比为 10^{-11} 时：

（1）求对应的噪声阈值；

（2）检测概率为 0.999 时，求对应的短期信噪比；

(3) 当虚惊概率与带宽之比为 10^{-9} 时，重复以上计算。

4.28　条件同 4.22，考虑对数分布模型，重复计算 4.22。

4.29　激光传输链路 3km，其他条件同 4.22。

(1) 采用对数分布模型计算衰落概率。

(2) 计算平均衰落时间。

4.30　用 Rytov 近似将 $U = \exp(\psi)$ 代入亥姆霍兹 (Helmholtz) 方程。证明其满足 Ricatti 方程：$\nabla^2 \psi + \nabla \psi + k^2(1 + 2n_1(R))$。

4.31　传输距离 1km，直径 60mm 的高斯波束，波长 1.55μm。水平传输时大气结构常数 $C_n^2 = 10^{-14} \text{m}^{-2/3}$，假定 Kolmogorov 谱。

(1) 波束有效直径。

传输距离 L 后的高斯波束定义光场为

$$U(r, L) = \frac{1}{p(L)} \exp(\mathrm{i}kL) \exp\left(-\frac{r^2}{W^2} - \mathrm{i}\frac{kr^2}{2F}\right)$$

式中，F, W 定义为平面波前直径和波束直径，$p(L)$ 为

$$p(L) = 1 - \frac{L}{F_0} + \mathrm{i}\frac{2L}{kW_0^2} = \Theta_0 + \mathrm{i}\Lambda_0$$

光斑大小可以表示为

$$W_{LT}^2 = W^2(1 + T) = W^2(1 + 1.33\sigma_R^2 \Lambda^{5/6})$$

式中，Λ_0 为发射机平面处无量纲参量，Λ 为接收机平面处无量纲参量。

光斑的尺寸可以分为长期项和短期项。光斑的有效尺寸为

$$W_{LT} = W\sqrt{1 + 1.33\sigma_R^2 \Lambda^{5/4}} = 197\text{mm}$$

(2) 轴向平均光强。

$$\langle I(0, L)\rangle = \frac{W_0^2}{W_{LT}^2} = 2.32\text{W}/\text{m}^2$$

(3) 水平闪烁指数。

$$\sigma_{I,l}(L) = 3.86\sigma_R^2 \operatorname{Re}\left[I^{5/6}F_1\left(-\frac{5}{6}; \frac{11}{6}; \frac{17}{6}; \bar{\Theta} + \mathrm{i}\Lambda\right) - \frac{11}{16}\Lambda^{5/6}\right] = 0.015$$

对于准直光束，重复以上计算。

4.32　准直光束直径 40mm，水平传输 1km，大气折射率结构常数 $C_n^2 = 0.75 \times 10^{-13} \text{m}^{-2/3}$，假定采用 Kolmogorov 谱模型。求能满足闪烁指数 $\sigma_I^2(0, L)$ 的最小光波波长。

参 考 文 献

[1]　柯熙政, 殷致云. 无线激光通信系统中的编码理论[M]. 北京: 科学出版社, 2008.

[2]　韩立强, 王祁, 信太克归. Gamma-Gamma 大气湍流下自由空间光通信的性能[J]. 红外与激光工程, 2011, 40(7): 1318-1322.

[3]　罗涛, 乐光新. 多天线无线通信原理与应用[M]. 北京: 北京邮电大学出版社, 2005.

[4]　Simon M K, Vilnrotter V. Alamouti-type space-time coding for free-space optical communication with direct detection[J]. IEEE Transactions on Wireless Communications, 2005, 4(1): 35-39.

[5]　Tarokh V, Seshadri N, Calderbank A R. Space-time codes for high data rate wireless communications: Performance criterion and code construction[J]. IEEE Transactions on Information Theory, 1998, 3(44): 744-765.

[6]　Ricklin J C, Hammel S M, Eaton F D, et al. Atmospheric channel effects on free-space laser communication[J]. Journal of Optical and Fiber Communications Reports, 2006, 3: 111-158.

[7]　Brandt P M, Wilson S, Cao Q L. Code design for optical MIMO systems over fading channels[C]. Proceedings of the 38th Asilomar Conference on Signals, Systems & Computers, Monterey, 2004: 871-875.

[8]　Haas S M, Shapiro J H, Tarokh V. Space-time codes for wireless optical channels[C]. IEEE International Symposium on Information Theory, Washington, 2001: 244.

[9]　Alqudaha Y A, Kavehrad M. Orthogonal spatial coding in indoor wireless optical link reducing power and bandwidth requirements[C]. SPIE, Dallas, 2003: 237-245.

[10]　Ali S, Zaidi R, Afees M. Cross layer design for orthogonal space time block coded optical MIMO systems[C]. Wireless and Optical Communications Networks, Surabaya, 2008: 1-5.

[11]　王惠琴, 柯熙政. 自由空间光通信中的混合空时编码[J]. 光学学报, 2009, 29(1): 132-137.

[12]　王惠琴, 柯熙政. FSO 中分层空时编码的串行干扰消除算法[J]. 光电工程, 2010, 37(2): 1-6.

[13]　王惠琴, 柯熙政, 赵黎. 基于正交空时块编码的 MIMO 自由空间光通信[J]. 中国科学, 2009, 39(8): 896-902.

[14]　Djordjevic I B, Vasic B, Neifeld A M. LDPC coded orthogonal frequency division multiplex over the atmospheric turbulence channel[J]. Optics Express, 2007, 15(10): 6332-6346.

[15]　Stéphanie S, Anne J V, Jean P C. Soft decision LDPC decoding over chi-square based optical channels[J]. Journal of Lightwave Technology, 2009, 27(16): 3540-3545.

[16]　Stéphanie S, Damien F, Anne J V. LDPC code design and performance analysis on OOK chi-square based optical channels[J]. IEEE Photonics Technology Letters, 2009, 21(17): 1190-1192.

[17]　Djordjevic I B, Denic S, Anguita J. LDPC-coded MIMO optical communication over the

atmospheric turbulence channel[J]. Journal of Lightwave Technology, 2008, 26(5): 478-487.

[18] Tseng S M, Tsai S. Performance of parallel concatenated convolutional coded on-off keying communication systems[J]. IEEE Photonics Technology Letters, 1999, 11(6): 721-723.

[19] 王惠琴, 曹明华, 贾科军. 大气激光通信中的级联空时分组码[J]. 光电工程, 2010, 37(12): 116-121.

[20] Forney G D. Concatenated Codes[M]. Cambridge: MIT Press, 1966.

[21] Clark G C, Jr Cain J B. Error-Correction Coding for Digital Communications[M]. New York: Plenum Press, 1981.

[22] 袁东风, 张立军. 一种在 Rayleigh 信道中计算级联码性能的理论方法[J]. 通信学报, 2000, 21(10): 86-89.

第 5 章　白光 LED 通信

白光发光二极管(LED)具有功耗低、使用寿命长、尺寸小、易驱动、绿色环保等优点，被视为第四代节能环保型的照明产品[1-3]。白光 LED 的响应灵敏度非常高，具有良好的调制特性，可以用来进行高速无线通信[4-9]，因此，白光 LED 在照明的同时，也可以作为无线通信网络的接入点。将室内的通信基站与白光 LED 照明设备结合到一起，并将其接入其他通信网络，这就是可见光通信(visible light communication，VLC)技术。

5.1　LED 发光原理

5.1.1　白光 LED

可见光光谱的波长范围为 380~760nm。人眼可感受到的七色光(红、橙、黄、绿、青、蓝、紫)各自都是一种单色光，白光不是单色光而是由多种单色光合成的复合光。要使LED发出白光(白光 LED)，其光谱特性应包括整个可见的光谱范围。人眼睛所能见的白光至少需两种光的混合，一般采用二波长发光(蓝色光+黄色光)或三波长发光(蓝色光+绿色光+红色光)的模式。

5.1.2　LED 发光原理

如图 5.1 所示，二极管 PN 结在正向偏压的情况下，N 型一侧大量的多数载流子电子跨过降低的势阱，注入 P 型一侧的准中性区中，释放出强度与驱动电流大体上成正比的光。固体发光器件发光的原因是大量少数载流子复合释放出大量的光子[10]。

为保证 LED 有较高的复合率以释放更多的光子，发光器件一般由直接带隙半导体材料制成。直接带隙材料是 III-V 族元素化合物，这类晶体材料主要包括 GaAs、InP、InGaAsP 和 AlGaAs[11,12]。在这些晶体材料中，导带能量的最小值和价带能量的最大值具有相同的波矢量值，其电子和空穴的晶体动量几乎相等，这使得注入的大部分载流子借助于带间复合而消除。因此，在带间复合过程中能量以光子的形式释放出去，这些光子就成为 LED 所发出的光。

图 5.2 为双异质结构 LED 光子出射示意图。结的 P 区和 N 区都是宽禁带材料，该结构形成了一个电子势阱。正偏时过剩电子从 N 区扩散通过耗尽区，空穴

沿另一个方向扩散通过耗尽区。载流子很容易被俘获并限制在势阱中，从而增大复合的概率。同时，复合产生的光子也被限制在势阱区域内，提高了光子的出射率。当外加电流密度增大时（如通过增加驱动电流），器件输出的光功率更多呈现出非线性特性。

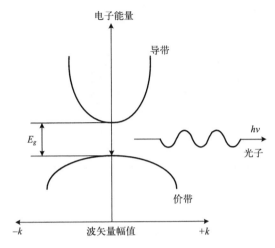

图 5.1　LED 自发辐射光子示意图

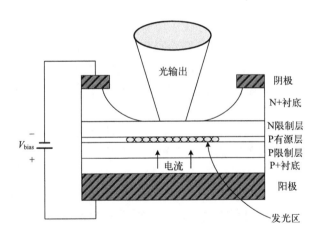

图 5.2　双异质结结构 LED 光子出射示意图

5.1.3　白光 LED 发光原理

图 5.3 所示为典型的单量子阱白光 LED 结构。N 型 GaN 缓冲层生长在蓝宝石衬底上，在缓冲层的上面是未掺杂的 InGaN 量子阱，介于 N 型 InGaN 和 P 型 AlGaN 外延层之间，最顶层是 P 型 GaN 层。该结构必须部分腐蚀暴露到 N 型 GaN 层。Ti/Al

触头和半透明的 Ni/Au 触头分别沉积在 N 型 GaN 和 P 型 GaN 层。Ni 和 Au 用来作为电流扩展层，以解决 P 型 GaN 材料的低传导率问题。晶片通常被切成矩形，成型在引线框架上。光可以从顶层的 P 型 GaN 层以向上的方向发射出去。其他的发射方向则通过倒装芯片封装技术来实现。LED 芯片的器件阻抗主要由 N 型 GaN 层决定，该层的典型单位面积薄层电阻为 10～20Ω，这也使得 LED 器件的侧向尺寸限制在大约 300μm。

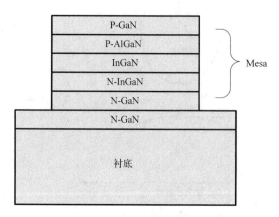

图 5.3　单量子阱白光 LED 结构

目前制作高亮度白光 LED 的方式主要有三种[10]。

(1) 采用蓝光晶片，激发黄色荧光粉材料生成黄光，蓝光与黄光混合即为白光。这种方式实现简单、效率较高且成本较低，目前大部分白光 LED 均采用这种方式实现。由于白光的产生需要激发荧光粉，调制带宽较低，仅有几十 MHz，无法满足高速 VLC 系统的需求。

(2) 采用紫外光晶片激发蓝光、绿光与红光三基色荧光粉，混合后的光便为白光。这种方式生成的光不含偏色现象，但发光效率较低，且调制带宽仍难满足高速 VLC 系统需求。

(3) 以红、绿、蓝光三基色发光晶片搭配，发出的光混合后即为白光。此方式虽然生产成本较高，但具有较高的演色性，无须激发荧光粉发光，调制响应速度高，非常适合于高速 VLC 系统应用。

5.1.4　白光 LED 发光模型

LED 发光模式即是用来描述 LED 不同方向的光强度分布。图 5.4 所示为大功率白光 LED 光子出射示意图。白光 LED 芯片本身是一个朗伯(Lambert)光源，向四周空间自发辐射光子。产生的光子一部分由于材料吸收、内部全反射等因素无法透射出 LED，另一部分光子通过多次反射和折射，从硅树脂密封层和透镜透射出 LED。

以芯片的中心为原点，不同方向透射出的光子数也是不同的，使得不同方向的光强度有所不同。

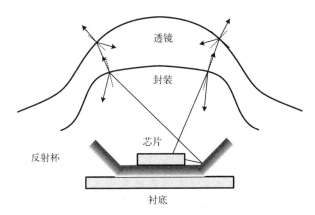

图 5.4　白光 LED 光子出射示意图

从辐射的观点来看，光发射区是一个 Lambert 光源。芯片发出的光在出射出 LED 前，经过了不同的材料和不同类型的表面，改变了最初的发光模式。而 LED 最终发出的光主要由三部分组成：直接从密封透镜折出的光、透镜内部反射光、反射杯的反射光。从发光特点来看，在 LED 中光是从发光芯片中自发辐射出去的，因此生成的光是不连续的，在强度上是线性叠加的，且最终发光模式依赖于反射杯和密封透镜的几何形状。

根据光子出射的路径可将出射光分成两部分：①直接从密封层和透镜折射出的光；②经过密封层、透镜或反射杯表面多次反射后折射出的光。最终发光模式受反射杯、密封层、透镜的材料和几何特征的影响。反射杯粗糙表面的漫反射光和经过密封层与透镜的漫折射光的发光模式可以认为是余弦函数或高斯函数的线性叠加[11-13]。决定最终发光模式的参数主要是发光芯片参数、反射杯和密封透镜参数。

考虑到所有上面提到的现象，LED 最终的发光模式可以通过这三种发光模式的线性叠加来获得。实际的 LED 芯片表面通常比较粗糙，发光模式一般是 Lambert 模式。从光线传播的观点来看，每一条光线都是通过漫反射或折射进行传播的，且遵循高斯功率函数分布。因此最终的辐射模式是几类函数的线性叠加，随着每条跟踪光线的入射角有角度的偏移。

5.2　车联网环境可见光通信系统的背景光噪声模型

自 Guglielmo Marconi 发明无线电通信以来，基于 Kolmogorov 谱的大气湍流模型已得到人们广泛的认知和深入的研究[14,15]。可见光通信属于无线光通信中的一种[16,17]。室内可见光通信主要应用于无线宽带组网和室内定位[18]，背景光噪声干扰小、通信范围小且实现复杂度低[19,20]。室外可见光通信用于实现车辆与路基设备和车辆与车辆交通信息共享。太阳光、高亮度的电子广告牌，以及大量的夜间人造光源等复杂的光噪声使得光电探测器易出现饱和、非线性输出等异常情况[21]。

目前对室外光信道特性的研究大多是以大气湍流理论为基础的，对于弱湍流和中湍流信道普遍采用 Log-normal 分布对其进行建模[22]。由中湍流到强湍流状态下，采用 K 分布、负指数(Negative Exponential)分布和 Gamma-Gamma 分布进行建模[23]。Malaga 大气湍流信道模型可以描述多种湍流分布的通用模型，对 Malaga 分布设置相应的参数，即可拓展得到 Log-normal 模型、Gamma-Gamma 模型以及 K 分布模型[24]。

近地面传输的可见光通信受底层大气的影响更大，同时存在背景光的干扰，传统的 Kolmogorov 谱和 Non-Kolmogorov 谱均不适用于车联网可见光通信系统模型。本章提出了一种双高斯函数车联网可见光通信噪声模型，对室外不同城市夜间可见光通信背景光噪声模型进行实际测量，为后续的系统建模以及噪声去除提供了理论基础。

对于车联网可见光通信系统，设 $s(t)$ 为发光二极管(LED)经调制后的光信号，$h(t)$ 为大气传输信道模型，$n_o(t)$ 为背景光模型，η 为光电探测器转化系数，$n_e(t)$ 为探测器电噪声模型，$y(t)$ 为输出信号，系统的数学模型为[25]

$$y(t) = \left[\left(s(t) + n_o(t) \right) * h(t) \right] \cdot \eta + n_e(t) \tag{5.1}$$

式中，*表示卷积；对于光电探测器引入的电噪声 $n_e(t)$，电阻中的电子热运动、半导体中载流子随机地产生和复合等，使得光电探测器中存在散粒噪声、电阻热噪声、$1/f$ 噪声等一系列噪声，通常以 0 均值的加性高斯噪声进行描述[26]。背景光噪声 $n_o(t)$ 对于系统的影响体现在各种杂散背景光辐射所引起的光生辐射电流，即

$$P_{\text{out}}(t) = \left[\eta \cdot \int_s [E]^2 \mathrm{d}s \right]^2 R \tag{5.2}$$

式中，$E(t)$ 为杂散背景光的累加光场，s 为探测器有效面积，R 为输出阻抗，$P_{\text{out}}(t)$ 为探测器输出的噪声功率信号。光场平方律探测输出信号其均值必大于 0，这意味着 0 均值高斯白噪声并不能够准确表征无线光通信的信道特性。

柯熙政提出了一种采用双高斯函数进行拟合的噪声模型，我们称之为柯氏模型 (Ke's model)。对应于式(5.1)中的 $n_o(t)$，其概率密度函数(probability density function，PDF)的定义如下：

$$p(I) = A_1 \times \frac{1}{\sqrt{2\pi}\sigma_1} \times \mathrm{e}^{\left(\frac{(I-\mu_1)^2}{2\sigma_1^2} \right)} + A_2 \times \frac{1}{\sqrt{2\pi}\sigma_2} \times \mathrm{e}^{\left(\frac{(I-\mu_2)^2}{2\sigma_2^2} \right)} \tag{5.3}$$

式中，μ_1 为车辆所在当前路灯光强闪烁均值；σ_1 为车辆所在当前路灯光强闪烁方差；μ_2 为其他光源光强闪烁均值；σ_2 为其他光源光强闪烁方差；A_1 和 A_2 为归一化修正系数，取值范围在 $0 \sim 1$，使得 $\int_0^{+\infty} p(I) = 1$。

采用双高斯拟合可见光噪声模型的累积分布函数 (cumulative distribution function，CDF)，可表示为

$$F(I) = \int_0^I f(x)\mathrm{d}x = \int_0^I \left(A_1 \times \frac{1}{\sqrt{2\pi}\sigma_1} \times \mathrm{e}^{\left(-\frac{(x-\mu_1)^2}{2\sigma_1^2}\right)} + A_2 \times \frac{1}{\sqrt{2\pi}\sigma_2} \times \mathrm{e}^{\left(-\frac{(x-\mu_2)^2}{2\sigma_2^2}\right)} \right)\mathrm{d}x \quad (5.4)$$

当车联网可见光通信系统的信噪比小于 γ_{th} 时，通信系统发生中断，因此系统的中断概率可表示为

$$P_{\mathrm{out}} = F(\gamma_{\mathrm{th}}) = \int_0^{\gamma_{\mathrm{th}}} \left(A_1 \times \frac{1}{\sqrt{2\pi}\sigma_1} \times \mathrm{e}^{\left(-\frac{(x-\mu_1)^2}{2\sigma_1^2}\right)} + A_2 \times \frac{1}{\sqrt{2\pi}\sigma_2} \times \mathrm{e}^{\left(-\frac{(x-\mu_2)^2}{2\sigma_2^2}\right)} \right)\mathrm{d}x \quad (5.5)$$

因此，对于不同的二进制调制方式，通用的误码率表达式为

$$P_{\mathrm{BER}} = \frac{q^p}{2\Gamma(p)} \int_0^\infty \exp(-qx)x^{p-1}F(x)\mathrm{d}x \quad (5.6)$$

式中，参数 p 和 q 的不同取值代表不同调制方式，例如 $p = 1$ 和 $q = 1$ 代表差分相移键控 (DPSK)。

图 5.5 为车联网可见光通信双高斯分布模型 (Ke's model)，高斯曲线 1 表示背景噪声中主要包含了车辆当前所在路灯背景光成分，其光强较弱，且波动较小，方差较小，使得函数呈现尖锐突起；高斯曲线 2 表示室外可见光背景噪声中主要包含了前后车灯、高亮度广告牌和交通灯等成分，其光强较强，光强波动方差较大。

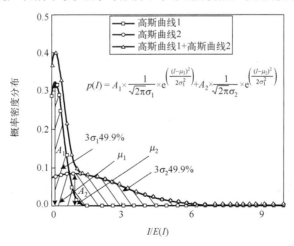

图 5.5　车联网可见光通信双高斯分布模型

如图 5.6 所示，分别在西安市、北京市、哈尔滨市、长春市、石家庄市等不同地区和不同天气情形下进行采集，以验证模型的符合性。其中探测器型号为 OPHIR-PD300-UV，采样频率 15Hz。

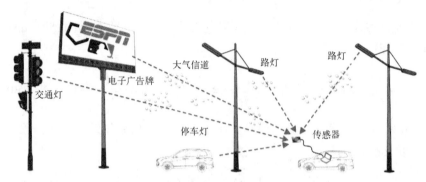

图 5.6　可见光通信噪声采集示意图

图 5.7 为不同情形下夜间可见光通信背景噪声概率密度分布图，其中图 5.7(a)

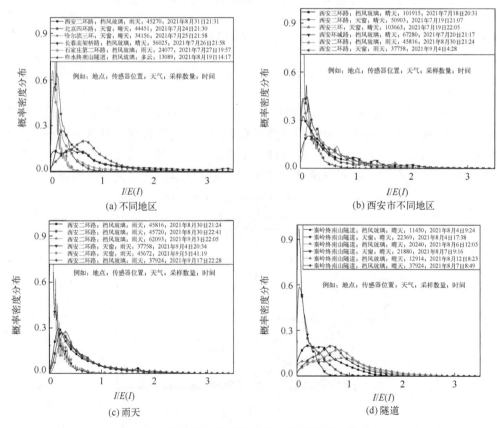

图 5.7　车联网可见光通信噪声模型概率密度分布

为不同地区概率密度函数曲线；图 5.7(b) 为西安市不同地区概率密度函数曲线；图 5.7(c) 为雨天概率密度分布曲线；图 5.7(d) 为秦岭终南山公路隧道环境概率密度分布曲线。表 5.1 为不同地区车联网可见光背景噪声模型参数。

表 5.1　不同地区车联网可见光背景噪声模型参数

地区/天气	μ_1	σ_1	μ_2	σ_2	$p(\mu_1)$
西安/晴天	0.3	0.68	1.8	3.7	0.43
西安/雨天	0.24	0.49	1.7	3.7	0.43
北京/晴天	0.7	0.68	1.9	3.9	0.31
哈尔滨/晴天	0.4	0.5	1.8	3.7	0.42
长春/晴天	0.8	0.69	2.4	4.8	0.15
石家庄/雨天	0.3	0.68	1.8	3.7	0.65
隧道/晴天	0.3	0.68	2.4	2.5	0.26

可以看出：①可见光通信的环境噪声模型可以用 2 个高斯函数的叠加表示；②雨天的概率密度分布与晴天的概率密度分布没有明显的区别；③当前路灯光强起伏要小于其他光源产生的光强起伏。今后应该继续研究雨天、雾天以及不同车速、不同交通密集度等情形下模型的适应性，进一步探索该模型的数学物理机理。

5.3　可见光通信系统乘性噪声模型

乘性噪声也被称为卷积噪声，它是指信号在传播过程中经过一些介质的物理特性使信号自身的幅度发生随机变化，使得信号中包含的信息丢失的过程。乘性噪声的特性表明了它是伴随有用信号出现而出现的，当信号消失时，乘性噪声也会随之消失。系统的数学模型为

$$y(t) = [(s(t) + n_o(t)) * h(t)] \cdot \eta + n_e(t) = [(s(t) + n_o(t)) * f_\beta f_h f_A] \cdot \eta + n_e(t) \tag{5.7}$$

式中，$*$ 表示卷积，$s(t)$ 为发光二极管经调制后的光信号，$n_o(t)$ 为背景光模型，η 为光电探测器转化系数，$n_e(t)$ 为探测器电噪声模型，$y(t)$ 为输出信号，f_β 为光强衰减项，f_h 为瞄准误差项，f_A 为湍流引起的光强闪烁项。采用高斯函数进行拟合的乘性噪声模型，对应于式 (5.7) 中的 f_A，定义如下：

$$f_A = \frac{1}{\sqrt{2\pi}\sigma} \times \mathrm{e}^{\left[-\frac{(I-\mu)^2}{2\sigma^2}\right]} \tag{5.8}$$

式中，I 是接收到的光强，μ 和 σ 是乘性噪声模型的均值和方差。图 5.8 为可见光通信乘性噪声高斯模型。

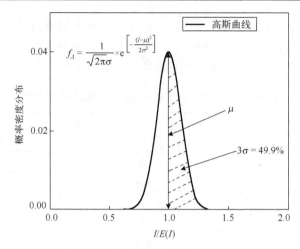

图 5.8　可见光通信乘性噪声高斯模型

同理，乘性噪声 f_A 对于系统的中断概率 P_{out} 和误码率 P_{BER} 的影响分别为

$$P_{\text{out}} = F_A(\gamma_{\text{th}}) = \int_0^{\gamma_{\text{th}}} \frac{1}{\sqrt{2\pi}\sigma} \times \mathrm{e}^{\left[-\frac{(x-\mu)^2}{2\sigma^2}\right]} \mathrm{d}x \tag{5.9}$$

$$P_{\text{BER}} = \frac{q^p}{2\Gamma(p)} \int_0^\infty \exp(-qx) x^{p-1} F_A(x) \mathrm{d}x \tag{5.10}$$

　　降雨对室外可见光通信系统的发射端和接收端的光传输产生了阻碍作用，对传输过程中的光载波功率产生了损耗。在气象上通常用一段时间内降水量的多少来划分降雨强度，根据我国气象部门规定的降雨量标准，降雨可分为小雨、中雨、大雨、暴雨、大暴雨和特大暴雨六种，如表 5.2 所示。

表 5.2　国家气象局降雨量标准

降雨等级	12 小时降雨量	降雨等级	12 小时降雨量
小雨	<5mm	暴雨	30～70mm
中雨	5～10mm	大暴雨	70～140mm
大雨	10～30mm	特大暴雨	>140mm

　　依据测试表明，光束在雨天情形下传输的衰减系数与降雨强度即降雨量有着密切的关系。雨滴是很好的球体，其分子直径与可见光波长相当，因而雨的衰减适用于米氏理论。对于雨的衰减，如果雨滴符合 Marshall-Palmer 分布，则现有的无线光通信系统中广泛地使用的雨衰减预测模型是关于降雨量的一个指数函数，模型中信道衰减系数 γ_R 的表达式为

$$\gamma_R = \kappa(\kappa_h, \kappa_v, \tau_1, \tau_2) R^{\alpha(\kappa, \kappa_h, \kappa_v, \alpha_h, \alpha_v, \tau_1, \tau_2)} \tag{5.11}$$

式中，R 为雨天信道下的降雨强度即降雨量，τ_1 为通信系统雨天信道的路径倾角，τ_2 为通信系统雨天信道的偏振角，κ 和 α 为通信系统雨天信道的回归系数。

图 5.9 为可见光通信高斯乘性噪声概率密度分布图，高斯曲线表示在不同雨量下的乘性噪声模型，在不同的雨量下高斯模型的均值和方差也有不同的变化。从图 5.9 中可以看出，晴天、中雨和大雨的情况下，高斯函数的均值和方差相差不大，在小雨时的均值向左略微移动，方差相对较大，说明光强的变化较大，也就是小雨对光强的变化影响更大，衰减更强。表 5.3 为不同雨量下乘性噪声模型参数。

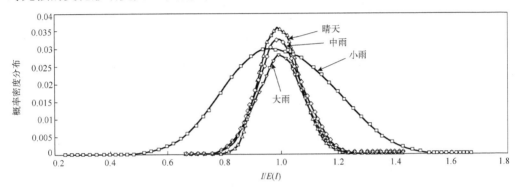

图 5.9　不同雨量下乘性噪声实测模型

表 5.3　不同雨量下乘性噪声模型参数

天气	μ	σ
晴天	0.99	0.15
小雨	0.97	0.19
中雨	0.99	0.15
大雨	0.99	0.15

可以看出，这里所提出的高斯乘性噪声模型与实际情况相当符合，可以得到如下结论：①可见光通信的乘性噪声模型可以用高斯函数表示；②雨天的概率密度函数分布与晴天的概率密度分布没有明显的区别；③在小雨时概率密度的均值和方差相对于其他天气情况下略微有些变化，均值左移，方差变大。

5.4　光源最优化布局

在室内 VLC 系统中，由于各个房间的大小以及室内设施不尽相同，因而要使通信效果达到最优，需使房间内同一水平面上分布的光功率变化最小。要达到这个目的，必须根据不同的房间，合理安排 LED 灯的布局[27]。

以一房间为例，该房间尺寸为 $L \times W \times Z_H$，设终端设备均放置在高度为 h 的平面上，并建立如图 5.10 所示坐标系。设共有四只 LED 灯，在天花板上对称分布，下面分析平面 $z=h$ 上的接收功率分布情况，当接收功率分布变化最小时，即可认定 LED 灯的布局最佳。设平面 $z=h$ 上任意一点 (x, y, h) 的接收功率为

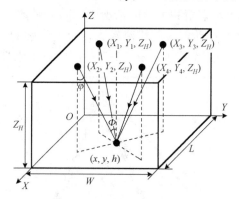

图 5.10　光源布局示意图

$$P_r = \sum_{i=1}^{N} P_{ti} H_i(0) \tag{5.12}$$

式中，N 为 LED 灯的个数。设四只 LED 灯的坐标分别为 (X_1, Y_1, Z_H)，(X_2, Y_2, Z_H)，(X_3, Y_3, Z_H)，(X_4, Y_4, Z_H)，则 $H_i(0)$ 为

$$H_i(0) = \frac{m+1}{2\pi} \cdot \frac{(Z_H - h)^2}{[(Z_H - h)^2 + (x - X_i)^2 + (y - Y_i)^2]^{(m+3)/2}} \tag{5.13}$$

由于 LED 灯是对称分布，所以坐标关系满足：$X_1 = X_3$，$X_2 = X_4$，$Y_1 = Y_2$，$Y_3 = Y_4$，$X_2 = L-X_1$，$Y_3 = W-Y_1$。

$$f(u_i, v_i; x, y) = H_i(0) = \frac{m+1}{2\pi} \cdot \frac{(Z_H - h)^2}{[(Z_H - h)^2 + (x - |u_i - X_1|)^2 + (y - |v_i - Y_1|)^2]^{(m+3)/2}} \tag{5.14}$$

式中，$u_i \in \{0, L\}; v_i \in \{0, W\}$。设每只 LED 灯的发射功率相同，$P_{ti} = P_t$，则式 (5.12) 变为

$$P_r(x, y) = P_t \sum_{i=1}^{N=4} f(u_i, v_i; x, y) = f(0,0; x, y) + f(0,5; x, y) + f(5,0; x, y) + f(5,5; x, y) \tag{5.15}$$

室内平面 $z = h$ 上每点的平均功率为

$$\bar{P}_r = \frac{1}{S} \iint_L P_r(x, y) \mathrm{d}x\mathrm{d}y = \frac{P_t}{S} \sum_{i=1}^{N=4} \iint_L f(u_i, v_i; x, y) \mathrm{d}x\mathrm{d}y \tag{5.16}$$

式中，S 为房间内平面 $z=h$ 的面积；L 代表这个区域。

我们用接收功率的方差 D 来表示平面 $z=h$ 上各点功率的"平均偏离"程度，则

$$D = \frac{1}{S}\iint_L (P_r(x,y) - \overline{P}_r)^2 \,\mathrm{d}x\mathrm{d}y = \frac{1}{S}\sum_{i=1}^{N=4}\iint_L (f(u_i, v_i; x, y) - \overline{P}_r)^2 \,\mathrm{d}x\mathrm{d}y \tag{5.17}$$

对式 (5.17) 分别求 X_1 和 Y_1 的偏导数，当 $\dfrac{\partial D}{\partial X_1} = \dfrac{\partial D}{\partial Y_1} = 0$ 时，可取到最优的 X_1^* 和 Y_1^*，即可确定最佳的 LED 布局。

5.5　室内可见光信道

在室内无线光通信系统中，发射机和接收机的链路配置主要包括三种：直射链路配置、漫反射链路配置和半漫反射链路配置[28,29]。

直射链路配置是指发射机和接收机存在一条直接的、无遮挡的光链路，因此需要发射机和接收机互相对准。直射链路配置系统中，可以采用具有较小视场角的探测器，因此受背景光的影响较小，可以获得较高的通信速率和较低的链路损耗，通信速率可达几 Gbit/s。缺点是需要对准，且一旦有遮挡，通信即会中断，灵活性较差。

采用漫反射链路配置的系统中，发射机和接收机都具有较大的发射角和接收视场角，无须对准。发射机发射的光信号，经过房间内反射体的多次漫反射后到达接收机。通信不会由于遮挡而中断，灵活性较高。缺点是链路损耗严重，且漫反射形成的多径信号极大地降低了系统的带宽，通信速率一般在几十 Mbit/s。

半漫反射链路配置同时继承了直射链路和漫反射链路的优点，在不失灵活性的条件下，有效地提高了系统的带宽。在采用半漫反射链路配置的系统中，发射机具有较大的发射角，在发射机和接收机之间存在多条直射路径和多条漫反射路径，降低了遮挡对通信的影响。直射路径在系统中起主导作用，较之漫反射链路配置系统，系统带宽有了较大的提高，通信速率可达几百 Mbit/s。

在室内可见光通信系统中，采用的即是半漫反射链路配置。图 5.11 所示为室内可见光通信链路配置示意图。发射机(即调制的白光 LED 阵列光源)安装在天花板或墙壁上，具有较大的发散角，多个阵列光源可以使得直射光信号覆盖到室内所有角落，有效降低阴影和遮挡的影响。接收机(即光电探测器位于桌面或工作平台上)接收来自发射机的光信号。在室内可见光通信系统中，考虑到照明的需要，直射链路在信道中占主导地位，同时也存在着一部分漫反射链路。

在室内可见光通信 IM/DD(强度调制/直接检测)系统中，数据信号经过调制加载到 LED 的光载波上，接收机即光电探测器输出正比于接收光信号功率的电流信号。

信道的输入信号 $x(t)$ 为白光 LED 阵列灯输出的瞬时光信号。信道的输出信号 $y(t)$ 是光电探测器输出的瞬时电流。电流的大小正比于光电探测器表面接收光信号的总功率。发射机和接收机之间存在多径信号，导致频率选择性衰落和空间选择性衰落，从而接收信号的幅度取决于发射与接收天线的空间位置。信道特性可以表示为输入信号 $x(t)$、输出信号 $y(t)$ 和信道冲激响应 $h(t)$ 之间的基带线性系统。背景光、探测器以及电路噪声可以认为是独立于 $x(t)$ 的加性高斯白噪声 $n(t)$，如图 5.12 所示，最终的基带信道模型可以表示为

$$y(t) = \eta \frac{x(t)}{d^2} * h(t) + n(t) \tag{5.18}$$

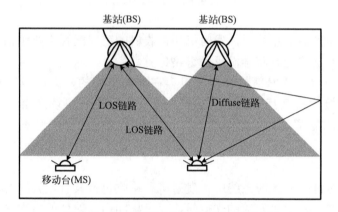

图 5.11　室内可见光通信链路配置示意图

式中，*表示卷积；η 为光电探测器响应灵敏度，单位为 $\mathrm{A \cdot m^2/W}$；d 为发射机与接收机之间的距离。为不失一般性，可以将 $1/d^2$ 因子并入 $h(t)$，得到

$$y(t) = \eta x(t) * h(t) + n(t) \tag{5.19}$$

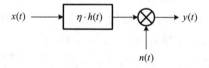

图 5.12　室内可见光通信无线光信道模型

　　室内可见光通信系统是一个集照明与通信于一体的综合系统。首先为了达到较好的照明效果，在室内通常要安装多个白光光源，且多光源的布局与信道的传输模型具有密切的联系，需要研究多光源信道模型及其与光源布局的关系。其次与红外无线通信的漫反射配置不同的是在可见光通信系统中直视(light of sight，LOS)链路占主导地位，同时需要采取必要的措施降低或消除漫反射光信号对系统带宽的影响。$h(t)$ 一般可以表示为

$$h(t) = f(x) = \begin{cases} \dfrac{2t_0}{t^3 \sin^2(\text{FOV})}, & t_0 \leqslant \dfrac{t_0}{\cos(\text{FOV})} \\ 0, & \text{其他} \end{cases} \tag{5.20}$$

式中，t_0 表示最小延迟时间；FOV 为视场角。考虑到人眼安全，最大功率表示为

$$D_{\max} = \lim_{T \to \infty} \frac{1}{2T} \int_{-T}^{T} x(t) \mathrm{d}t \tag{5.21}$$

与射频通信不同，无线光通信的信噪比与接收到的信号的平方成正比。

$$\text{SNR} = \frac{R^2 H^2(0) P_r^2}{R_b N_0} \tag{5.22}$$

信道直流增益表示为

$$H(0) = \int_{-\infty}^{\infty} h(t) \mathrm{d}t \tag{5.23}$$

系统的辐射强度可以表示为

$$R_b(\phi) = \begin{cases} \dfrac{m_1 + 1}{2\pi} \cos^{m_1}(\phi), & -\dfrac{\pi}{2} \leqslant \phi \leqslant \dfrac{\pi}{2} \\ 0, & \phi \geqslant \dfrac{\pi}{2} \end{cases} \tag{5.24}$$

式中，m_1 是光束方向性的朗伯辐射源（又称为朗伯体）阶数，$\phi = 0$ 时辐射最强。朗伯体阶数与 LED 半功率角有如下关系：

$$m_1 = \frac{-\ln 2}{\ln(\cos \phi_{1/2})} \tag{5.25}$$

直射信道的直流增益可以表示为

$$H_{\text{los}}(0) = \begin{cases} \dfrac{A_r(m_1 + 1)}{2\pi d^2} \cos^{m_1}(\phi) T_S(\psi) g(\psi) \cos\psi, & 0 \leqslant \psi \leqslant \psi_c \\ 0, & \text{其他} \end{cases} \tag{5.26}$$

5.6　接收机与检测技术

在室内 VLC 系统中，影响系统性能的一个主要因素就是背景光的干扰。背景光主要来自于透过窗户的太阳光以及其他的人工光源如白炽灯、荧光灯等。由于 VLC 系统采用照明用的白光 LED 作为通信光源，所以背景光可以只考虑太阳光的影响。在光链路中，接收机将信号光及背景光转换成电信号进行判决，而转换的过程中背景光会导致光电探测器产生一些散弹噪声，这也影响接收机的信噪比。影响系统性

能的另一个因素就是多径色散引起的 ISI。光源发射的光信号经过天花板、墙壁、家具等的多次反射，会使得到达接收机的信号在时域上不同程度展宽，进而引起 ISI。

在接收机的设计中应充分考虑这两者的影响，使之造成的损伤最小。在应用 IM/DD 的系统中，光接收机的组成示意图如图 5.13 所示。接收机由接收机前端、线性滤波器和判决恢复电路组成。接收机前端由光电探测器和放大器组成，实现光电信号的转换和放大。线性滤波器对接收的电信号进行滤波处理，初步降低 ISI 的影响。判决恢复电路则对采样后的电信号进行判决以恢复发送的数据。

图 5.13　接收机结构组成示意图

5.6.1　接收机前端

接收机的前端由光电探测器和放大电路组成，可以实现光电变换和光电流信号的放大。图 5.14 所示为 PIN 光电探测器典型的跨导放大电路。信号光和背景光照射在光电探测器上，产生的光电流经过放大电路输出，即可送给判决电路进行判决。

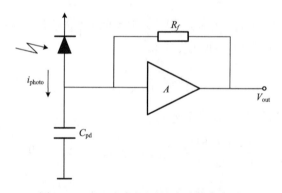

图 5.14　PIN 光电探测器跨导放大电路

在光子的影响下，光电探测器吸收入射光的光子，生成光载流子，在探测器内部产生了电子空穴对。电子空穴对在电场的影响下，形成了与入射光功率成正比的光电流。对于理想的 PIN 光电探测器，光电转换的过程是一个泊松过程[30-32]。在时间 T 内有光信号和无光信号时输出的平均光子数可以分别表示为[33]

$$\mu_{\text{on}} = \frac{\xi P_s T}{hf} h(t-T) + \frac{\xi P_b T}{hf} \tag{5.27}$$

$$\mu_{\text{off}} = \frac{\xi P_b T}{hf} \tag{5.28}$$

式中，ξ 为光电探测器的量子效率；P_s 为接收到的信号的光功率；P_b 为背景光的光功率；h 为普朗克常量；f 为光载波的频率。

在室内 VLC 系统中，背景光主要是通过窗户透射的太阳光，特别是当接收机靠近窗户时，受到的影响非常大。因此背景光对系统影响的大小与窗户的朝向、一天中的时间段、接收机在房间内的位置等有关。对于一个朝西的窗户，太阳光的平均辐照度为 57W/m$^{2[34]}$。在其他的光无线通信系统中，通常采用光滤波器降低背景光的影响。但在 VLC 系统中光源白光 LED 的波长与太阳光波长的重叠区域较长，因此光滤波器在 VLC 系统中的效果不明显。

在实际的接收电路中，来自于光电探测器及放大电路的热噪声和散弹噪声影响着接收机前端的输出。图 5.15 所示为接收机前端等效电路图。图中 I 为平均光电流，等于光电子的数量乘以电子的电荷 $q^{[35]}$：

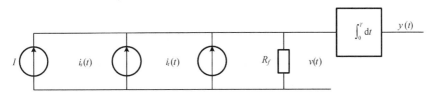

图 5.15 接收机前端等效电路

$$I_{\text{on}} = \left[\frac{\xi P_s T}{hf} h(t-T) + \frac{\xi P_b T}{hf} \right] q \tag{5.29}$$

$$I_{\text{off}} = \left(\frac{\xi P_b T}{hf} \right) q \tag{5.30}$$

图中 $i_s(t)$ 和 $i_t(t)$ 分别表示接收电路中的散弹噪声和热噪声。电路热噪声主要由接收机电子元件引起，它是所有通信系统都不可避免的，这主要是由放大电路中的阻抗元件和有源器件随载流子的漂移引起的。光电探测器光电流引起的散弹噪声也是无线光链路的主要噪声源。散弹噪声主要是由光电二极管能量和电荷的不连续性造成的。通常热噪声和散弹噪声可以认为是加性高斯白噪声$^{[36]}$。

跨阻两端的电压等于阻抗和电流的乘积，由于散弹噪声和热噪声是零均值的，所以积分器输出的均值为$^{[37]}$

$$\mu_{\text{on}} = E[Y_{\text{on}}] = \left[\frac{\xi P_s T}{hf} h(t-T) + \frac{\xi P_b T}{hf} \right] R_f q \tag{5.31}$$

$$\mu_{\text{off}} = E[Y_{\text{off}}] = \left(\frac{\xi P_b T}{hf}\right) R_f q \tag{5.32}$$

散弹噪声由经过光电探测器的电流决定，因此经过积分器后，由散弹噪声引起的输出方差为[38]

$$\text{Var}[Y_{\text{on}}]_s = \left[\frac{\xi P_s T}{hf} h(t-T) + \frac{\xi P_b T}{hf}\right] R_f^2 q^2 + I_{\text{bg}} R_f^2 q \tag{5.33}$$

$$\text{Var}[Y_{\text{off}}]_s = \left(\frac{\xi P_b T}{hf}\right) R_f^2 q^2 + I_{\text{bg}} R_f^2 q \tag{5.34}$$

式中，I_{bg} 为光电探测器的暗电流。

热噪声引起的输出方差为[39]

$$\text{Var}[Y]_t = \frac{2kT_K I_{\text{nbf}}}{TR_f} \tag{5.35}$$

式中，k 为玻尔兹曼常数；T_K 为热力学温度；I_{nbf} 为噪声带宽因子。

由于散弹噪声和热噪声是相互独立的，可以线性叠加，所以积分器总的输出方差为[40]

$$\sigma_{\text{on}}^2 = \text{Var}[Y_{\text{on}}] = \left[\frac{\xi P_s T}{hf} h(t-T) + \frac{\xi P_b T}{hf}\right] R_f^2 q^2 + I_{\text{bg}} R_f^2 q + \frac{2kT_K I_{\text{nbf}}}{TR_f} \tag{5.36}$$

$$\sigma_{\text{off}}^2 = \text{Var}[Y_{\text{off}}] = \left(\frac{\xi P_b T}{hf}\right) R_f^2 q^2 + I_{\text{bg}} R_f^2 q + \frac{2kT_k I_{\text{nbf}}}{TR_f} \tag{5.37}$$

在采用 IM/DD 技术的可见光通信系统中，白光 LED 发光表示有信号，不发光则表示无信号。接收机光电探测器将接收到的光信号转换为电信号，并送入解调器解调。接收信噪比描述了有用信号与噪声信号的功率之比，决定了系统性能的优劣。

5.6.2 接收阵列设计

接收阵列采用六边形的平面阵列设计，如图 5.16 所示。六边形的边长为 d，光电探测器位于每个六边形的中心位置，相邻光电探测器间的距离为 $\sqrt{3}d$，按照顺序依次编号。为尽可能增大分集增益，使得每个探测器获得的信道互不相关，探测器之间的距离应满足一定的条件。另外，探测器间距的选择与探测器的 FOA(field of angle) 也有关，如图 5.17 所示。

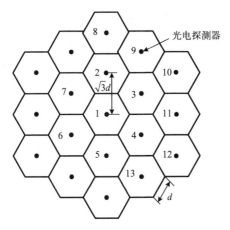
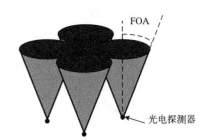

图 5.16　接收阵列设计示意图　　　　　　　　图 5.17　光电探测器覆盖区域

5.7　可见光通信的上行链路

可见光通信上行链路的缺失是其最大的缺憾，一般选择上行链路有以下方案。

5.7.1　射频上行链路

目前射频通信技术已经相当成熟，而 IEEE 802.11 协议簇，即人们熟知的 Wi-Fi 更是广泛应用在室内无线通信的事实标准。利用可见光广播信道作为下行链路，而使用 Wi-Fi 技术作为上行链路[41]，既发挥了可见光高速数据传输的特点，又利用 Wi-Fi 覆盖范围较大不受视距传输限制，避免了可见光遮挡易导致信号中断的缺点。

但将射频技术融合进可见光通信中，对可见光通信而言，丧失了其保密性高，不受电磁干扰的优势。

5.7.2　红外光上行链路

典型的采用红外光进行上行数据传输的可见光通信方案[42]为：以 RGB 3 色 LED 中蓝色光作为系统下行链路的信号源，以中心波长 850nm 的红外 LED 作为上行链路，上下行均采用离散多音频(discrete multitone，DMT)方式进行调制，构成波分双工系统。接收则采用雪崩二极管(APD)探测器，其前端分别放置了 473nm(带通 10nm)和 805nm 长波通滤光片，用于消除上下行间的干扰，同时也起到抑制背景噪声的作用。

红外 LED 由于成本低廉，发射机驱动电路结构简单，人们早就将其用于通信，国际上也有红外数据组织(IrDA)对其通信标准进行制订和完善。

　　但 780~950nm 的红外波段由于接近可见光中的红光波段,人眼对其非常敏感,所以出于安全性考虑,往往发射功率不能太高。这就限制了上行链路的覆盖范围和发射链路的通信质量。

5.7.3　激光上行链路

　　典型的采用激光进行上行数据传输的可见光通信方案[43]为:以 LED 作为系统下行链路的信号源,以 1550nm 的激光束作为上行数据链路的信号载波光束,两者协同工作,构成一套波分全双工的通信系统。接收端同样采用雪崩二极管(APD)探测器前置窄带滤光片的方式,用于滤除背景噪声,提高信噪比。

　　1550nm 波长虽然超出了人类的视觉可见范围,但是采用无线方式进行发射时仍然必须遵循相应的安全标准,这就进一步限制了其传输距离与链路质量。

5.7.4　可见光上行链路

　　采用可见光进行上下行数据传输,主要有以下两种方案:一种是采用时分双工的方式,通过精确的计时,确定上行链路和下行链路各自的工作时间,从而进行信息传递。例如,采用 40 个 LED 构成一个阵列作为下行链路的信号发射源,采用 1 个 LED 用于上行传输[44]。另一种采用波分双工的思路,即使用不同的可见光波段来构建上下行链路。例如,在 RGB 3 色 LED 中,对红色(R)、绿色(G)两通道分别采用 32QAM-OFDM 方式进行调制,用于系统的下行传输,同时对蓝色(B)通道加载 32QAM-OFDM 信号进行调制[44],用于系统上行链路。

　　可见光通信主要是在照明的同时兼顾通信,这两种方案在使用可见光进行上行链路通信时,都需要在空间中发出一定强度的光束,而这些光束并非照明所必需的,实际使用中就会对人们造成一定的视觉干扰,这就大大限制了其使用场景。

5.8　可见光通信定位技术

　　基于位置的服务(location based service,LBS)随着移动互联网与物联网技术的兴起与发展,展现出巨大的商业和军事应用前景,而定位技术作为 LBS 实现的前提与关键更是备受人们关注。实际上,以全球定位系统(global positioning system,GPS)为代表的卫星定位技术,通过在移动终端内置 GPS 信号接收模块,可以在室外提供精度较高的定位服务,民用级定位精度甚至小于 10m。但是由于受建筑物遮挡、电磁屏蔽以及多径衰落等因素影响,传统卫星定位系统在大型商场、医院等室内场所以及隧道、地下停车场等特殊场所完全"失灵",这也导致红外线、超声波、蓝牙、超宽带、射频识别、Wi-Fi 以及可见光通信等室内无线定位技术迅速发展起来。

5.8.1 光信号接收强度定位法

在可见光通信系统中，接收装置利用光电检测器件可以对可见光信号的强度进行检测，自然就可以借鉴传统无线电定位中的接收信号强度检测 (received signal strength indicator，RSSI) 方法来将其用于可见光通信定位。

在仅考虑下行链路的可见光通信定位系统中，其信号传播路径主要包括直射路径和反射路径。由于可见光直射到达光接收机的功率占总功率的 95%[45]，因此主要研究直射路径的信道参数测量问题。典型的下行链路信道模型为朗伯模型，基于此可计算出每个点光源与 PD (photo diode) 之间的距离，然后应用基本的三边定位法即可实现对接收端的定位。在室内多光源条件下，接收端接收到的点光源信号往往大于三个，据此建立超定方程组，采用最大似然估计的方法实现对接收机位置的估计，进一步提高定位精度[32]。

5.8.2 指纹识别定位法

指纹识别定位法[46]与传统 RSSI 定位中非参数化方法的原理一致。首先通过离线勘测，获取特定场景特征信息与移动设备所在位置点相关联的接收信号强度 (received signal strength，RSS)、到达时间 (time of arrival，TOA) 或到达时间差 (time difference of arrival，TDOA) 来建立指纹数据库。然后通过在线定位，将实时测量的用户信号与数据库中的特征信息相匹配，从而获取目标所在的位置信息。

5.8.3 LED 标签 (LED-ID) 定位法

LED 标签定位法[47]通过将与位置相关的 ID 数据加载到对应的 LED 光调制器上，LED 则在调制器控制下发出携带 ID 数据的光信号，接收终端通过对检测到的 LED 光信号进行解析，从获取的 ID 数据得到对应的位置信息，以实现被动定位。这种方法的理论定位精度是相邻 LED 信号源间距的 1/2。

5.8.4 可见光成像定位技术

可见光成像定位技术[48]近年来颇受研究关注。该方法利用 LED 照明阵列作为可见光通信发送部分，从阵列中的至少 4 个 LED 发射的三维坐标通过两个光学透镜被接收，然后由两个图像传感器解调信息，并使用图像传感器中接收到的 LED 图像的距离几何关系计算出目标的位置。使用该方法在 1.8m×1.8m×3.5m 的测试空间内，采用两个 600 万像素图像传感器，可使定位误差小于 0.15m。

5.9 总结与展望

一般认为可见光通信是一种近距离通信，可以应用于室内环境 (如医院、机舱等），也可以应用于路车通信以及车与车之间的通信。可见光通信一般用于近距离接入，远距离传输依靠其他通信手段，也有将可见光通信应用于星地通信的报道。可见光通信今后需要突破两个技术瓶颈：①可见光通信适合于单向广播通信，研究与可见光对等的上行链路是今后努力的方向；②背景光对可见光通信具有一定影响，需要研制背景光抑制技术。

思 考 题 五

5.1　简要叙述可见光通信系统的组成。

5.2　简述室内可见光通信的三种信道。

5.3　可见光通信有哪些主要应用？

5.4　简述可见光上行信道的解决方案。

5.5　简述车联网通信中环境噪声模型。

习 题 五

5.1　在室内可见光通信中多径效应必然会存在，而多径效应主要由以下两个因素引起，一个是光源与接收机路径的距离差，另一个则是光经过室内墙壁的多次反射[46]。如题图 5.1 所示，考虑当两盏 LED 距离接收端不等时所引起脉冲时延宽度。

5.2　可见光通信系统如题图 5.2 所示，求该系统的信道脉冲响应[47]。

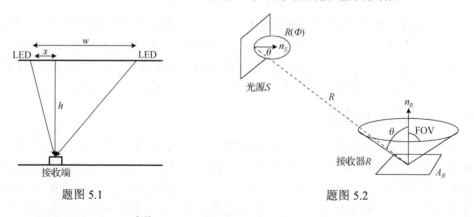

题图 5.1　　　　　　　　　　　　　　　　题图 5.2

5.3　如题图 5.3 所示[48]，LED 与接收点距离为 d，Ψ 是接收机视场角。求接收点接收到的光功率。

5.4　某可见光系统[49]，考虑非直视接收，仅考虑一次反射，求室内某点一次反射的光接收功率。

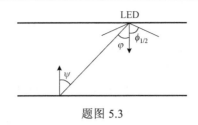

题图 5.3

5.5　求一个光源的信道冲激响应，并给出其信道的最小二乘估计与最小均方误差估计[50]。

5.6　试分析题图 5.4 所示的可见光通信系统在不同位置接收到信号的信噪比分布[51]。

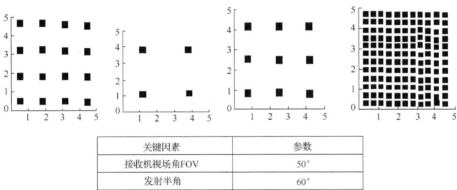

关键因素	参数
接收机视场角FOV	$50°$
发射半角	$60°$
PD有效检测面积	$1cm^2$
发射功率	$1W$
墙面反射系数	0.8

题图 5.4

5.7　试求在题 5.6 的条件下，满足一定信噪比的最优化问题描述[51]。

5.8　试分析可见光 MIMO 系统的信噪比[52]。

5.9　试求如题图 5.5 可见光通信系统的信噪比[53]。

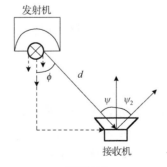

题图 5.5

参 考 文 献

[1] Nakamura S. Present performance of InGaN based blue/green/yellow LED[C]. Proceedings of SPIE Conference on Light Emitting Diodes: Research, Manufacturing, and Applications, San Jose, 1997: 26-35.

[2] 刘坚斌, 李培咸, 郝跃. 高亮度 GaN 基蓝光与白光 LED 的研究和进展[J]. 量子电子学报, 2005, 22(5): 673-679.

[3] European Commission. Phasing out incandescent bulbs in the EU[EB/OL]. http://ec.europa.eu [2022-10-10].

[4] Lee K, Park H. Channel model and modulation schemes for visible light communications[C]. Proceedings of IEEE 54th International Midwest Symposium on Circuits and Systems, Seoul, 2011: 1-4.

[5] Komine T, Haruyama S, Nakagawa M. Bidirectional visible-light communication using corner cube modulator[C]. Proceedings of Wireless and Optical Communication, Banff, 2003.

[6] Hou J, O'Brien D C. Vertical handover-decision-making algorithm using fuzzy logic for the integrated radio-and-OW system[J]. IEEE Transactions on Wireless Communications, 2006, 5(1): 176-185.

[7] Lopez H F, Poves E, Perez J R, et al. Low cost diffuse wireless optical communication system based on white LED[C]. Proceedings of 2006 IEEE 10th International Symposium on Consumer Electronics, St. Petersburg, 2006.

[8] Langer K D. Optical wireless communications for broadband access in home area networks[C]. Proceedings of the 10th Anniversary International Conference on Transparent Optical Networks, Athens, 2008, 4: 149-154.

[9] Kavehrad M. Broadband and room service by light[J]. Scientific American, 2007, 297(1): 82-87.

[10] Schubert E F, Kim J K, Hong L, et al. Solid-state lighting a benevolent technology[J]. Reports on Progress in Physics, 2006, 69: 3069-3099.

[11] 褚明辉, 吴庆, 王建, 等. 白光 LED 极限流明效率的计算[J]. 发光学报, 2009, 30(1): 77-80.

[12] 吴海彬, 王昌铃, 何素梅. 涂敷红、绿荧光粉的白光 LED 显色性研究[J]. 光学学报, 2008, 28(9): 1777-1782.

[13] Sun C C, Lee T X, Tsung X, et al. Precise optical modeling for LED lighting verified by cross correlation in the midfield region[J]. Optics Letters, 2006, 31(14): 2193-2195.

[14] Zhai C. Turbulence spectrum model and fiber-coupling efficiency in the anisotropic non-Kolmogorov satellite-to-ground downlink [J]. Results in Physics, 2021, 29: 104685.

[15] Ding D Q, Ke X Z. Visible light communication and research on its key techniques [J].

Semiconductor Optoelectronics, 2006, 27(2): 114-117.

[16] Xu S W, Wu Y, Wang X F. Visible light positioning algorithm based on sparsity adaptive and location fingerprinting [J]. Acta Optica Sinica, 2020, 40(18): 1806003.

[17] Zhao L, Peng K. Optimization of light source layout in indoor visible light communication based on white light-emitting diode [J]. Acta Optica Sinica, 2017, 37(7): 0706001.

[18] Ding D Q, Ke X Z. Research on generalized mathematic radiation model for white LED [J]. Acta Optica Sinica, 2010, 30(9): 2536-2540.

[19] Yin P, Xu X P, Jiang Z G, et al. Design and performance analysis of planar concentrators as optical antennas in visible light communication[J]. Acta Optica Sinica, 2018, 38(4): 0406004.

[20] Zhao J Q, Xu Y F, Li J H, et al. Turbulence channel modeling of visible light communication under strong background noise and diversity receiving technologies[J]. Acta Optica Sinica, 2016, 36(3): 0301001.

[21] Vetelino F S, Young C, Andrews L, et al. Aperture averaging effects on the probability density of irradiance fluctuations in moderate to strong turbulence [J]. Applied Optics, 2007, 46 (11): 2099-2108.

[22] Vetelino F S, Young C, Andrews L. Fade statistics and aperture averaging for Gaussian beam waves in moderate-to-strong turbulence [J]. Applied Optics, 2007, 46(18): 3780-3789.

[23] Ansari I S, Yilmaz F, Alouini M S. Performance analysis of free-space optical links over Malaga (M) turbulence channels with pointing errors [J]. IEEE Transactions on Wireless Communications, 2015, 15(1): 91-102.

[24] Wu M L, Ma F K, Liu W K. Noise suppression method in medium and long distance outdoor visible light communication[J]. Laser & Optoelectronics Progress, 2020, 57(13): 130601.

[25] Vucic J, Kottke C, Nerreter S, et al. 513 Mbit/s visible light communications link based on DMT-modulation of a white LED[J]. Journal of Lightwave Technology, 2010, 28(24): 3512-3518.

[26] Ferreira R, Xie E, Mckendry J, et al. High bandwidth GaN-based micro-LEDs for multi-Gb/s visible light communications[J]. IEEE Photonics Technology Letters, 2019, 28(19): 2023-2026.

[27] 丁德强, 柯熙政. VLC 系统的光源布局设计与仿真研究[J]. 光电工程, 2007, 34(1): 131-134.

[28] Iniguez R R, Idrus S M, Sun Z. Optical Wireless Communications IR for Wireless Connectivity[M]. Boca Raton: Auerbach Publications, 2008.

[29] O'Brien D C, Leminh H. Home access networks using optical wireless transmission[C]. Proceedings of IEEE PIMRC, Cannes, 2008: 1-5.

[30] Jungnickel V, Pohl V, Nönnig S, et al. A physical model of the wireless infrared communication channel[J]. IEEE Journal on Selected Areas in Communications, 2002, 20: 631-640.

[31] Rodríguez S, Pérez-Jiménez R, López-Hernández F J, et al. Reflection model for calculation of the impulse response on IR-wireless indoor channels using ray-tracing algorithm[J]. Microwave

and Optical Technology Letters, 2002, 32: 296-300.

[32] Rodríguez S, Pérez-Jiménez R, González O, et al. Concentrator and lens models for calculating the impulse response on IR-wireless indoor channels using a ray-tracing algorithm[J]. Microwave and Optical Technology Letters, 2003, 36: 262-267.

[33] Gagliardi R M, Karp S. Optical Communications[M]. New York: John Wiley & Sons, 1995.

[34] Moreira A J C, Valadas R T, Oliveira-Duarte A M. Optical interference produced by artificial light[J]. Wireless Networks, 1997, 3: 131-140.

[35] Rahaim M B, Vegni A M, Little T D C. A hybrid radio frequency and broadcast visible light communication system[C]. Proceedings of the GLOBECOM Workshops, Houston, 2011: 792-796.

[36] Cossu G, Corsini R, Khalid A M, et al. Bi-directional 400Mbit/s LED-based optical wireless communication for non-directed line of sight transmission[C]. Proceedings of the Optical Fiber Communication Conference, San Francisco, 2014.

[37] Zheng Z, Liu L, Hu W W, et al. Analysis of uplink schemes for visible-light communication[J]. ZTE Technology Journal, 2014, (6): 8-11.

[38] Liu Y F, Yeh C H, Chow C W, et al. Demonstration of bi-directional LED visible light communication using TDD traffic with mitigation of reflection interference[J]. Optics Express, 2012, 20(21): 23019-23024.

[39] Chi N, Wang Y Q, Wang Y G, et al. Ultrahigh-speed single red-green-blue light emitting diode-based visible light communication system utilizing advanced modulation formats[J]. Chinese Optics Letters, 2014, 12(1): 10605.

[40] Komine T, Nakagawa M. Fundamental analysis for visible light communication system using LED lights[J]. IEEE Transactions on Consumer Electronics, 2004, 50(1): 100-107.

[41] Zhang W, Kavehrad M. Comparison of VLC-based indoor positioning techniques[J]. Optics Express, 2012, 20(21): 23019-23024.

[42] 许银帆, 黄星星, 李荣玲, 等. 基于 LED 可见光通信的室内定位技术研究[J]. 中国照明电器, 2014, (4): 11-15.

[43] 杨爱英, 吴永胜, 王雨, 等. 一种基于可见光标签的室内定位方法: CN103823204A[P]. 2014-05-28.

[44] Dambul K D, O'Brien D, Faulkner G. Indoor optical wireless MIMO system with an imaging receiver[J]. IEEE Photonics Technology Letters, 2011, 23(2): 97-99.

[45] 丁毅, 徐宁, 涂兴华, 等. 室内可见光通信光功率分布的实验研究[J]. 量子电子学报, 2014, 31(3): 379-384.

[46] 房芮, 徐伯庆. 室内可见光通信系统自适应均衡技术的研究[J]. 数据通信, 2014, (2): 34-36, 39.

[47] 文湘益, 汪井源, 徐智勇, 等. 室内可见光功率分布分析与仿真研究[J]. 军事通信技术, 2013, (1): 73-76.

[48] 黄龙, 冯国英, 李洪儒, 等. 室内可见光通信信道估计的研究[J]. 光电子技术, 2014, 34(4): 255-259.

[49] 李昉, 陈建平. 用于 VLC 的 LED 半功率角优化布局方法研究[J]. 中兴通讯技术, 2014, 20(6): 33-35, 51.

[50] 洪阳, 陈健, 王子雄. 基于 BD 预编码的多用户 MIMO 室内可见光通信系统[J]. 光子学报, 2013, (11): 1277-1282.

[51] 旷亚和. 基于 LED 的无线数据传输技术研究与设计实现[D]. 大连: 大连海事大学, 2014.

[52] 沈芮, 张剑, 王鼎. 基于可见光通信的室内定位算法及相应参数估计克拉美罗界[J]. 激光与光电子学进展, 2014, 51(9): 85-92.

[53] Ke X Z, Wu J L, Yang S J. Research progress and prospect of atmospheric turbulence for wireless optical communication[J]. Chinese Journal of Radio Science, 2021, 36(3): 323-339.

第 6 章　水下光通信

海水是良导体，电磁波这种横波的趋肤效应将严重影响其在海水中的传输，以致无线电波在水下几乎无法传播。电磁波穿透海水深度与其波长直接相关。短波穿透深度小，而长波的穿透深度要大一些，即使是超长波通信系统，穿透海水的深度也极其有限（最深仅达 80m）。激光为水下通信提供了一个新的途径。

6.1　概　　述

海水是保持水下航行隐蔽性的天然屏障，也是阻挡无线电波传播的屏障。早期的潜艇通信多采用长波通信手段。长波通信通常需要将大型长波发射天线铺设在陆地上，潜艇在水下安全深度隐蔽地接收陆上指挥部发出的信息。虽然长波穿透海水能力较强，但陆基天线庞大、通信速率较低。人们发现蓝绿光在水中的衰减明显小于其他波长，潜艇可以在巡航深度或更深的海水中采用蓝绿光通信，既保证了水下航行的隐蔽性，又不影响其正常活动；同时，激光的特性还使激光通信具有通信速率高、方向性好以及抗干扰、抗截获能力强等优势[1]。

1963 年，Duntley 等发现海水中存在一个 450～550nm 波段蓝绿光的透光窗口，其衰减比其他光波段的衰减要小很多。

美国海军从 1980 年起已进行了 6 次海上大型蓝绿光对潜通信实验，证实了蓝绿激光通信能在大暴雨、海水浑浊等恶劣条件下正常进行。1983 年底，苏联在黑海舰队的主要基地塞瓦斯托波尔附近也进行了把蓝色激光束发送到空间轨道反射镜后再转发到水下弹道潜艇的激光通信试验[2]。

澳大利亚国立大学选用 LuxeonⅢ LED 的蓝（460nm）、青（490nm）、绿（520nm）光，接收器电路采用对蓝青绿三种光灵敏度很高的 SLD-70BG2A 光电二极管，通信速率可达 57.6Kbit/s[2]。

美国伍兹霍尔海洋研究所研制了一套基于发光二极管（LED）低功耗深海水下光学通信样机，采用键控调制技术（OOK）实现了 10Mbit/s 的通信速率[3]。

日本 Keio 大学研究小组开展了基于可见光 LED 的水下光学无线通信研究，他们的仿真结果表明，水下光学信道的传输特性与波长和海水浑浊度有关[3]。

美国海军航空系统司令部的研究小组探讨了海水散射对 PSK 调制的水下光学无线通信在 10～100Mbit/s 通信速率的影响，试验结果表明海水浑浊度对信道调制带宽和相位具有重要影响[3]。

1983 年，美国开展了空基激光对潜、星载激光器以及卫星反射镜三种潜艇激光通信系统的方案设计。其中，星载激光器方案是将激光发射机置于卫星上，卫星反射镜方案是将激光器置于地面，通过卫星上的反射镜来反射光信号。1986 年，一架装备蓝绿激光器的 P-3C 飞机采用蓝绿激光通信技术成功向冰层下的潜艇发送了信号。1988 年，美国完成了蓝光通信系统的概念性验证。1989 年，美国开始着手研究提升飞机或卫星平台与水下潜艇间的激光通信性能[4]。

在 1989～1992 年，美国还实施了潜艇激光通信卫星(submarine laser communication satellite，SLCSAT)计划，旨在实现地球同步轨道卫星对潜激光通信[4]。

实际环境下海水散射对编码调制技术的影响机制，人们至今尚缺乏全面认识。

6.2　水下激光通信系统

6.2.1　水下激光通信原理

水下激光通信主要由三大部分组成：发射系统、水下信道和接收系统。水下无线光通信的机理是将待传送的信息经过编码器编码后，加载到调制器上转变成随信号变化的电流来驱动光源(将电信号转变成光信号)，然后通过透镜将光束以平行光束的形式在信道中传输；接收端由透镜将传输过来的平行光束以点光源的形式聚集到光检测器上，由光检测器件将光信号转变成电信号，然后进行信号调理，最后由解码器解调出原来的信息。水下激光系统如图 6.1 所示。

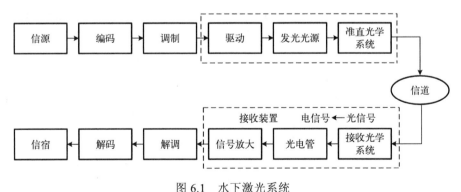

图 6.1　水下激光系统

6.2.2　水下信道

海水含有溶解物质、悬浮体和各种各样的活性有机体。由于海水中的物质及悬浮体的不均匀性，导致光在水下传播过程中因吸收和散射作用而产生衰减。因海域、水深、季节的不同，海水衰减特性有所不同[5]。

　　按照海域的不同使用功能和保护目标，海水水质分为四类：第一类适用于海洋渔业水域、海上自然保护区和珍稀濒危海洋生物保护区；第二类适用于水产养殖区、海水浴场、人体直接接触海水的海上运动或娱乐区以及与人类食用直接有关的工业用水区；第三类适用于一般工业用水区、滨海风景旅游区；第四类适用于海洋港口水域、海洋开发作业区。

　　海水的光学特性与水介质、溶解物质和悬浮物有关。溶解物质和悬浮体的成分种类繁多，主要包括无机盐、溶解的有机化合物、活性海洋浮游动植物、细菌、碎屑和矿物质颗粒等，光束在海水中的传输远比在大气中的传输所受影响复杂得多，很难用单一的数学模型进行描述。光波在水下传输所受到的影响可以归纳为以下三个方面。

　　(1)衰减：光在海水中的衰减主要来自吸收和散射影响，通常以海水分子吸收系数、海水浮游植物吸收系数、海水悬浮粒子的吸收系数、海水分子散射系数和悬浮微粒散射系数等方式体现。

　　(2)光束扩散：经光源发出的光束在传输过程中会在垂直方向上产生横向扩展，其扩散直径与水质、波长、传输距离和水下发散角等因素有关。

　　(3)多径散射：在海水中传播时，光被散射粒子散射而偏离光轴，形成多次散射。

6.2.3　水下激光通信的特点

　　光通信技术可以克服水下声学通信的带宽窄、受环境影响大、可适用的载波频率低、传输的时延大等缺陷[5]。具体原因如下。

　　(1)由于光波频率高，其信息承载能力强，可以组建大容量的无线通信链路。

　　(2)光波在水介质的传输速率可达千兆，使得水下大信息容量数据的快速传输成为可能。

　　(3)光通信具有较强的抗电磁干扰能力，不受海水温度和盐度影响。

　　(4)通信波束具有较好的方向性，若想拦截，则需要用另一部接收机在视距内对准发射机，使通信链路中断。

　　(5)随着半导体光源关键技术不断突破，体积小、价格低、效率高的可见光谱光电器件充足，并且由于光波波长短，收发天线尺寸小，可以大幅度减少重量。

6.3　激光对潜通信

6.3.1　激光对潜通信的形式

　　激光对潜通信系统可分为陆基、天基和空基三种方案[6]。

　　(1)陆基系统。由陆上基地台发出强脉冲激光，经卫星上的反射镜，将激光束反射至所需照射的海域，实现与水下潜艇的通信。这种方式可通过星载反射镜扩束成宽光束，实现一个相当大范围内的通信；也可以控制成窄光束，以扫描方式通信。

（2）天基系统。把大功率激光器置于卫星上完成上述通信功能，地面通过电通信系统对星上设备实施控制和联络，还可以借助卫星之间的通信，让位置最佳的一颗卫星实现与潜艇通信。

（3）空基系统。将大功率激光器置于飞机上，飞机飞越预定海域时，激光束以一定形状的波束扫过目标海域，完成对水下潜艇的广播式通信。

6.3.2　各介质层的传输

1. 云层透射率

在海洋上空层云、层积云、高层云、高积云和卷云的出现概率和覆盖率都在80%以上。层云和层积云属于水云，出现的平均高度是 0.4～2km，平均厚度是 300～500m。水云的液态水含量主要集中在 $0.1～0.5g\cdot m^{-3}$ 范围内。水云的液态水粒子直径集中在 10～50μm。高层云和高积云属于冰水混合云。它们出现的平均高度从几百米到几千米，厚度多集中在 200～500m。它们中的液态水含量一般在 $0.03～0.1g\cdot m^{-3}$。卷云是冰云的主要成分。在中高纬度卷云一般出现在 5～8km 的高度；低纬度地区，卷云的平均高度为 10～14km。卷云的厚度从几百米到几千米[6]。

在 450～550nm 可见光波段，大气衰减主要是米氏散射引起的，而分子的瑞利散射可忽略不计。消光系数（extinction coefficient）是表征介质使电磁波衰减程度的物理量，它等于电磁波在介质中传播单位距离时，其强度由于吸收和散射作用而衰减的相对值。各种云层的消光系数列于表 6.1。用 van de Hulst 公式计算云层的光谱辐照度透射率 L_c：

$$L_c = \frac{F \times 1.69}{\tau\left(1 - \langle\cos\theta\rangle\right) + 1.42}, \quad \tau \geq 10 \tag{6.1}$$

式中，τ 为云层光学厚度，τ 与云层物理厚度 D 的关系是 $\tau = \beta_c D$；$\langle\cos\theta\rangle$ 为散射角的平均余弦值，对于可见光，θ 取 $34°$，故 $\langle\cos\theta\rangle \approx 0.83$；$F$ 是与云层上面的光线入射角有关的函数。当 $\tau < 10$ 时，有

$$L_c = F(1 - 0.046\tau) \tag{6.2}$$

表 6.1　云层的消光系数 β_c

云型	雨层云	高层云	层云Ⅱ	浓积云	层云Ⅰ	积雨云	层积云	晴天积云
β_c / m^{-1}	0.128	0.108	0.100	0.069	0.067	0.044	0.045	0.021

2. 界面的影响

光线由空气进入海水时，界面透射率为 $L_{aw} = L_{aw1}L_{aw2}$，L_{aw1} 是由折射率的不连续性决定的界面透射率；L_{aw2} 是由海水泡沫及条纹决定的界面透射率。当 $\tau \geq 10$ 时，界面的入射是漫射光，海面风速 $v < 8\text{m/s}$ 时，取 $L_{aw} \approx 0.83$。

3. 海水透射率

海水本身和海水中悬浮粒子会引起散射，而悬浮粒子的尺寸分布随水质不同差异很大，海水中粒子的散射要比大气的散射强 2～3 个数量级[6]。

1) 向下辐照度的透射率

考虑有云天空的情况，入射到海水里的是云的漫射光。对于漫射光海水的衰减服从指数规律，即向下光谱辐照度的透射率为

$$L_w = \exp(-K_d Z) \tag{6.3}$$

式中，K_d 为向下漫射衰减系数（单位：m^{-1}），其值取决于水质，并与深度有关，其部分数值见表 6.2；Z 为深度（单位：m）。表 6.2 中的 K_d 值是由一定深度得出的。一般说来，随着深度增大，K_d 值会有所减小。若将深度分为 j 层，则式(6.3)改写为

$$L_w = \exp\left(-\sum_{i=1}^{j} K_{di} Z_i\right) \tag{6.4}$$

表 6.2　波长 $\lambda = 459\text{nm}$ 时向下漫射衰减系数 K_d 　　　（单位：m^{-1}）

I 类海水	II 类海水	III 类海水
0.032	0.063	0.120

2) 水下辐射率分布

指向水中任一点的辐射率 N 是天顶角 ϕ 和方位角 θ 及深度 Z 的函数，即 $N(\phi, \theta, Z)$。在计算接收光功率或能量时，必须乘上一个与辐射率分布和视场角有关的因子 $f(\phi_r)$：

$$f(\phi_r) = \frac{\int_0^{2\pi} \mathrm{d}\theta \int_0^{\phi_r} N(\phi, \theta, Z)\cos\phi\sin\phi\mathrm{d}\phi}{\int_0^{2\pi} \mathrm{d}\theta \int_0^{\pi} N(\phi, \theta, Z)\cos\phi\sin\phi\mathrm{d}\phi} \tag{6.5}$$

式中，ϕ_r 是视场角，当 $\phi_r > 90°$ 时，$f(\phi_r)$ 数值增加不多，故视场角不必过大，使用原子滤光器时，视场角可取 $90°$，$f(\phi_r)$ 约为 0.85。

4. 探测器背景光功率

接收机除接收到发射机发射信号外，还会接收来自天空的自然光，以及海洋生

物所产生的背景光辐射干扰，这种干扰降低了系统的信噪比，增大了系统的误码率。在白天，主要的背景辐射源是太阳和天光；在夜晚则为月光、星光、生物光及黄道光等。若太阳、月亮处于接收机的视场内，则可把它们看作点源处理，对于天光和云层，可看作充满视场的扩展源。由于自然光的辐照是非相干的，经云层多重散射后，入射到海面的背景光为漫射光，再经海水吸收、散射后到达接收机，此时背景光的光场分布与信号的光场分布相同[7]。

背景光功率为

$$P_b = H_\lambda \Delta\lambda A T L_c L_w L_{aw} f(\phi_r) \tag{6.6}$$

式中，H_λ 为信道的单位冲激响应；A 为接收天线面积（单位：m^2）；T 为接收光学系统和滤光器的总透过率；$\Delta\lambda$ 为滤光器的带宽（单位：nm）；P_b 的单位是 W。

6.3.3　时间扩展

光束在介质中传输会产生多径效应，形成信号在空间和时间上的展宽。这是因为多次散射引起光子传输过程的光程不同。接收信号已不是原来的标准脉冲波形，而是经过了时间扩展，能量衰减并淹没在强噪声中的复杂信号。

由于云层的多次散射，故当 $\tau < 10$ 时，散射光将占主要地位。这时云层底部的输出信号波形发生了改变，时间明显扩展。采用 Stotts 方程计算时间扩展[8]。

用 Δt_c 表示输出脉冲半功率点的时间宽度，则[9]

$$\Delta t_c = \frac{D}{c} = \frac{0.3}{\omega_0 \tau \theta_c^2 [(1 + 2.25\omega_0 \tau \theta_c^2)^{1.5} - 1] - 1} \tag{6.7}$$

式中，ω_0 为散射系数与消光系数之比，对于可见光，$\omega_0 \approx 1$；θ_c 为云的平均散射角，典型值是 $\theta_c = 0.66\text{rad}$；$D$ 是云层厚度；c 是光速。

从式（6.7）可见，Δt_c 主要取决于云层厚度和消光系数。对于层积云和积雨云，可设消光系数 $\beta_c = 0.04\text{m}^{-1}$。当 $\tau < 10$ 时，直射光占主要地位，可近似认为 $\Delta t_c = 0$。其他因素引起的时间扩展，如水散射和光程差产生的时间扩展均远小于 Δt_c，通常可以忽略。因此信道总的时间扩展为 $\Delta t = \Delta t_c$。

激光在云层中传输的散射会改变信号的时间特性，峰值有明显降低，脉冲上升时间会推迟，产生总的时间展宽效应。时间扩展从几十纳秒到数千纳秒，这样大的动态范围为接收机的信号检测带来困难，大大降低了通信系统信噪比。

6.3.4　能量方程

探测器接收到的信号单脉冲能量 E_r 表示为[10]

$$E_r = E_P(A/S) L_c L_w L_a L_{aw} T f(\phi_r) \tag{6.8}$$

式中，T 为接收光学系统和滤光器的总透过率；E_p 为发射机光学系统输出的单脉冲能量（单位：J）；S 为接收处水下光斑面积（单位：m^2）；L_{aw} 为大气分子散射的透射率：$L_a = e^{-\beta_a H}$（H 为飞机飞行高度，β_a 为大气散射系数，近似计算时可取 $\beta_a = 4 \times 10^{-5} m^{-1}$）。把各项因素产生的能量衰减用 dB 表示，则式(6.8)变为

$$
\begin{aligned}
&10 \lg(E_r / E_P) \\
&= 10 \lg(A / S) + 10 \lg L_a + 10 \lg L_c + 10 \lg L_{aw} + 10 \lg L_w + 10 \lg T + 10 \lg f(\phi_r)
\end{aligned}
\tag{6.9}
$$

设计水下激光通信系统时，必须考虑信号的衰减，进行合理的传输能量预算。

6.4 复眼接收天线

针对复眼透镜光学天线的仿生结构，利用复眼透镜和凸透镜的组合接收阵列 LED 光源信号，本节介绍可见光通信系统中复眼透镜的信号传输及光学设计。

6.4.1 LED 光源在水中的传输模型

LED 光束在水中传输的衰减，主要是由水中物质对光束的吸收作用和散射作用引起的[9]。水体对光的吸收和散射作用会造成水中光传输的衰减特性，因此水体引起的总的衰减作用可表示为光吸收作用和散射作用之和，即[10]

$$
c(\lambda) = \alpha(\lambda) + \beta(\lambda)
\tag{6.10}
$$

式中，$\alpha(\lambda)$ 为由吸收造成的总衰减系数，$\beta(\lambda)$ 为由散射造成的总衰减系数，$c(\lambda)$ 表示海水总的衰减系数。其中 $\alpha(\lambda)$ 又可以表示为[11]

$$
\alpha(\lambda) = \alpha_{纯水}(\lambda) + \alpha_{浮游生物}(\lambda) + \alpha_{悬浮颗粒}(\lambda) + \alpha_{黄色物质}(\lambda)
\tag{6.11}
$$

式中，$\alpha_{纯水}(\lambda)$ 表示纯水对光的吸收作用产生的衰减系数，$\alpha_{黄色物质}(\lambda)$ 表示黄色物质对光的吸收作用产生的衰减系数，$\alpha_{浮游生物}(\lambda)$ 表示浮游生物对光的吸收作用产生的衰减系数，$\alpha_{悬浮颗粒}(\lambda)$ 表示悬浮颗粒对光的吸收作用产生的衰减系数。$\beta(\lambda)$ 又可以表示为[12]

$$
\beta(\lambda) = \beta_{纯水}(\lambda) + \beta_{悬浮颗粒}(\lambda)
\tag{6.12}
$$

式中，$\beta_{纯水}(\lambda)$ 表示纯海水对光的散射作用而产生的衰减系数，$\beta_{悬浮颗粒}(\lambda)$ 表示悬浮颗粒对光的散射作用而产生的衰减系数。表 6.3 是绿光在不同水体中的衰减系数的典型值[13]。

表 6.3　衰减系数的典型值　　　　　　　　（单位：m^{-1}）

衰减系数	$\alpha(\lambda)$	$\beta(\lambda)$	$c(\lambda)$
纯净海水	0.053	0.003	0.056
干净海水	0.114	0.037	0.151
近海海水	0.179	0.219	0.398
浑浊海水	0.295	1.875	2.17

图 6.2 为 LED 光信号在海水信道中的辐射传输模型，在水下传输过程中，将 LED 光源视为朗伯光源，其光强分布满足朗伯辐射定律[9]，由于海水信道复杂，LED 光信号在传输过程中易受水体对其衰减的影响，导致 LED 光信号发生严重损耗。对于长距离的水下蓝绿光 LED 通信，其光通信的功率损耗与通信距离、接收孔径和发射端光源发散角有关，光束的扩展随距离增大而增大[14]，其中光束扩展后被接收器在视场角范围内接收到的功率为[15]

$$P_r = P_0 \left(\eta_t \eta_r \eta \frac{D_r^2}{(D_t + d \tan \theta)^2} \mathrm{e}^{-c(\lambda) \cdot d} + n_t \right) \tag{6.13}$$

式中，P_r 为光传输 d 距离后的功率；P_0 为发射光功率；D_r 是接收器孔径尺寸；D_t 是发射器孔径尺寸；d 为 LED 光源到光电探测器的距离；θ 是光源的发散角；$c(\lambda)$ 为海水总衰减系数。在发射端，光源的发射装置会在发光过程中产生一定的损耗，发射效率为 η_t；在接收端，接收光束会受到接收天线、光学设计等影响，会产生接收损耗，即接收效率 η_r，用 η 来描述水下光波传输过程中的湍流带来的影响，n_t 表示光电探测器的噪声(散粒噪声、暗电流噪声)和负载电阻的热噪声。

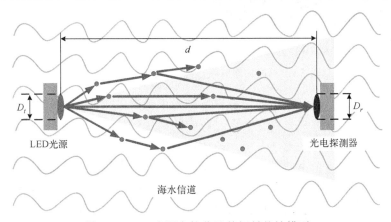

图 6.2　LED 光源向接收器的辐射传输模型

LED 光在海水信道的传播过程中会在径向上扩展，导致发出的光随着距离的增加而扩展，不能完全地被接收端接收，造成一部分光能的几何损失。

6.4.2　复眼透镜光学接收天线的结构

1. 复眼透镜接收天线的透镜阵列结构

复眼透镜系统的原理是将物空间分为若干个小视场，每个透镜的光束通道对应一个小视场，将这个小视场的光束会聚在像面上，使像面上得到多个小光斑，再对小光斑进行组合，形成叠加的光斑。该透镜系统的工作原理与生物中昆虫复眼的工作原理极为相似，昆虫复眼的每一个小眼相当于复眼系统的每一个光束通道，每个光束通道也像昆虫的复眼一样沿球面分布[16]。

图 6.3(a)为单层曲面复眼透镜示意图。由于目前的探测器绝大多数是平面结构，所以对单层曲面复眼透镜系统来说，边缘视场的光斑会聚质量会大大下降。如图 6.3(b)所示，位于阵列中央的透镜会聚效果最好，但随着透镜位置的径向移动，透镜的会聚效果逐渐下降，最外侧的透镜已无法将光线有效聚焦于光电探测器表面[17]。

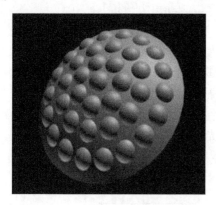
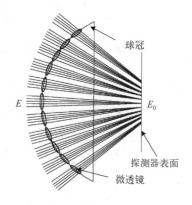

(a) 单层曲面复眼透镜结构　　　　　　　　(b) 单层曲面复眼透镜光线追迹

图 6.3　单层曲面复眼透镜阵列光学系统示意图

为了提高单层曲面复眼透镜边缘视场的光束会聚效果，使整个系统的视场进一步扩大，同时也为了解决光束在会聚过程中的离焦现象，在单层的基础上设计了一种双层曲面复眼透镜阵列光学系统。图 6.4 为双层曲面复眼透镜阵列光学系统示意图，首先系统首层每个小曲面透镜的焦距由该透镜所在半圆面的位置决定，即为小透镜中心的视场光线方向到大透镜表面的距离，使得处于任意位置的小透镜都可以在大透镜的表面获得理想的光束会聚效果；其次再通过二层的大曲面镜会聚在探测器的表面，最终使得光信号可以一次聚焦在探测器表面，减少边缘透镜无法聚焦而带来的光能损失。

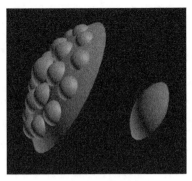

(a) 双层曲面复眼透镜结构

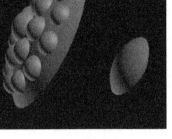

(b) 双层曲面复眼透镜光线追迹

图 6.4　双层曲面复眼透镜阵列光学系统示意图

2. 性能指标

1) 光学效率

复眼透镜光学接收天线的目的是增大有效接收面积和视场角, 会聚足够强的光信号到探测器表面上, 因此光学效率是评价光学接收天线性能的一个重要指标。光学接收天线输出面的总能量 E_0 与输入面的总能量 E 之比, 即[18]

$$\eta = \frac{E_0}{E} \times 100\% \tag{6.14}$$

式中, E_0 为透射光的总能量; E 为入射光的总能量。

2) 误码率

当光信号通过 OOK 调制后, 光束在海水中传输时, 海水中的水分子和粒子对光束的影响最大, 但其他噪声源对光束的影响也不能忽略, 我们处理的不同噪声源包括输入信号和背景辐射产生的背景噪声、暗电流噪声、热噪声和散粒噪声[19], 同时光束通过海水介质受湍流影响会引起通信性能的降低[20]。

当光束在传输过程中, 外界自然光照射进水中时, 对光束的传播会造成很大的干扰, 从而产生背景噪声, 背景噪声的方差 σ_{BG}^2 为[19]

$$\sigma_{BG}^2 = 2q\Re P_{BG}B \tag{6.15}$$

式中, q 表示电子电荷, 其值 $q = 1.6 \times 10^{-19}$ C; $\Re$ 表示响应度, P_{BG} 表示背景噪声功率, B 表示信号带宽。除了背景噪声之外, 还有另一个散粒噪声源, 主要是接收端的光电二极管有电流通过发生光电转换时产生的暗电流噪声, 暗电流噪声的方差 σ_{DC}^2 为

$$\sigma_{DC}^2 = 2qI_{DC}B \tag{6.16}$$

式中, I_{DC} 表示通过光电二极管的电流。在水下通信系统的接收端, 由探测器的负

载电阻 R 在阻抗转换过程中所产生的热噪声对系统的 BER 性能也有一定的影响，热噪声的方差 σ_{TH}^2 为

$$\sigma_{TH}^2 = \frac{4KTB}{R} \tag{6.17}$$

式中，$K = 1.38 \times 10^{-23}$ J/K 为玻尔兹曼常数；T 是系统的绝对温度；B 是探测器的响应带宽；实际中一般取负载电阻 $R = 50\Omega$。散粒噪声也被称为散弹噪声，是由形成电流的载流子的分散性造成的，主要出现于探测器这样的有源器件中[11]。散粒噪声的方差 σ_{SS}^2 为[20]

$$\sigma_{SS}^2 = 2q\Re P_0 B \tag{6.18}$$

式中，P_0 为信号功率。Prieur 等人曾通过大量实验表明，广义 Gamma 分布可以很好地拟合湍流影响下的接收光强起伏，描述从弱到强的各种衰落，其概率密度为[20]

$$f_R(r) = \frac{2v}{(\Omega/m)^m \Gamma(m)} r^{2vm-1} \exp\left(-\frac{mr^{2v}}{\Omega}\right), \quad r > 0 \tag{6.19}$$

式中，m 和 v 表示形状参数；Ω 表示尺度参数。广义 Gamma 分布的 n 阶矩表示为[20]

$$E[R^n] = \frac{\left(\frac{\Omega}{m}\right)^{\frac{n}{2v}} \Gamma\left(m + \frac{n}{2v}\right)}{\Gamma(m)} \tag{6.20}$$

进而根据闪烁指数的定义可得

$$\sigma_0^2 = \frac{\Gamma(m)\Gamma\left(m + \frac{1}{v}\right)}{\Gamma^2\left(m + \frac{1}{2v}\right)} - 1 \tag{6.21}$$

因此接收端探测器输出的平均信噪比表达形式为[21]

$$\langle SNR \rangle = \frac{SNR_0}{\sqrt{1 + \sigma_0^2 SNR_0^2}} \tag{6.22}$$

式中，$SNR_0 = \dfrac{(\Re P_s)^2}{\sigma_{BG}^2 + \sigma_{DC}^2 + \sigma_{TH}^2 + \sigma_{SS}^2}$，则蓝绿光在水中传输后到达 PIN 光电探测器后的平均误码率公式为[21]

$$\langle BER \rangle = \frac{1}{2} \int_0^\infty f_I(I) \mathrm{erfc}\left(\frac{\langle SNR \rangle I}{2\sqrt{2}}\right) dI \tag{6.23}$$

式中，$\mathrm{erfc}(x)$ 为互补误差函数，$f_I(I)$ 为信道衰落概率密度函数，I 为 OOK 信号检测阈值电平。

3) 复眼透镜接收光强

双层复眼透镜接收天线是一个简单的线性分集组合即等增益合并 (EGC)[22,23]。双层复眼透镜接收天线由透镜阵列和一个曲面镜组成,第二层的曲面透镜将透镜阵列会聚的光束进行会聚叠加,使得各小透镜的光在探测器表面得到合并输出。如图 6.4(b) 所示,双层复眼接收天线输出信号为微透镜阵列输出信号权重相加生成的组合信号,可以表示为[23]

$$\hat{P}_r = \sum_{n=1}^{N_r} P_{nr} w_n \tag{6.24}$$

式中,P_{nr} 是第 n 个微透镜的光功率;w_n 是加权系数,即

$$w_n = t \frac{D_{nr}}{D_r} \cos \beta \mathrm{e}^{c(\lambda) \cdot d} \tag{6.25}$$

式中,D_{nr} 为第 n 个微透镜的孔径尺寸;D_r 为曲面复眼透镜球冠尺寸;微透镜与探测器表面的夹角 $\beta = 20°$;d 为传播距离;t 为光波矢量的相对折射率,由斯涅耳 (Snell) 定律可得

$$t = \frac{\sin \alpha_{n1}}{\sin \alpha_{n2}} \tag{6.26}$$

式中,α_{n1} 为光波在第 n 个微透镜上的入射角,α_{n2} 为光波透过第 n 个微透镜的折射角。第 n 个微透镜接收到的功率为

$$P_{nr} = P_0 \left(\eta_t \eta_r \sigma_0^2 \frac{D_r^2}{(D_t + d \tan \theta)^2} \mathrm{e}^{-c(\lambda) \cdot d} + \sigma_r^2 \right) \tag{6.27}$$

式中,$\sigma_r^2 = \sigma_{BG}^2 + \sigma_{DC}^2 + \sigma_{TH}^2 + \sigma_{SS}^2$ 为信道噪声。将式 (6.25) 和式 (6.27) 代入式 (6.24) 得双层复眼接收天线的输出功率为

$$\hat{P}_r = \sum_{n=1}^{N_r} P_0 \left(\eta_t \eta_r \sigma_0^2 \frac{D_r^2}{(D_t + d \tan \theta)^2} \mathrm{e}^{-c(\lambda) \cdot d} + \sigma_r^2 \right) \frac{\sin \alpha_{n1}}{\sin \alpha_{n2}} \cdot \frac{D_{nr} \cos \beta}{D_r} \mathrm{e}^{c(\lambda) \cdot d} \tag{6.28}$$

图 6.5 是双层复眼阵列光学天线示意图,不仅可以将首层小透镜会聚的光线通过会聚透镜成功会聚到一起,还可实现光强的叠加。图 6.6 中的实线是我们使用实验测得的数据所拟合的曲线,虚线则是使用复眼结构光功率公式计算后拟合的曲线,双层复眼透镜比单层复眼透镜接收到的功率值均有所提升,实验数据与理论结果基本相符。

图 6.5　双层复眼阵列的接收天线

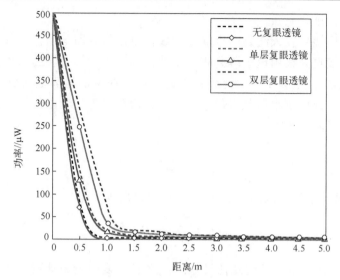

图 6.6 实验数据和理论数据

6.5 发射端恒流驱动

LED 光源的驱动方式有恒流驱动、恒压驱动、限流驱动以及脉冲驱动 4 种，由于 LED 具有非线性伏安特性，易受温度影响，实际中多采用恒流驱动。

6.5.1 大功率 LED 驱动主控电路

图 6.7 为 LED 恒流驱动主控电路图，采用 TPS61500 为主控芯片，用于驱动 5W 的 LED 灯（5 个 1W 大功率 LED 串联）。输入电压为 DC 12V，输出电流为直流 1A。表 6.4 为图 6.7 电路主要元器件参数表。

表 6.4　LED 恒流驱动主控电路参数

元件位号	元件值	元件位号	元件值
R9	10Ω	C9	1nF
R10	NC	C10	10μF
R11	10kΩ	C11	0.1μF
R12	NC	C12	NC
R13	2Ω	C13	0.1μF
R14	2Ω	C14	82nF
R15	100kΩ	C15	0.1μF
R16	24kΩ	C16	10μF

续表

元件位号	元件值	元件位号	元件值
R17	1kΩ	C17	0.1μF
R18	0Ω	C18	0.1μF
R19	0.67Ω		

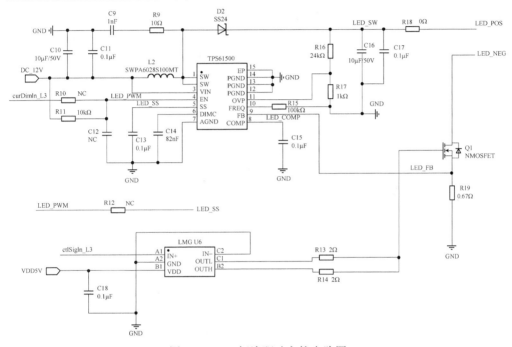

图 6.7　LED 恒流驱动主控电路图

主控电路包括升降压部分、电子开关部分、稳压部分以及主控芯片部分。Q1 为 NMOS 管(场效应管)，起电子开关的作用，NMOS 管工作时产生的噪声比较低，有益于降噪；D2 为稳压二极管，其作用是稳定输入电压，避免高压损坏芯片；电感 L2 和电容 C11 组成 LC 电路，其作用是抑制干扰。

6.5.2　主控芯片

TPS61500 是高亮度 LED 驱动器，该驱动器是集成了 3A、40V 电源开关的单片 开关稳压器,是功率为 1W 的 LED 的理想型驱动器,该驱动器的输入电压范围为 3～ 18V,因此可支持 12V 稳压导轨的输入电压应用,同时该驱动器可在同一时刻驱动 多个串联的 LED 灯，确保 LED 通信系统在发射端有足够的光输出。

TPS61500 驱动芯片通过电流模式脉冲宽度调制(pulse width modulation，PWM) 进行控制，PWM 调光方式是通过开关电路在单位时间内周期性地接通和切断 LED

的电流,从而改变 LED 灯的亮灭。为了保证 LED 在点亮状态时,光的亮度基本保持一致,就需要通过 LED 的电流在每个开关周期都保持恒定,而 PWM 调光方法就可以很好地控制 LED 灯的亮度,同时 PWM 信号在对 LED 光亮度的调节时,仅对 LED 的直流电流进行了调制,这消除了在 PWM 调光期间 LED 的光亮度会受到电流脉冲产生的噪声的影响,相应的电路原理图如图 6.8 所示。主控电路外围参数如表 6.5 所示。

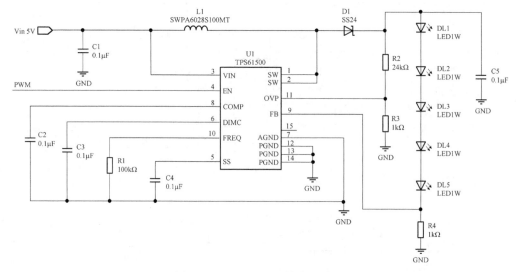

图 6.8   TPS61500 及其外围电路

表 6.5   外围电路参数

元件位号	元件值	元件位号	元件值
R1	100kΩ	C1	0.1μF
R2	24kΩ	C2	0.1μF
R3	1kΩ	C3	0.1μF
R4	1kΩ	C4	0.1μF
		C5	0.1μF

    PWM 控制电路在每个开关周期开始时打开开关,将输入电压施加在电感 L1 上,并在电感电流上升的时候存储能量,此时负载的电流由输出电容提供,当电感电流上升到误差放大器输出设置的阈值时,电源开关关闭,此时外部的肖特基二极管 SS24 正向偏置,电感器将存储的能量传输给输出电容,并为负载提供电流,待下一次开关打开后重复上述操作,开关的频率是通过 FREQ 连接的外部电阻 R1 来控制。LED 灯的亮度由 LED 的峰值电流和外部 PWM 信号的占空比控制,当电容 C3 连接到 DIMC 引脚时,FB 调节电压与外部 PWM 信号的占空比成正比,从而实现了 LED

亮度的变化。在 PWM 信号的占空比下，LED 驱动芯片对内部 200mV 参考电压进行截断，然后脉冲参考电压由一个内部的 25kΩ 电阻和外部的电容 C3 组成的低通滤波器进行滤波，滤波器的输出连接到误差放大器，作为 FB 引脚的参考电压，将 FB 引脚电压调节到 200mV，并通过与 LED 串联的低阻值电阻就可以检测通过 LED 的电流。

6.5.3　NMOS 管驱动电路

如图 6.9 所示，携带信息的方波信号通过 U4 的 A2 引脚输入，当方波信号在某一时隙处于上升沿时，U4 将 1.2V 的输入电平变换为 3.3V，产生一个微小的交流信号，此时驱动器 U2 通过驱动栅极与 OUTH 和 OUTL 之间连接的外部电阻，通过信号电平驱动高速开关 NMOS 管 Q1 导通，同时接通 PWM 控制器，通过 PWM 信号对 LED 光亮度的调节点亮 LED 灯。同理，当方波信号处于下降沿时则不点亮 LED 灯，最终通过控制 LED 灯的亮灭来实现信息的传输。图 6.9 主要元器件参数如表 6.6 所示。

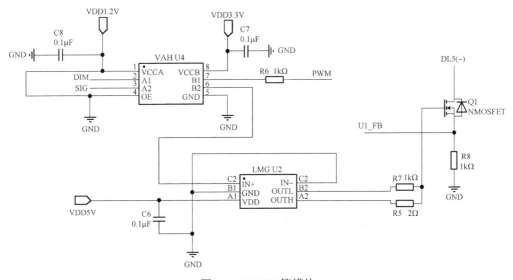

图 6.9　NMOS 管模块

表 6.6　NMOS 管模块外围电路参数

元件位号	元件值	元件位号	元件值
R5	2Ω	C6	0.1μF
R6	1kΩ	C7	0.1μF
R7	1kΩ	C8	0.1μF
R8	1kΩ		

6.5.4　LED 灯珠

　　LED 灯珠模块(图 6.10)采用 5 个 1W 的 LED 串联。LED 灯珠模块的电路板应与驱动电路板分离，避免 LED 灯珠发热影响驱动电路的正常工作和转化效率。

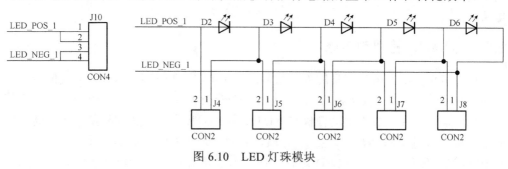

图 6.10　LED 灯珠模块

6.6　光在海水中的传输特性

　　光在海水中进行信号传输时，海水水体中的各类成分和物质必定会对光的传输造成影响。

6.6.1　光学特性

　　海水的光学特性可以分为两种：固有光学特性(inherent optical properties，IOP)和表观光学特性(apparent optical properties，AOP)[11]。IOP 仅由传输介质自身的物理特性所确定，而与发射的光源无关。而 AOP 是与光源有关的随光照量变化而变化的特性，由海洋中辐射场分布和海水介质本身所决定[12]。海水的 AOP 主要是遥感反射比、辐照度反射比和漫射衰减系数[13]。IOP 多用于对光传输信道模型的测算，而 AOP 多用于对海洋表面的空间光进行测算[14]。

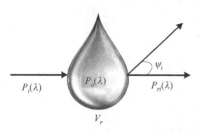

图 6.11　水下光吸收与散射示意图

　　如图 6.11 所示，假设入射光束的光功率为 $P_i(\lambda)$，波长为 λ 的入射光束穿过体积 V_r 的水元素体并经历了吸收和散射。入射光束的一部分光功率 $P_a(\lambda)$ 被吸收，一部分的光功率 $P_{si}(\lambda)$ 将以角度 ψ_i 被散射，剩余功率为 $P_{ri}(\lambda)$ 穿过水元素体并被接收器检测到。因此根据能量守恒定律得[13]

$$P_i(\lambda) = P_a(\lambda) + P_{si}(\lambda) + P_{ri}(\lambda) \tag{6.29}$$

式中，$P_i(\lambda)$ 为入射到水元素体的入射光功率值；$P_a(\lambda)$ 为被水元素体吸收的光功率值；$P_{si}(\lambda)$ 为透过水元素体后，以角度 ψ_i 散射的光功率值；$P_{ri}(\lambda)$ 为穿过水元素体后被接收端接收到的光功率值。

基于式 (6.29)，将信号吸收功率比 $A(\lambda)$ 和信号散射功率比 $B(\lambda)$ 定义为

$$A(\lambda) = \frac{P_a(\lambda)}{P_i(\lambda)} \tag{6.30}$$

$$B(\lambda) = \frac{P_{si}(\lambda)}{P_i(\lambda)} \tag{6.31}$$

在式 (6.30) 和式 (6.31) 中，当水元素体的半径 $\delta(r)$ 无限小时，以水元素的体积为极限，此时吸收衰减系数 $\alpha(\lambda)$ 和散射衰减系数 $\beta(\lambda)$ 可以写为[15]

$$\alpha(\lambda) = \lim_{\delta(r) \to 0} \frac{\delta A(\lambda)}{\delta(r)} = \frac{\mathrm{d}A(\lambda)}{\mathrm{d}r} \tag{6.32}$$

$$\beta(\lambda) = \lim_{\delta(r) \to 0} \frac{\delta B(\lambda)}{\delta(r)} = \frac{\mathrm{d}B(\lambda)}{\mathrm{d}r} \tag{6.33}$$

式中，$\delta(r)$ 为水元素体的半径。光在海水中进行信息传递时，会受到海水中各类物质的影响而发生衰减，这种衰减主要由物质的吸收和散射引起，其吸收衰减系数 $\alpha(\lambda)$ 与散射衰减系数 $\beta(\lambda)$ 的总衰减效应，可用衰减系数 $c(\lambda)$ 来表示，即[16]

$$c(\lambda) = \alpha(\lambda) + \beta(\lambda) \tag{6.34}$$

根据水体的浑浊程度将海水进行分类，具体可分为以下四类：Ⅰ 类为纯净海水，即海洋深处的海水；Ⅱ 类为清澈海水，即海洋表层海水，由于降雨和海洋生物活动的影响，含有叶绿素的颗粒 (浮游植物) 和有机物分解的颗粒含量较高；Ⅲ 类为沿海海水，含有大量的有机溶剂、浮游植物和较大的悬浮颗粒；Ⅳ 类为浑浊的港口海水，由于人工作业的影响，悬浮颗粒和有机溶剂的含量最高，对光有严重的衰减影响[17]。

6.6.2　吸收特性

光在海水中传输时会被海水中的水分子、浮游生物和藻类等物质吸收而产生衰减，这种现象被称为海水对光的吸收特性。归纳起来影响海水吸收特性的因素可分为四类，海水本体、含有叶绿素的颗粒 (浮游植物)、海水中的悬浮颗粒以及有色可溶性有机物，这四类物质吸收效应的叠加就构成了海水对光的吸收效应。因此海水的吸收衰减系数 $\alpha(\lambda)$ 可以表示为[18]

$$\alpha(\lambda) = \alpha_w(\lambda) + \alpha_{\mathrm{chl}}(\lambda) + \alpha_{\mathrm{nap}}(\lambda) + \alpha_y(\lambda) \tag{6.35}$$

式中，$\alpha_w(\lambda)$ 表示纯水对光的吸收衰减系数，$\alpha_{\mathrm{chl}}(\lambda)$ 表示含有叶绿素的颗粒 (浮游植物) 对光的吸收衰减系数，$\alpha_{\mathrm{nap}}(\lambda)$ 表示悬浮颗粒对光的吸收衰减系数，$\alpha_y(\lambda)$ 表示黄

色物质对光的吸收衰减系数。在同一片海域中，当盐度、深度和测量时间发生变化时，海水的吸收特性也会发生变化。下面将分别对这四类影响进行说明。

1. 纯水对光的吸收特性

海水对光的吸收特性主要由水分子和海水中的溶解盐引起的，而海水中无机盐包括 NaCl、KCl 和 CaCl$_2$ 等，浓度为 3.8%左右。基于大量的实验表明，相比于水分子而言，由于溶解盐对光的吸收作用很小，可以不考虑海水中溶解盐的影响[19]。因此，海水对光的吸收作用主要由海水中水分子所引起。

2. 浮游植物对光的吸收特性

与陆地上的植物一样，海水中浮游植物也是通过叶绿素来进行光合作用，因此浮游植物对光波吸收的能力取决于所含叶绿素的总量。Prieur 等人研究发现，不同种类的叶绿素对于不同波长的光吸收能力不同，而浮游植物体内叶绿素 a 的占比是最高的，因此可以通过叶绿素 a 的浓度来决定浮游植物对光的吸收系数，叶绿素 a 对光波的吸收系数为[20]

$$\alpha_{\text{chl}}(\lambda) = a_c^0(\lambda) \left(\frac{C_c}{C_c^0} \right)^{0.602} \tag{6.36}$$

式中，C_c 为叶绿素的浓度，$C_c^0 = 1 \text{mg/m}^3$，$a_c^0(\lambda)$ 为浮游植物中叶绿素的吸收系数。表 6.7 为浮游植物对不同波长光波的叶绿素比的吸收系数 $a_c^0(\lambda)$。

表 6.7　不同波长光波的叶绿素比的吸收系数[20]

λ/nm	$a_c^0(\lambda)$/m^{-1}	λ/nm	$a_c^0(\lambda)$/m^{-1}	λ/nm	$a_c^0(\lambda)$/m^{-1}	λ/nm	$a_c^0(\lambda)$/m^{-1}	λ/nm	$a_c^0(\lambda)$/m^{-1}
400	0.687	460	0.917	520	0.528	580	0.291	640	0.334
410	0.828	470	0.870	530	0.474	590	0.282	650	0.356
420	0.913	480	0.798	540	0.416	600	0.236	660	0.441
430	0.973	490	0.750	550	0.357	610	0.252	670	0.595
440	1.000	500	0.668	560	0.294	620	0.276	680	0.502
450	0.944	510	0.618	570	0.276	630	0.317	690	0.329

3. 黄色物质对光的吸收特性

海水中的黄色物质是指动、植物腐烂生成的腐殖质形成的有色可溶性有机物，因其呈黄褐色而被称为黄色物质。1977 年 Morel 等人通过实验测量指出，光在海水中传输时被黄色物质吸收而发生的衰减呈现指数型[21]。2002 年吴永森等人，通过实验测量给出了光在海水中传输时受黄色物质吸收特性影响的数学模型[22]

$$\alpha_y(\lambda) = \alpha_y(\lambda_0) \times \exp[-S_y \times (\lambda - \lambda_0)] \tag{6.37}$$

式中，$\alpha_y(\lambda_0)$ 为参考波长为 λ_0 时海水中的黄色物质对光的吸收率，是一个定常数；S_y 为黄色物质对光的吸收光谱曲线的指数斜率，S_y 随水域的变化而变化。1977 年 Morel 等人，给出吸收系数曲线的指数斜率参数 S_y 值为 0.0140nm^{-1}[21]；1981 年 Bricaud 等人，在不同水域收集了 105 个水体样本，给出 S_y 值范围为 0.0100～0.0200nm^{-1} 之间[23]；1995 年 Pegau 等人，通过对 26 个湖水样本进行测定，得出 S_y 的平均值为 0.0170nm^{-1}[24]；2002 年吴永森等人，通过采集胶州湾等水域的样本，给出 S_y 值范围为 0.0131～0.0180nm^{-1}[22]。

4. 悬浮颗粒对光的吸收特性

海水中的悬浮颗粒是指颗粒大小在几到几百微米之间的悬浮物质，主要指生物的排泄物、残落物和悬浮的泥沙颗粒等，它们同样对光波具有吸收作用。由于悬浮颗粒的不可溶解性，其主要分布在受河流排放、海岸侵蚀影响的沿海地区，离海岸较远的深海区域由于颗粒沉降和人为因素的影响较小所以悬浮颗粒的总量较少。

Gilerson 等人在切萨皮克湾的马里兰州海岸和邻近河流和港口的 42 个站点进行了现场测量，通过海洋光学光谱仪测得海水中的悬浮颗粒的吸收光谱与黄色物质的吸收光谱相同，都被建模为随波长的增长而呈指数下降，则光在海水中传输时受悬浮颗粒吸收特性影响的函数关系表达式为[25]

$$\alpha_{nap}(\lambda) = \alpha_{nap}(\lambda_0) \times \exp(-S_{nap}(\lambda - \lambda_0)) \tag{6.38}$$

$$\alpha_{nap}(\lambda_0) = C_{nap} \times \alpha_{nap}^*(\lambda_0) \tag{6.39}$$

式中，$\alpha_{nap}(\lambda_0)$ 为悬浮颗粒在参考波长 λ_0 处的吸收率；$\alpha_{nap}^*(l_0)$ 是悬浮颗粒在参考波长 λ_0 处的比吸收率；C_{nap} 是非藻类悬浮颗粒浓度；S_{nap} 为悬浮颗粒对光吸收的光谱曲线的指数斜率。

6.6.3　散射特性

海水对光束的影响除了吸收特性造成的损耗外，在靠近陆地水的区域发现大量的颗粒物和有机物，此处海水的衰减以散射为主，此时海水的最小衰减窗口从蓝色波段(470nm)移动到绿色波段(550nm)。海水中存在的水分子、含有叶绿素的颗粒(浮游植物)以及不同尺寸的悬浮颗粒对光的散射，同样会引起光在传输过程中发生能量损耗，这三类物质散射效应的叠加就构成了海水对光的散射效应[26]。三类物质对光的散射造成的衰减系数 $\beta(\lambda)$ 可以表示为[26]

$$\beta(\lambda) = \beta_w(\lambda) + \beta_{chl}(\lambda) + \beta_{nap}(\lambda) \tag{6.40}$$

式中，$\beta_w(\lambda)$ 表示纯海水对光的散射作用而产生的衰减系数；$\beta_{chl}(\lambda)$ 表示浮游生物对光的散射作用而产生的衰减系数；$\beta_{nap}(\lambda)$ 表示悬浮颗粒对光的散射作用而产生的衰减系数。下面将分别对这三类影响进行说明。

1. 纯水对光的散射特性

海水水体中的水分子，不仅对光有吸收特性，同样也存在散射特性，这种散射特性服从瑞利分布。1974 年 Morel 通过实验测量得出纯水对光散射模型的方程[19]，纯海水的瑞利散射系数 $\beta_w(\lambda)$ 为

$$\beta_w(\lambda) = 0.005826 \times \left(\frac{400}{\lambda}\right)^{4.322} \tag{6.41}$$

2. 浮游植物对光的散射特性

浮游植物对光的散射特性，同样也与浮游植物中所含叶绿素的浓度有关。为了模拟浮游植物的散射，Roesler 等人通过米氏理论计算和现场测量得出了浮游植物对光的散射系数 $\beta_{chl}(\lambda)$ 的方程[27]

$$\beta_{chl}(\lambda) = 0.45 \left(\frac{550}{\lambda}\right) C^{0.62} \tag{6.42}$$

式中，C 为浮游植物叶绿素的浓度。Poulin 等人通过改变粒子核心的折射率的实部，以光学的方式模拟了其内部碳浓度的变化，得到了叶绿素的后向散射比为[28]

$$\beta_{pc} = 2\pi\chi_p(124°)\beta_p(124°) \tag{6.43}$$

式中，$\chi_p(124°)$ 和 $\beta_p(124°)$ 为比例常数，$\chi_p(124°) = 1.076$，$\beta_p(124°) = 0.00076$。叶绿素对光的后向散射系数为

$$\beta_{cb}(\lambda) = \beta_{chl}(\lambda) \times \beta_{pc} \tag{6.44}$$

叶绿素的前向散射系数为

$$\beta_{cf}(\lambda) = \beta_{chl}(\lambda) - \beta_{cb}(\lambda) \tag{6.45}$$

3. 悬浮颗粒对光的散射特性

海水中的悬浮颗粒主要由生物残骸、排泄物和分解物、悬浮的泥沙颗粒等组成，但是由于海水中悬浮颗粒的形状和大小难以确定，为了便于计算散射系数，由米氏理论和瑞利散射模型简化了悬浮颗粒的散射模型，按照直径将悬浮颗粒分成小颗粒和大颗粒，悬浮颗粒的散射系数方程为[29]

$$\beta_{nap}(\lambda) = \beta_{snap}^0(\lambda)C_s + \beta_{lnap}^0(\lambda)C_l \tag{6.46}$$

式中，$\beta_{snap}^0(\lambda)$ 为悬浮颗粒中的小颗粒的特定散射系数，$\beta_{lnap}^0(\lambda)$ 为大颗粒的特定散射系数，C_s 为小颗粒的浓度，C_l 为大颗粒的浓度。

（1）小颗粒对光的特定散射特性。

海水中的悬浮颗粒的直径小于 5μm 的粒子称为小颗粒，小颗粒的密度为 2g/cm³，小颗粒对光的特定散射系数 $\beta_{\text{snap}}^0(\lambda)$，可由悬浮颗粒小颗粒物的光谱相关性得出[26]

$$\beta_{\text{snap}}^0(\lambda) = 1.151302\left(\frac{400}{\lambda}\right)^{1.7} \tag{6.47}$$

悬浮小颗粒的浓度 C_s 主要受海水中叶绿素的浓度 C_c^0 影响，其相关性的表达式为[26]

$$C_s = 0.01739C\exp\left[0.11631\left(\frac{C}{C_c^0}\right)\right] \tag{6.48}$$

式中，C 是影响悬浮颗粒的叶绿素浓度。

（2）大颗粒对光的散射特性。

海水中悬浮颗粒的直径大于 5μm 的粒子称为大颗粒，大悬浮颗粒的密度为 1g/cm³，折射率为 1.03，大颗粒对光的特定散射系数 $\beta_{\text{lnap}}^0(\lambda)$，可由悬浮颗粒大颗粒物的光谱相关性得出[26]

$$\beta_{\text{lnap}}^0(\lambda) = 0.341074\left(\frac{400}{\lambda}\right)^{0.3} \tag{6.49}$$

悬浮大颗粒的浓度 C_l 主要受海水中叶绿素的浓度 C_c^0 影响，其相关性的表达式[26]

$$C_l = 0.76284C\exp\left[0.03092\left(\frac{C}{C_c^0}\right)\right] \tag{6.50}$$

式中，C 是影响悬浮颗粒的叶绿素浓度。

6.7　非直视传输

水下蓝绿光通信中，蓝绿光受海水的散射作用能以非直视（non line of sight，NLOS）方式传输。NLOS 传输有三种配置方式。

6.7.1　NLOS 传输覆盖范围

r 表示激光器和光电探测器的间隔距离，θ_t 表示激光器的发射偏转角，θ_r 表示光电探测器的接收偏转角，φ_t 表示激光束的发散角，φ_r 表示光电探测器的接收视场角。a 类形式中 $\theta_t = 90°$，$\theta_r = 90°$；b 类形式中 θ_t 和 θ_r 不能同时为 90°，本章中取 $0° < \theta_t < 90°$，$\theta_r = 90°$；c 类形式中 $0° < \theta_t < 90°$，$0° < \theta_r < 90°$。

a 类形式中，蓝绿光 NLOS 传输的散射覆盖范围是一个圆形区域，如图 6.12 所示。

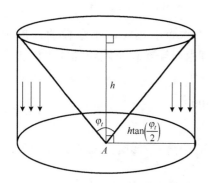

图 6.12　a 类形式覆盖范围投影图[30]

效散射体到光电探测器的距离。

字母 A 表示激光器，图 6.12 中 h 表示激光的直视传输距离。a 类形式中激光的覆盖范围是半径为 $h\tan\left(\dfrac{\varphi_t}{2}\right)$ 的圆形区域。通常激光在海水中的直视传输距离可达 100m，设激光的光束发散角 φ_t=30°，a 类形式 NLOS 传输的散射覆盖范围约为半径为 26.795m 的圆。

b 类形式 NLOS 传输的覆盖范围投影图如图 6.13 所示。本章中字母 B 表示光电探测器，r_1 表示激光器到有效散射体的距离，r_2 表示有

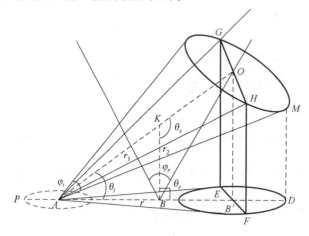

(a) b 类形式覆盖范围投影立体图

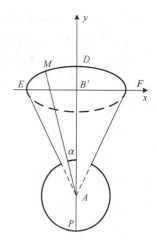

(b) b 类形式覆盖范围投影平面图

图 6.13　b 类形式覆盖范围投影图[30]

　　b 类形式中，光电探测器接收到光信号主要依靠海水的前向散射。图 6.13(a) 中激光束中心轴为 AO，光电探测器接收视场角中心轴为 BK，$\theta_r = 90°$。由△AOB、直角△AMD 和直角△AOB′的几何关系可知[30]

$$AO = \frac{r\cos\left(\dfrac{\varphi_r}{2}\right)}{\cos\left(\theta_t + \dfrac{\varphi_r}{2}\right)} \tag{6.51}$$

$$AB' = \frac{r\cos\theta_t\cos\left(\dfrac{\varphi_r}{2}\right)}{\cos\left(\theta_t + \dfrac{\varphi_r}{2}\right)} \tag{6.52}$$

$$B'D = \frac{r \tan\left(\dfrac{\varphi_t}{2}\right)}{\cot\theta_t - \tan\left(\dfrac{\varphi_r}{2}\right)} \tag{6.53}$$

图 6.13(b) 中，b 类形式前向散射的覆盖范围为椭圆弧 $\overparen{EMDF}$；对于后向散射，使用半径为前向散射椭圆弧短半轴 $B'D$ 的圆弧进行近似修正。在椭圆弧 $\overparen{EMDF}$ 上任取一点 M，设 M 点的坐标为 (x_0, y_0)，AM 与 y 轴的夹角为 α，并设椭圆弧 $\overparen{EMDF}$ 所在的椭圆方程为

$$\frac{x^2}{a^2} + \frac{y^2}{b^2} = 1 \tag{6.54}$$

式中，椭圆的长半轴 a 和短半轴 b 分别为

$$a = \frac{EF}{2} = B'F = \tan\left(\frac{\varphi_t}{2}\right) \frac{r \cos\left(\dfrac{\varphi_r}{2}\right)}{\cos\left(\theta_t + \dfrac{\varphi_r}{2}\right)} \tag{6.55}$$

$$b = B'D = \frac{r \tan\left(\dfrac{\varphi_t}{2}\right)}{\cot\theta_t - \tan\left(\dfrac{\varphi_r}{2}\right)} \tag{6.56}$$

设直线 AM 所在的方程为

$$y = kx + c \tag{6.57}$$

式中，直线的斜率 k 和在 y 轴上的截距 c 分别为

$$k = -\cot\alpha \tag{6.58}$$

$$c = -\frac{r \cos\theta_t \cos\left(\dfrac{\varphi_r}{2}\right)}{\cos\left(\theta_t + \dfrac{\varphi_r}{2}\right)} \tag{6.59}$$

由椭圆弧 $\overparen{EMDF}$ 所在的椭圆方程和直线 AM 所在的直线方程可知，点 A 的坐标为 $\left(0, -\dfrac{r \cos\theta_t \cos\left(\dfrac{\varphi_r}{2}\right)}{\cos\left(\theta_t + \dfrac{\varphi_r}{2}\right)}\right)$。点 M 的横坐标 x_0 和纵坐标 y_0 分别为[30]

$$x_0 = -r\cos\left(\frac{\varphi_r}{2}\right)\left[\frac{\cos\theta_t\cot\alpha\cos^2\left(\frac{\varphi_r}{2}\right)\left(\cot\theta_t - \tan\left(\frac{\varphi_r}{2}\right)\right)^2}{\cos^3\left(\theta_t + \frac{\varphi_r}{2}\right) + \cos\left(\theta_t + \frac{\varphi_r}{2}\right)\cot^2\alpha\cos^2\left(\frac{\varphi_r}{2}\right)\left(\cot\theta_t - \tan\left(\frac{\varphi_r}{2}\right)\right)^2}\right.$$

$$\left. + \frac{\sqrt{K}}{\cos^3\left(\theta_t + \frac{\varphi_r}{2}\right) + \cos\left(\theta_t + \frac{\varphi_r}{2}\right)\cot^2\alpha\cos^2\left(\frac{\varphi_r}{2}\right)\left(\cot\theta_t - \tan\left(\frac{\varphi_r}{2}\right)\right)^2}\right]$$

$$\tag{6.60}$$

$$y_0 = -x_0\cot\alpha - \frac{r\cos\theta_t\cos\left(\frac{\varphi_r}{2}\right)}{\cos\left(\theta_t + \frac{\varphi_r}{2}\right)} \tag{6.61}$$

式 (6.60) 中 K 的表达式为[30]

$$K = -\cos^2\left(\frac{\varphi_r}{2}\right)\cos^2\theta_t\left(\cot\theta_t - \tan\left(\frac{\varphi_r}{2}\right)\right)^2\cos^2\left(\theta_t + \frac{\varphi_r}{2}\right) + \tan^2\left(\frac{\varphi_r}{2}\right)\cos^4\left(\theta_t + \frac{\varphi_r}{2}\right)$$

$$+ \tan^2\left(\frac{\varphi_r}{2}\right)\cos^2\left(\frac{\varphi_r}{2}\right)\cos^2\left(\theta_t + \frac{\varphi_r}{2}\right)\cot^2\alpha\left(\cot\theta_t - \tan\left(\frac{\varphi_r}{2}\right)\right)^2$$

$$\tag{6.62}$$

由两点间的距离公式可得

$$|AM| = \sqrt{x_0^2 + \left[y_0 + \frac{r\cos\theta_t\cos\left(\frac{\varphi_r}{2}\right)}{\cos\left(\theta_t + \frac{\varphi_r}{2}\right)}\right]^2} \tag{6.63}$$

式中，$|AM|$ 是 b 类形式 NLOS 传输的前向散射的覆盖范围，后向散射修正圆的半径 AP 等于前向散射椭圆短半轴 $B'D$，所以 b 类形式的后向散射覆盖范围约为 $|B'D|$。由式 (6.63) 和式 (6.53) 可知，$|AM|$ 和 $|B'D|$ 与海水散射光子的散射角以及光的波长无关，因此 b 类形式水平、垂直和斜程 NLOS 传输时，蓝绿光的前向散射和后向散射覆盖范围相同。

c 类形式水下蓝绿光 NLOS 传输的覆盖范围投影图如图 6.14 所示。

图 6.14 中，φ_1 为激光的光束发散角 φ_t 在水平面上的投影，φ_2 是 BN 和 BT 的夹角。由图 6.14 可知，c 类形式的覆盖范围在 b 类形式的基础上增加了三角形覆盖区域，此时后向散射很小，可以忽略不计。相较于 a 类形式和 b 类形式，c 类形式的通信效果更好。

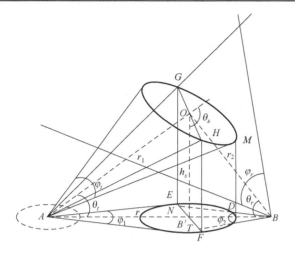 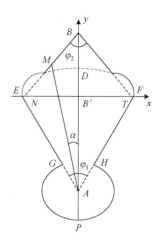

(a) c 类形式投影立体图　　　　　　　　(b) c 类形式投影平面图

图 6.14　c 类形式覆盖范围投影图[30]

对于 c 类形式，点 A 的坐标为 $\left(0, -\dfrac{r\cos\theta_t\cos\left(\dfrac{\varphi_r}{2}\right)}{\cos\left(\theta_t+\dfrac{\varphi_r}{2}\right)}\right)$，点 B 的坐标为 $(0, r_2\cos\theta_r)$。

c 类形式中，当 $\varphi_2 \geqslant \varphi_1$ 时 NLOS 传输的前向散射覆盖范围为点 A 到圆弧的距离，当 $\varphi_2 \leqslant \varphi_1$ 时 NLOS 传输的前向散射覆盖范围为点 A 到直线 BN 的距离。

设直线 BN 所在的方程为

$$Ax + By + C = 0 \tag{6.64}$$

由于[30]

$$x\cot\left(\frac{\varphi_2}{4}\right) - y + \frac{r\sin\theta_t\cos\theta_r}{\sin\theta_s} = 0 \tag{6.65}$$

由点到直线的距离公式可得

$$|AM| = \frac{|Ax_0 + By_0 + C|}{\sqrt{A^2 + B^2}} = \left|\sin\left(\frac{\varphi_2}{2}\right)\right|\left|\frac{r\cos\theta_t\cos\left(\dfrac{\varphi_r}{2}\right)}{\cos\left(\theta_t+\dfrac{\varphi_r}{2}\right)} + \frac{r\sin\theta_t\cos\theta_r}{\sin\theta_s}\right| \tag{6.66}$$

当 $\varphi_2 \leqslant \varphi_1$ 时，c 类形式 NLOS 传输的前向散射覆盖范围为图 6.14 中的 $|AM|$。由式(6.65)可知，$\varphi_2 \leqslant \varphi_1$ 时 c 类形式 NLOS 传输的前向散射覆盖范围与海水散射光子的散射角 θ_s 有关。所以，蓝绿光在叶绿素浓度为 0.25mg/m³ 时 24.5°N、23.8°W 海域 600～700m 深度内以 c 类形式进行水平、垂直和斜程 NLOS 传输时，不同海水深度

范围内不同传输方式下，蓝绿光的前向散射覆盖范围不同。由于海水散射光子的散射角与海水的散射系数有关，海水的散射系数与海水的深度有关，因此在计算蓝绿光以 c 类形式进行水平、垂直和斜程 NLOS 传输时的前向散射覆盖范围时，需要确定不同传输方式下有效散射体在海水中的深度。

有效散射体在海水中的深度以光束发散角的平分线与光电探测器接收视场角的平分线的交点在海水中的深度表示。对于 c 类形式水平 NLOS 传输，由图 6.14 (a) 可知，有效散射体在海水中的深度 h_{c1} 可由激光器所处的深度 H 减去有效散射体离激光器与光电探测器直视链路的距离 h_s 获得。h_{c1} 的表达式为

$$h_{c1} = H - h_s = H - \frac{r \sin\theta_r \sin\theta_t}{\sin(\pi - \theta_t - \theta_r)} \tag{6.67}$$

蓝绿光以 c 类形式垂直从上往下 NLOS 传输和垂直从下往上 NLOS 传输的示意图如图 6.15 所示，图中灰色阴影表示散射区域。图 6.15 (a) 表示蓝绿光垂直从上往下 NLOS 传输，图 6.15 (b) 表示蓝绿光垂直从下往上 NLOS 传输，h_c 表示有效散射体所处的深度与激光器所处的深度差。

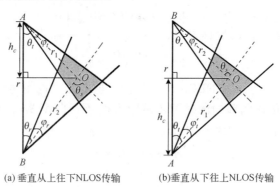

(a) 垂直从上往下NLOS传输   (b)垂直从下往上NLOS传输

图 6.15　蓝绿光垂直 NLOS 传输示意图

蓝绿光垂直从上往下 NLOS 传输及垂直从下往上 NLOS 传输，有效散射体在海水中的深度 h_{c21} 和 h_{c22} 可分别由激光器在海水中的深度 H 加上及减去 h_c 获得，表达式为

$$h_{c21} = H + h_c = H + \frac{r \sin\theta_r \cos\theta_t}{\sin(\pi - \theta_t - \theta_r)} \tag{6.68}$$

$$h_{c22} = H - h_c = H - \frac{r \sin\theta_r \cos\theta_t}{\sin(\pi - \theta_t - \theta_r)} \tag{6.69}$$

蓝绿光以 c 类形式斜程从上往下 NLOS 传输和斜程从下往上 NLOS 传输时分别有 I 类和 II 类两种形式，I 类形式下 $\frac{\pi}{2} \le \theta_x + \theta_t < \pi$，II 类形式下 $0 < \theta_x + \theta_t \le \frac{\pi}{2}$。两

种形式的 NLOS 传输示意图如图 6.16 所示，图中灰色阴影表示散射区域。图 6.16 中，h_{x1} 和 h_{x2} 分别表示有效散射体所处的深度与激光器和光电探测器所处的深度差。本章中 θ_x 表示激光器和光电探测器的直视链路 AB 与水平线之间的夹角。由图 6.16(a) 和 (b) 可知，Ⅰ类形式下蓝绿光斜程从上往下 NLOS 传输和斜程从下往上传输，有效散射体在海水中的深度 h_{c31} 和 h_{c32} 分别由激光器在海水中的深度 H 加上 h_{x1} 以及光电探测器在海水中的深度 H' 加上 h_{x2} 获得。h_{c31} 和 h_{c32} 的表达式分别为

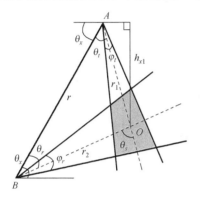

(a) Ⅰ类形式斜程从上往下 NLOS 传输

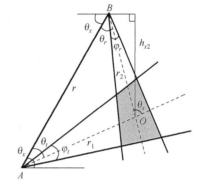

(b) Ⅰ类形式斜程从下往上 NLOS 传输

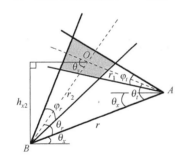

(c) Ⅱ类形式斜程从上往下 NLOS 传输

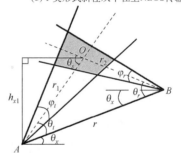

(d) Ⅱ类形式斜程从下往上 NLOS 传输

图 6.16　b 类形式蓝绿光斜程 NLOS 传输示意图

$$h_{c31} = H + h_{x1} = H + \frac{r\sin\theta_r\sin(\pi - \theta_t - \theta_x)}{\sin(\pi - \theta_t - \theta_r)} \tag{6.70}$$

$$h_{c32} = H' + h_{x2} = H' + \frac{r\sin\theta_t\sin(\pi - \theta_r - \theta_x)}{\sin(\pi - \theta_t - \theta_r)} \tag{6.71}$$

由图 6.16(c) 和 (d) 可知，Ⅱ类形式下蓝绿光斜程从上往下 NLOS 传输和斜程从下往上传输，有效散射体在海水中的深度 h_{c33} 和 h_{c34} 分别由光电探测器在海水中的深度 H' 减去 h_{x2} 以及激光器在海水中的深度 H 减去 h_{x1} 获得。h_{c33} 和 h_{c34} 的表达式分别为

$$h_{c33} = H' - h_{x2} = H' - \frac{r\sin\theta_t\cos\left(\dfrac{\pi}{2} - \theta_r - \theta_x\right)}{\sin(\pi - \theta_t - \theta_r)} \tag{6.72}$$

$$h_{c34} = H - h_{x1} = H - \frac{r\sin\theta_r\cos\left(\dfrac{\pi}{2} - \theta_t - \theta_x\right)}{\sin(\pi - \theta_t - \theta_r)} \tag{6.73}$$

6.7.2　散射链路模型

a 类形式水平 NLOS 传输示意图如图 6.17 所示，图中灰色阴影表示散射区域。

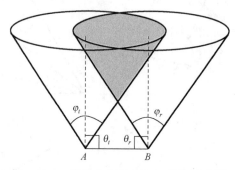

图 6.17　a 类形式水平 NLOS 传输示意图

a 类形式激光的发射偏转角 θ_t 和光电探测器的接收偏转角 θ_r 均为 90°，有效散射体的体积随激光直视传输距离的增加而增加，因而无法用单次散射链路模型来求解光电探测器的接收光功率。

b 类形式水平 NLOS 传输单次散射链路模型如图 6.18 所示，以该模型为例分析 b 类形式水下蓝绿光 NLOS 传输光电探测器的接收光功率。T_x 表示激光器的位置，

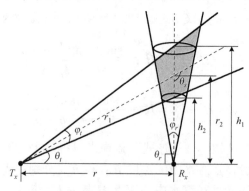

图 6.18　b 类形式水平 NLOS 传输单次散射链路模型

R_x 表示光电探测器的位置。b 类形式 NLOS 传输有效散射体的体积 V_b 可近似认为是大圆锥(高为 h_1)的体积减去小圆锥(高为 h_2)的体积，V_b 的表达式为

$$V_b = \frac{\pi}{3} r^3 \tan^2\left(\frac{\varphi_r}{2}\right)\left[\tan^3\left(\theta_t + \frac{\varphi_t}{2}\right) - \tan^3\left(\theta_t - \frac{\varphi_t}{2}\right)\right] \tag{6.74}$$

设激光的发射光功率为 P_T，蓝绿光经单次散射后到达光电探测器的接收光功率为[31]

$$P_{rb} = \frac{P_T b_{\text{sea}}(\lambda) P_{\text{HG}}(\theta, g) \cos\zeta \exp[-c_{\text{sea}}(\lambda)(r_1 + r_2)] A_r V_b}{\Omega_t r_1^2 r_2^2} \tag{6.75}$$

式中，ζ 是发射光锥所在面与接收光锥所在面的夹角，A_r 是接收天线的面积，Ω_t 是发射光束的立体角，$b_{\text{sea}}(\lambda)$ 为散射系数，$c_{\text{sea}}(\lambda)$ 是总衰减系数，$P_{\text{HG}}(\theta, g)$ 是厄米-高斯(Hermite-Gauss，HG)相函数，发射光锥与接收光锥共面时 $\zeta = 0°$。r_1、r_2 和 Ω_t 的表达式分别为

$$r_1 = \frac{r \sin\theta_r}{\sin(\pi - \theta_t - \theta_r)} \tag{6.76}$$

$$r_2 = \frac{r \sin\theta_t}{\sin(\pi - \theta_t - \theta_r)} \tag{6.77}$$

$$\Omega_t = 2\pi\left(1 - \cos\left(\frac{\varphi_t}{2}\right)\right) \tag{6.78}$$

c 类形式水平 NLOS 传输单次散射链路模型如图 6.19 所示，以该模型为例分析 c 类形式水下蓝绿光 NLOS 传输光电探测器的接收光功率。

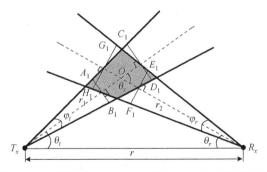

图 6.19　c 类形式水平 NLOS 传输单次散射链路模型

c 类形式 NLOS 传输有效散射体的体积 V_c 可用几何中的割补法近似求出，有效散射体 $V_{A_1 B_1 C_1 D_1}$ 和 $V_{E_1 F_1 G_1 H_1}$ 的表达式分别为[30]

$$V_{A_1B_1C_1D_1} = \frac{\pi}{3}\tan^2\left(\frac{\varphi_t}{2}\right)\left\{\left[r_1 + \frac{r_2\tan\left(\frac{\varphi_r}{2}\right)}{\left(\tan\theta_s + \tan\left(\frac{\varphi_r}{2}\right)\right)\cos\theta_s}\right]^3 - \left[r_1 - \frac{r_2\sin\left(\frac{\varphi_r}{2}\right)}{\sin\left(\theta_s - \frac{\varphi_r}{2}\right)}\right]^3\right\} \quad (6.79)$$

$$V_{E_1F_1G_1H_1} = \frac{\pi}{3}\tan^2\left(\frac{\varphi_r}{2}\right)\left\{\left[r_2 + \frac{r_1\tan\left(\frac{\varphi_t}{2}\right)}{\left(\tan\theta_s + \tan\left(\frac{\varphi_t}{2}\right)\right)\cos\theta_s}\right]^3 - \left[r_2 - \frac{r_1\sin\left(\frac{\varphi_t}{2}\right)}{\sin\left(\theta_s - \frac{\varphi_t}{2}\right)}\right]^3\right\} \quad (6.80)$$

有效散射体的体积 V_c 取 $V_{A_1B_1C_1D_1}$ 和 $V_{E_1F_1G_1H_1}$ 中较小者，即

$$V_c = \min(V_{A_1B_1C_1D_1}, V_{E_1F_1G_1H_1}) \quad (6.81)$$

蓝绿光经单次散射后到达光电探测器的接收光功率为

$$P_{rc} = \frac{P_T b_{\text{sea}}(\lambda)P_{\text{HG}}(\theta,g)\cos\zeta\exp[-c_{\text{sea}}(\lambda)(r_1+r_2)]A_r V_c}{\Omega_t r_1^2 r_2^2} \quad (6.82)$$

b 类形式和 c 类形式光电探测器的接收光功率表达式中均有散射相函数 $P_{\text{HG}}(\theta, g)$。下面分析蓝绿光以 b 类形式进行水平、垂直和斜程 NLOS 传输时有效散射体的深度。

蓝绿光以 b 类形式进行水平 NLOS 传输时有效散射体在海水中的深度可由式 (6.82) 获得。蓝绿光以 b 类形式进行垂直 NLOS 传输时，有效散射体在海水中的深度即为光电探测器在海水中的深度。蓝绿光以 b 类形式进行斜程从上往下和从下往上 NLOS 传输时只有一种情况，即 $\frac{\pi}{2} < \theta_x + \theta_t < \pi$，如图 6.20 所示。

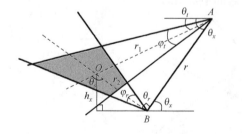
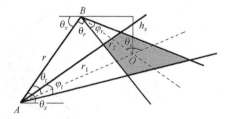

(a) 斜程从上往下 NLOS 传输　　　　　(b) 斜程从下往上 NLOS 传输

图 6.20　c 类形式蓝绿光斜程 NLOS 传输示意图

蓝绿光以 b 类形式进行斜程从上往下和斜程从下往上 NLOS 传输，有效散射体在海水中的深度 h_{b1} 和 h_{b2} 分别为

$$h_{b1} = H' - h_x = H' - \frac{r\sin\theta_t\sin(\pi - \theta_r - \theta_x)}{\sin(\pi - \theta_r - \theta_t)} \tag{6.83}$$

$$h_{b2} = H' + hx = H' + \frac{r\sin\theta_t\sin(\pi - \theta_r - \theta_x)}{\sin(\pi - \theta_r - \theta_t)} \tag{6.84}$$

6.8　总结与展望

　　水下激光通信目前仍然在发展之中，总的发展趋势表现在以下几个方面：①通信速率不断提高。人们目前已经解决了蓝绿激光在云层、海水中的传播以及在多种气象条件和海洋条件下的对潜通信问题。随着关键技术的突破和试验成功，潜艇激光通信的研究重心转向了提高系统的通信性能，尤其是提高通信速率。②发展基于卫星的通信手段。卫星通信较陆基和空基对潜通信具有不可替代的优势。卫星通信具有覆盖面积大、远离地面战场、不易受到攻击、生存能力强等一系列优势，能够为潜艇提供实时、可靠的通信保障。③从理论研究和试验阶段逐步向实用化方向发展。激光对潜通信关键技术已相继攻关，为潜艇激光通信技术实用化奠定了基础。

　　水下激光通信具有很强的应用背景，西方发达国家已经有成功的应用实验。水及水中悬浮物对激光信号的衰减是水下激光通信必须克服的障碍。抑制水下信道对激光信号的衰减及散射，是今后该领域应该重视的问题。

思　考　题　六

6.1　简述激光对潜通信有几种主要形式。

6.2　简述激光在水下传输时受到的主要衰减。

6.3　水下激光通信的多径效应与大气激光通信的多径效应有什么不同？

6.4　简述水下激光通信的发展趋势。

习　　题　　六

　　6.1　求水下激光通信[1]的光束散射角均方值、多径时间延迟，以及接收激光脉冲信号的能量分布平均时间。

　　6.2　题图 6.1 是一个 LED 灯的布局，求在接收面上的光强相对照度分布[2]。

　　6.3　分析蓝绿激光功率与通信距离之间的关系[3]。

　　6.4　对于 OOK 的激光调制方式，每个时间单元宽度 T 内信号的有无对应传输信息的"1"和"0"。由于每个时间单元仅发送一个比特，因此其码率与传输带宽相等[4]。试分析水下光信道传输时的判决阈值。

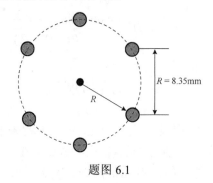

题图 6.1

6.5 当水下平台对卫星通信时，向上垂直发射带有调制信息的激光脉冲。发散角为 0° 的激光脉冲经过通信信道空间展宽，在水下平台的垂直上方覆盖一定区域。卫星经过该区域时，在距离激光脉冲中心有限范围内，接收信号的强度和信噪比足够大，卫星能够成功接收激光脉冲信号，经过解调后就可以获得通信信息[5]。试分析海水中叶绿素、海气界面及云对通信性能的影响。

6.6 求水下激光通信散射角度的均方值[6]。

6.7 试分析海面波动对水下激光通信的影响[7]。

6.8 考虑接收机尺寸、空间位置、接收平面角度等因素产生的几何损耗，计算出接收光功率[8]。

参 考 文 献

[1] 刘智, 刘建华. 水下激光脉冲传输时域展宽仿真分析[J]. 长春理工大学学报(自然科学版), 2014, (4): 56-59.

[2] 汪锋, 饶炯辉, 向小梅. 水下无线 LED 光通信中圆形阵列光源性能研究[J]. 激光技术, 2014, (4): 527-532.

[3] 沈娜, 郭婧, 张祥金. 激光水下通信误码率的影响[J]. 红外与激光工程, 2012, (11): 2935-2939.

[4] 黎静, 马泳, 周波, 等. 水下无线光 OOK 信道误码率分析[J]. 光学与光电技术, 2012, (4): 24-27.

[5] 刘金涛, 陈卫标. 水下平台对卫星上行激光通信研究[J]. 光子学报, 2010, (4): 693-698.

[6] 周亚民, 刘启忠, 张晓晖, 等. 一种激光脉冲水下传输时域展宽模拟计算方法[J]. 中国激光, 2009, 36(1): 143-147.

[7] 王彩云, 何志毅. 海面波动对无线光通信的影响[J]. 计算机应用, 2011, 31(S1): 19-22.

[8]　魏巍, 张晓晖, 饶炯辉, 等. 水下无线光通信接收光功率的计算研究[J]. 中国激光, 2011, 38(9): 103-108.

[9]　孙春媛. 水下短距离可见光通信技术的研究[D]. 青岛: 中国海洋大学, 2007.

[10]　隋美红. 水下光学无线通信系统的关键技术研究[D]. 青岛: 中国海洋大学, 2009.

[11]　Mobley C D. Radiative transfer in the ocean[J]. Encyclopedia of Ocean Sciences, 2001, 4(1): 2321-2330.

[12]　Khalighi M A, Gabriel C, Hamza T, et al. Underwater wireless optical communication; recent advances and remaining challenges[C]. Proceedings of 2014 16th International Conference on Transparent Optical Networks, Graz, 2014: 1-4.

[13]　Spinrad R W, Carder K L, Perry M J. Ocean Optics[M]. New York: Oxford University Press, 1994.

[14]　Johnson L J, Jasman F, Green R J, et al. Recent advances in underwater optical wireless communications[J]. Underwater Technology, 2014, 32(3): 167-175.

[15]　Ali T, Jung L T, Faye I. Three hops reliability model for underwater wireless sensor network[C]. Proceedings of 2014 International Conference on Computer and Information Sciences, Kuala Lumpur, 2014: 1-6.

[16]　Stramski D, Boss E, Bogucki D, et al. The role of seawater constituents in light backscattering in the ocean[J]. Progress in Oceanography, 2004, 61(1): 27-56.

[17]　Xu J. Underwater wireless optical communication: Why, what, and how?[J]. Chinese Optics Letters, 2019, 17(10): 34-43.

[18]　Smith R C, Baker K S. Optical properties of the clearest natural waters (200-800 nm)[J]. Applied Optics, 1981, 20(2): 177-184.

[19]　Morel A. Optical Properties of Pure Water and Pure Sea Water[M]. New York: Academic Press, 1974: 1-24.

[20]　Prieur L, Sathyendranath S. An optical classification of coastal and oceanic waters based on the specific spectral absorption curves of phytoplankton pigments, dissolved organic matter, and other particulate materials[J]. Limnology and Oceanography, 1981, 26(4): 671-689.

[21]　Morel A, Prieur L. Analysis of variations in ocean color[J]. Limnology and Oceanography, 1977, 22(4): 709-722.

[22]　吴永森, 张士魁, 张绪琴, 等. 海水黄色物质光吸收特性实验研究[J]. 海洋与湖沼, 2002, 33(4): 402-406.

[23]　Bricaud A, Morel A, Prieur L. Absorption by dissolved organic matter of the sea (yellow substance) in the UV and visible domains[J]. Limnology and Oceanography: Methods, 1981, 26(1): 43-53.

[24]　Pegau W S, Cleveland J S, Doss W, et al. A comparison of methods for the measurement of the

absorption coefficient in natural waters[J]. Journal of Geophysical Research: Oceans, 1995, 100(C7): 13201-13220.

[25] Gilerson A, Zhou J, Hlaing S, et al. Fluorescence component in the reflectance spectra from coastal waters. Dependence on water composition[J]. Optics Express, 2007, 15(24): 15702-15721.

[26] Haltrin V I. Chlorophyll-based model of seawater optical properties[J]. Applied Optics, 1999, 38(33): 6826-6832.

[27] Roesler C S, Boss E. Spectral beam attenuation coefficient retrieved from ocean color inversion[J]. Geophysical Research Letters, 2003, 30(9): 1468-1469.

[28] Poulin C, Zhang X, Yang P, et al. Diel variations of the attenuation, backscattering and absorption coefficients of four phytoplankton species and comparison with spherical, coated spherical and hexahedral particle optical models[J]. Journal of Quantitative Spectroscopy and Radiative Transfer, 2018, 217(1): 288-304.

[29] Stramski D, Bricaud A, Morel A. Modeling the inherent optical properties of the ocean based on the detailed composition of the planktonic community[J]. Applied Optics, 2001, 40(18): 2929-2945.

[30] 柯熙政. 紫外光自组织网络理论[M]. 北京: 科学出版社, 2011.

[31] Wu T F, Ma J S, Su P, et al. Modeling of short-range ultraviolet communication channel based on spherical coordinate system[J]. IEEE Communications Letters, 2019, 23(2): 242-245.

第7章 紫外光通信

紫外光通信可工作在非直视(NLOS)模式，使紫外光通信系统更能适应复杂的地形环境，克服了无线激光通信必须工作在直视(LOS)模式的不足；相比射频通信，紫外光通信还具有低窃听率、低位辨率、全方位性、抗干扰能力强等优点。

7.1 紫外光及其信道特性

7.1.1 紫外光

紫外光是一种波长在 10~400nm 的电磁辐射，通常把紫外光划分为 NUV(315~400nm)、MUV(280~315nm)、FUV(200~280nm)、VUV(10~200nm)。紫外光随着波长的变化有不同的特征：高空大气层中的臭氧(O_3)对波长低于200nm谱段有着强烈的吸收作用，导致该谱段的紫外线传输严重受限，在大气中无法进行传输，所以被称为真空紫外(或称为 VUV)；大气平流层中的 O_3 对250nm波长附近的紫外谱段有强烈的吸收作用，因而该谱段的紫外辐射在近地大气中几乎不存在，太阳背景低于 10^{-13}W/m² ，常被称为"日盲区"，其谱段范围为 200~280nm；波长超过 280nm 的谱段，太阳背景辐射很强，通信系统工作时存在背景光的干扰[1]。

7.1.2 紫外光的特点

由于大气中存在大量的粒子，紫外辐射在传输过程中存在较大的散射现象，这种散射特性使紫外光通信系统能以非直视(NLOS)传输信号，从而克服了其他自由空间光通信系统必须工作在直视方式的弱点。与传统通信方式相比，紫外光通信具有以下优点[2]。

(1)低窃听率。紫外光在传输过程中由于大气分子、悬浮颗粒的吸收和散射作用，能量衰减很快，是一种有限范围的无线通信。在通信范围以外，即使采用高灵敏度的紫外光探测器也不能窃听。

(2)低位辨率。由于紫外光为不可见光，所以肉眼很难发现信号源的方位。另外，由于紫外光主要以散射的形式向外发射信号，所以很难从这些散射信号中判断出信号源的所在位置。

(3)抗干扰能力强。由于紫外光在大气层中臭氧和氧气的吸收，近地面的紫外光干扰很少，并且由于散射的作用，近地面的紫外光是均匀分布的，在接收端可以用滤波的方式去除背景信号。同时光信号不受无线电波的影响，也很难实施远距离紫外干扰。

(4) 全方位性。大气中存在着大量的分子和气溶胶粒子，它们对紫外光具有强烈的散射作用，紫外光子经过多次散射，可以弥散到局域空间的各个方位。所以在有效覆盖范围内都可以接收到信息，不会像激光那样具有强烈的方位性。

(5) 非直视通信。由于紫外光具有较强的散射作用，所以可以以非直视的方式传播，自然也就可以绕过障碍物而实现非视距通信。

(6) 全天候工作。紫外通信的波段范围一般选择在日盲区域(200～280nm)，太阳的近地辐射微弱，即使在白天也不会有太大的干扰信号。虽然紫外光的透过率随季节、海拔高度、气候、能见度等的改变而有所差别，但这些因素的影响和太阳辐射的影响一样，在一个特定的地点、特定的时间下都可以看成一种低频的背景信号，可以很容易地用滤波器去除。所以，总体来说，面对复杂多变的环境，无论在阴晴雨雾天气，还是在烟尘环境下，紫外通信都能顺利进行。

7.1.3　紫外光大气信道

1. 紫外光大气吸收和散射特性

紫外光传输特性主要由大气中分子的吸收作用和散射作用决定。吸收光辐射或光能是物质的一般属性。光通过物质时，光波的电矢量使物质结构中的带电粒子进行受迫振动，一部分能量用来供给这种受迫振动所需的能量，这时物质粒子若与其他原子或分子发生碰撞，振动能量就可能转换为平动动能，使分子的热运动能量增加，导致物体发热，此时部分光能量转换成热能，光能消失。大气吸收作用表现为在传输过程中，大气分子按上述方式消耗紫外光的能量。大气中的各种成分会对不同波长的光产生不同程度的吸收，对紫外光吸收能力最强的是 O_3。O_3 浓度越高，大气吸收的能量就越多，传输损耗就越大。正是由于 O_3 的吸收作用，限制了紫外光通信仅可作为一种短距离通信。

在光学性质均匀的介质中或两种折射率不同的均匀介质的分界面上，无论光的折射还是反射，光线都是局限于一些特定的方向上，在其余的方向上光强等于零，在光束的侧向就看不到光。但当光通过光学性质不均匀的物质时，我们在侧向却可以看到光，这就是光的散射。介质的光学不均匀性越显著，散射越强。紫外辐射的散射特性是紫外光通信的基础。大气中的散射粒子主要是大气分子和悬浮颗粒，它们的浓度、大小、均匀性、几何尺寸等特性影响紫外光的传输特性。大气光散射可以分为瑞利散射和米氏散射。

2. 紫外光通信传输特性

日盲紫外光通信系统按照工作方式可以分为直视(LOS)、准直视(QLOS)和非直视(NLOS)，其中 NLOS 有 NLOS(A)、NLOS(B) 和 NLOS(C) 三种工作模式，如图 7.1 所示，图中灰色阴影为交叠空间。

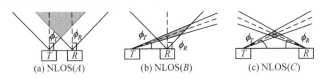

图 7.1　NLOS 通信典型配置方式

LOS 通信是指发射机在接收机的视场内，并且通信的光路上无任何障碍物遮挡的通信，与典型激光通信类似。NLOS 是指需要通信的两点视线受阻，彼此看不到对方，菲涅尔区(围绕视线的圆形区域)大于 50% 的范围被阻挡。由于日盲紫外光强散射的特性，只要发射机和接收机视场角有交叠，也可以形成非直视的传输路径。

NLOS 根据发射机和接收机的光轴与水平面的夹角 ϕ_T 和 ϕ_R 的大小不同，分为 A、B 和 C 三类，B 类中 ϕ_T 和 ϕ_R 不能同时为 $90°$，如图 7.1 所示。紫外光通信系统可以根据实际需要，很容易地通过改变 ϕ_T 和 ϕ_R 在三种工作方式间转换。紫外光通信系统在各种工作方式下的性能比较如表 7.1 所示。

表 7.1　不同紫外光工作方式下的性能比较

工作方式	ϕ_T	ϕ_R	全方向性	通信距离/km	交叠空间	通信带宽
LOS	—	—	无	2～10	有限	最宽
QLOS	—	—	无	<LOS	有限	宽
NLOS(A)	=90°	=90°	好	0～1	无限	最窄
NLOS(B)	≤90°	=90°	一般	1.5～2	有限	较宽
NLOS(C)	<90°	<90°	差	2～5	有限	宽

7.1.4　紫外光大气信道特性

载波信号紫外光通过大气空间的同时，必然受到大气中各种成分、天气、气候条件的影响。通信的质量、通信系统的性能与此直接相关[3]。

1. 日盲紫外光

太阳辐射光谱的 99% 以上在波长 150～4000nm。在这个波段范围内，大约 50% 的太阳辐射能量在可见光谱(波长为 400～760nm)，7% 在紫外光谱区(波长 <400nm)，43% 在红外光谱区(波长 >760nm)，最大能量集中在波长 475nm 处。

　　图 7.2 给出了按照三种不同分类方式的紫外光谱具体划分。大气对流层上部臭氧层(10~50km)对 200~280nm 紫外光强烈的吸收作用，使得这一波段对流层(尤其是近地)内太阳背景低于$10^{-13}\,W/m^2$，即地球表面阳光中几乎没有该谱段的紫外线，该波段被称为"日盲区"[4]。大气环境水平方向与垂直方向的透过率如图 7.3 所示，从图中可以看出，250nm 左右的紫外光衰减很大，水平方向与垂直方向稍有区别。

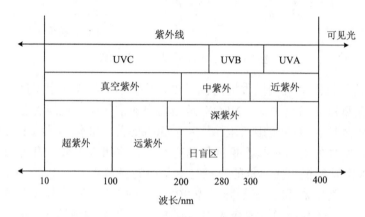

图 7.2　紫外段光谱分布图

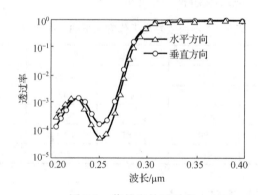

图 7.3　紫外光的透过率

2. 影响紫外光通信的主要因素

　　非直视紫外光通信以大气为传输介质，携带信号的紫外光在空间传输时，其通信的质量、通信系统的性能、传输范围必然会受到大气中 O_3 浓度、散射粒子的浓度、大小、均匀性、几何尺寸以及工作波长等的影响。

　　1) 大气吸收

　　当紫外光通过大气时，大气中的各种成分将对其产生不同程度的吸收。紫外区

(0.2～0.4μm)在 0.2～0.264μm 存在臭氧的强吸收带，0.3～0.36μm 是臭氧的弱吸收带。二氧化硫和臭氧对紫外光具有较强的吸收能力。虽然大气中臭氧的含量只占大气总量的 0.01%～0.1%，但它对太阳辐射能量的吸收性很强。

2) 大气散射

大气中主要的散射体来自大气分子和气溶胶微粒，由于散射体尺寸的差异，它们具有不同的散射特性，与紫外光波长越接近的大气粒子对紫外光散射越强。分子大小比紫外光波长小得多，是典型的瑞利散射；而气溶胶微粒比紫外光波长大得多，是米氏散射。研究表明，瑞利散射在晴空大气中起主导作用，因此，在理论计算中，晴朗的天气中通常只考虑瑞利散射，而忽略悬浮颗粒的散射作用，可以认为是一种合理近似。表 7.2 给出了大气中几种主要散射粒子的半径和浓度。

表 7.2　大气散射粒子的半径和浓度

类型	半径/μm	浓度/cm^{-3}
空气分子	10^{-4}	10^{19}
Aitken 核	$10^{-3}\sim10^{-2}$	$10^{-4}\sim10^2$
霾粒子	$10^{-2}\sim1$	$10\sim10^3$
雾滴	$1\sim10$	$10\sim10^2$
云滴	$1\sim10$	$10^{-3}\sim10^2$
雨滴	$10^2\sim10^4$	$10^{-5}\sim10^{-2}$

3) 大气湍流

当光束通过这些折射率不同的涡旋元时，会产生光束的弯曲、漂移和扩展畸变等大气湍流效应，致使接收光强产生闪烁与抖动。

7.2　紫外光非直视传输特性

7.2.1　椭球坐标系

紫外光单次散射链路模型的分析以椭球坐标系为基础，如图 7.4 所示。椭球表面由椭圆围绕其主轴旋转一周得到，椭球上任意一点的坐标由径向坐标 ξ、角坐标 η 和方位角坐标 ϕ 唯一确定。直角坐标系 X-Y-Z 转化到椭球坐标系的参数定义如图 7.4 所示。

对于均匀散射和吸收介质，接收散射信号的功率为

$$h(t) = \frac{Q_t A_r T_{\text{of}} c k_s \exp(-k_e ct)}{2\pi \Omega_t r^2} \times \int_{\eta_1\left(\frac{ct}{r}\right)}^{\eta_2\left(\frac{ct}{r}\right)} \frac{2G\left[\phi\left(\frac{ct}{r},\eta\right)p(\theta_s)\right]}{\left(\frac{ct}{r}\right)^2 - \eta^2} \mathrm{d}\eta \tag{7.1}$$

式中，$h(t)$ 是散射信道的脉冲响应；θ_s 是散射角；Ω_t 是发送角（立体角）；r 是焦距；A_r 是接收面积；$p(\cdot)$ 是散射相函数；k_e、k_s 和 k_a 分别是介质的消光系数、散射系数和吸收系数，满足 $k_e = k_s + k_a$；c 是光速；T_{of} 是光透射系数，$G\left[\phi\left(\frac{ct}{r},\eta\right)p(\theta_s)\right]$ 为与散射边界有关的表达式；Q_t 为能量。

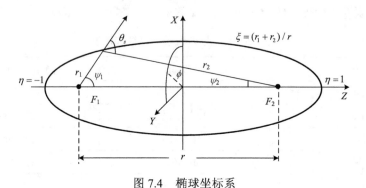

图 7.4　椭球坐标系

7.2.2　紫外光散射通信的过程

基于椭球坐标系的紫外光单次散射链路模型如图 7.5 所示，图中斜线区域为交叠空间。在 $t = 0$ 时刻，总能量为 E_t 的紫外光以发散角 φ_t 离开发射端（每单位立体角

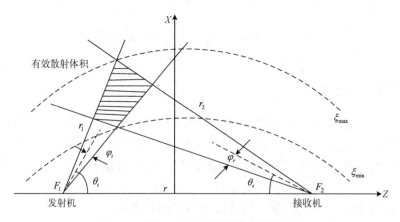

图 7.5　紫外光单次散射通信链路模型

的发射能量为 $\dfrac{E_t}{\Omega}$，单位：焦耳/球面度，立体角 $\Omega = 4\pi \sin^2(\theta_t/2)$），沿着发射角

为 θ_t 的方向在 $t = r_1/c$ 时刻到达距离发射端为 r_1 的散射体，此时的能量密度为

$\dfrac{E_t}{\Omega}\dfrac{\mathrm{e}^{-kr_1}}{r_1^2}$，其中 k 是消光系数，e^{-kr_1} 是紫外光在大气中传输 r_1 与在真空中传输 r_1 之

后能量的比率。

散射体的体积微分 $\mathrm{d}v$ 可看成一个二级点光源，由紫外光与所传媒质之间相互作

用产生。二级点光源的能量密度为 $\left[\dfrac{E_t}{\Omega}\dfrac{\mathrm{e}^{-kr_1}}{r_1^2}\right]\dfrac{k_s}{4\pi}p(\cos\theta_s)\mathrm{d}v$（单位：焦耳/立体弧度），

k_s 为大气散射系数，$p(\cos\theta_s)$ 为单次散射相函数。

二级光源中的部分能量将沿着能够到达接收端的方向传输，在 $t = (r_1 + r_2)/c$ 时

刻，接收端接收到的来自于二级点光源的总能量密度为

$$\delta E_r = \left[\dfrac{E_t}{\Omega}\dfrac{\mathrm{e}^{-kr_1}}{r_1^2}\right]\left[\dfrac{k_s}{4\pi}p(\cos\theta_s)\mathrm{d}v\right]\dfrac{\mathrm{e}^{-kr_2}}{r_2^2} \tag{7.2}$$

根据椭球坐标系中的 ξ、η、ϕ 和焦距 r，可以得到散射体体积微分的表达式为

$$\mathrm{d}v = (r/2)^2(\xi^2 - \eta^2)\mathrm{d}\xi\mathrm{d}\eta\mathrm{d}\phi \tag{7.3}$$

又因 $r_1 = \dfrac{r}{2}(\xi+\eta)$，$r_2 = \dfrac{r}{2}(\xi-\eta)$，接收端总的体积微分能量密度为

$$\delta E_r = \dfrac{E_t k_s}{4\pi\Omega}\dfrac{\mathrm{e}^{-kr\xi}\,p(\cos\theta_s)}{(r/2)(\xi^2-\eta^2)}\mathrm{d}\xi\mathrm{d}\eta\mathrm{d}\phi \tag{7.4}$$

因为 $\xi = (r_1 + r_2)/r$，即 $\xi = ct/r$，所以 $\mathrm{d}\xi = c\mathrm{d}t/r$，即 $\dfrac{\mathrm{d}\xi}{\mathrm{d}t} = \dfrac{c}{r}$，则接收端的瞬

时微分体积接收功率密度为

$$\delta P_r = \dfrac{cE_t k_s}{2\pi\Omega r^2}\dfrac{\mathrm{e}^{-kr\xi}}{\xi^2-\eta^2}p(\cos\theta_s)\mathrm{d}\eta\mathrm{d}\phi \tag{7.5}$$

接收端总的接收功率为

$$P_r(\xi) = \begin{cases} 0, & \xi < \xi_{\max} \text{ 或 } \xi > \xi_{\min} \\ \displaystyle\int_{\eta_1(\xi)}^{\eta_2(\xi)}\int_{\phi_1}^{\phi_2}\dfrac{cE_t k_s}{2\pi\Omega r^2}\dfrac{\mathrm{e}^{-kr\xi}}{\xi^2+\eta^2}p(\cos\theta_s)\mathrm{d}\eta\mathrm{d}\phi, & \xi_{\min} < \xi < \xi_{\max} \end{cases} \tag{7.6}$$

紫外光散射通信分为两个过程：从发射端到散射体的传输；从散射体到接收端

的传输。

7.2.3　非直视散射特性

非直视的紫外线传输系统的误码率取决于调制方式、探测器类型、发射机功率、路径损耗、闪烁指数和噪声。采用 OOK 调制时，系统的误码率可以表示为

$$\mathrm{BER}_{e\text{-OOK}} =$$

$$\frac{1}{2}\mathrm{erfc}\left\{\frac{1}{\sqrt{2}}\frac{RGP_r}{\left[\left(qG^2FR(P_r+P_{\mathrm{bg}})R_b+qI_{\mathrm{dc}}R_b+\frac{2K_bT_0F_iR_b}{R_L}\right)^{\frac{1}{2}}\right]+\left[q(G^2FR_{\mathrm{bg}}+I_{\mathrm{dc}})R_b+\frac{2K_bT_0F_iR_b}{R_L}\right]^{\frac{1}{2}}}\right\}$$

$$(7.7)$$

式中，$\mathrm{erfc}(\cdot)$ 是误差函数；K_b 是玻尔兹曼常数；T_0 是热力学温度；F_i 是噪声系数；R_L 是负载阻抗；q 是电子电荷；I_{dc} 是探测器暗电流；比特率 $R_b=\dfrac{1}{T_b}$，T_b 是比特时间宽度；R 是电阻；P_r 是光电流；G 是增益；F 是光电探测器噪声系数；P_{bg} 是接收到的背景辐射强度。

PPM 的误码率可以表示为

$$\mathrm{BER}_{e\text{-PPM}} = \frac{L}{4}\mathrm{erfc}\left\{\sqrt{\frac{\log_2 L}{2L}}\frac{RGP_r}{\left(qG^2FR(P_r+P_{\mathrm{bg}})R_b+2qI_{\mathrm{dc}}R_b+\frac{4K_bT_0F_iR_b}{R_L}\right)^{\frac{1}{2}}}\right\} \qquad (7.8)$$

式中，L 是 PPM 的时隙数。平均信噪比可表示为

$$\langle\mathrm{SNR}_{T\text{-NLOS}}\rangle = \frac{\mathrm{SNR}_{0,\mathrm{NLOS}}}{\sqrt{\dfrac{P_{r0}}{\langle P_r\rangle}+\sigma_y^2\mathrm{SNR}_{0,\mathrm{NLOS}}}} \qquad (7.9)$$

式中，P_{r0} 是无湍流时接收到的功率；$\langle P_r\rangle$ 是接收到的平均功率；σ_y 为接收端信噪比；$\mathrm{SNR}_{0,\mathrm{NLOS}}$ 是无湍流时的信噪比。如果假定 $P_{r0}\approx\langle P_r\rangle$，则

$$\mathrm{SNR}_{0,\mathrm{NLOS}} = \sqrt{\frac{y_0}{\dfrac{2Rhc}{\lambda}}} \qquad (7.10)$$

式中，y_0 是无湍流时接收到的信号功率；R 是数据速率；h 是普朗克常数；c 是光速，λ 是波长。大气湍流下的误码率可以表示为

$$\mathrm{BER}_{T,\mathrm{NLOS}} = \frac{1}{2}\int_0^\infty f_y(y)\mathrm{erfc}\left(\frac{\langle\mathrm{SNR}_{T\text{-NLOS}}\rangle y}{2\sqrt{2}}\right)\mathrm{d}y \qquad (7.11)$$

7.3 日盲紫外光非直视通信组网

无线日盲紫外光通信结合了光通信与无线通信的特点,它以紫外光为信息载体、以自由大气为通信媒质,整个过程不需要任何有线信道,可广泛应用于展览会、短期租用的建筑、野外临时工作场所或地震等突发事件的现场。但由于紫外光在大气中受到严重的吸收作用,紫外光的通信距离受限,只能工作在近距离的通信方式下。因此,将紫外光通信与无线 Mesh 网络相结合以扩大通信范围是一项新的课题。

7.3.1 无线 Mesh 通信网络

在无线 Mesh 网中,采用网状 Mesh 拓扑结构,也可以说是一种多点到多点的网络拓扑结构。在这种 Mesh 网络结构中,各网络节点通过相邻的其他网络节点,以无线多跳方式相连。根据节点功能划分,无线 Mesh 网络可以分为三种网络结构:对等式网络结构、分级式网络结构、混合式网络结构。

1) 对等式无线 Mesh 网络

对等式无线 Mesh 网络又称为终端设备 Mesh 网络,它是无线 Mesh 网组网结构中最简单的一种。如图 7.6 所示,图中的所有节点为具有完全相同特性的对等个体,包括具有相同的介质访问控制层(media access control,MAC)、路由、安全和管理协议。网络中的节点均具有 Mesh 路由器的功能,为增强型终端用户设备。对等式无线 Mesh 网络实际上也是一个移动的 Ad hoc 网,它适用于节点数较少且不需要接入核心网络的场合。它为没有或不便利用现有基础网络设施的情况提供了一种新的通信条件。

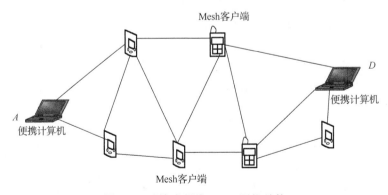

图 7.6 对等式无线 Mesh 网络结构

2) 分级式无线 Mesh 网络

分级式无线 Mesh 网络又称为基础设施/骨干 Mesh 网络。如图 7.7 所示,它可分为上层和下层两个部分。上层的 Mesh 路由器之间形成了一个具有自配置、自愈功能的网状结构，由它组成的基础网络设施可供下层的 Mesh 客户端连接，同时可以通过具有网关功能的 Mesh 路由器连接到 Internet。

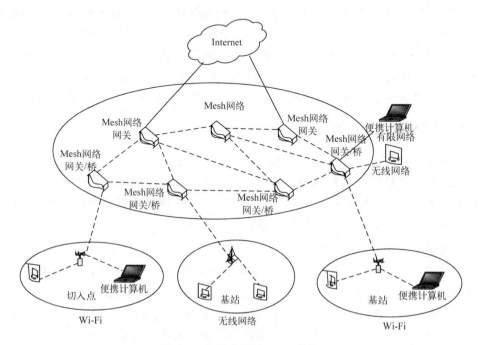

图 7.7　分级式无线 Mesh 结构

3) 混合式无线 Mesh 网络

混合式无线 Mesh 网络结构如图 7.8 所示，它是终端设备 Mesh 网络结构与基础设施/骨干 Mesh 网络结构的混合结构。在这种结构中，终端节点不仅能支持无线局域网的普通设备，还能支持具有路由功能的 Mesh 设备，设备之间可以 Ad hoc 方式互联。从网络可实现的功能来看，终端设备既能与其他网络相连，实现无线宽带接入；又可与本层的其他用户直接通信，或作为路由器转发数据，并送往目的节点。

7.3.2　无线紫外光 Mesh 通信网络

本书中提到的无线紫外光 Mesh 通信网络是将无线紫外光通信与对等式无线 Mesh 网络相结合而组成的。由于对等式的 Mesh 网络是三种网络形式中最简单，且能很好反映多点到多点的格型网络结构，所以选择与之结合。如图 7.6 所示，在无线紫外光通信网络中，节点 A 要想发送信息到节点 D，它有多条多跳路径可以选择，不会因为某一条链路中断而无法工作。该网络可以应用在基础设施没有到位的落后地区，无法架设通信线缆的恶劣地带，以及需要临时通信的现场等。

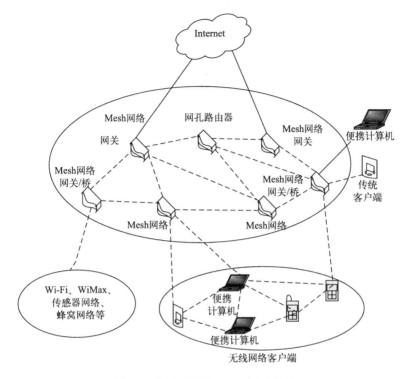

图 7.8　混合式无线 Mesh 网络结构

　　无线紫外光 Mesh 通信网络是建立在多点到多点的紫外光通信链路上，因此，为网络中各个节点配置通信时的工作模式需以各个节点在网络中要实现的功能为依据。当网络中的节点处于群发或者搜索状态时，它可以工作在 NLOS(A) 模式下，因为这时节点的全方位性最好，可以与周围覆盖范围内的许多节点直接进行信息交互；当网络节点在某个方向上进行多节点通信时，它可以工作在 NLOS(B) 模式下，因为这时通信节点在保证一定带宽的前提下同时拥有一定的全方位性；当网络节点在某个方向上远距离点到点非直视宽带通信时，它可以工作在 NLOS(C) 模式下，因为这时通信节点间的非直视通信距离最远且带宽最宽。

　　无线紫外光 Mesh 通信网络能在地形复杂的环境中保证通信畅通，能够快速部署并且易于安装，同时满足安全性强、移动灵活的现代通信需求，因此，无线紫外光通信网络有着广泛的应用前景。

7.4　总结与展望

　　紫外光通信一般指日盲紫外光通信。由于大气以及大气中悬浮物的散射作用，紫外光可以非直视传输，同时其衰减也很大。利用紫外光非直视传输特性组网，利用自组织网络特性扩大通信范围，这是紫外光自组织网络发展的方向。紫外光自组织网络组网必须克服单向节点、"耳聋"节点等问题。通过信道均衡抑制大气信道产生的畸变，是紫外光通信必须面对的问题。

思 考 题 七

7.1　日盲紫外光是哪个波长范围？为什么叫作日盲紫外光？

7.2　影响紫外光通信的因素主要有哪些？

7.3　简述紫外光通信的三种模式。

7.4　简述紫外光通信的优点。

7.5　简述紫外光通信组网的思路。

习 题 七

7.1　试根据紫外光信道的单位冲激响应，分析紫外光非直视通信的带宽[1]。

7.2　试确定式(7.1)中的积分限。

7.3　试确定无线紫外通信系统的脉冲响应。

7.4　分析无线紫外通信系统的信道容量。

7.5　试分析紫外光非直视通信中的相函数。

7.6　建立椭球坐标系，仅考虑单次散射，设波长为 260nm，求接收端接收到的能量和路径损耗。

参 考 文 献

[1]　罗畅, 李霁野, 陈晓敏. 无线紫外通信信道分析[J]. 激光与光电子学进展, 2011, (4): 31-36.

[2]　何华. 紫外光非视距单次散射链路中体散射相函数的研究[J]. 激光与光电子学进展, 2015, (3): 113-117.

[3]　杨刚, 李晓毅, 陈谋, 等. 日盲区紫外光大气散射研究[J]. 科学技术与工程, 2015, (2): 236-240.

[4]　柯熙政. 紫外光自组织网络[M]. 北京: 科学出版社, 2011.

第8章 捕获、瞄准和跟踪技术

微波天线的发射功率大，发散角也大，不需要天线很精确对准；无线激光通信要求光束的会聚性好，信号弱，这样捕获、瞄准和跟踪(acquisition pointing and tracking，APT)就成为一个关键的问题。

8.1 APT 系 统

8.1.1 APT 的概念

捕获、瞄准、跟踪(APT)系统是建立空间激光通信的前提，是空间激光通信的难点。

(1)捕获(acquisition)：在不确定区域内对目标进行判断和识别，通过在不确定区域内的扫描，直至在捕获视场内接收到信标光信号，为后续的瞄准和跟踪奠定基础。

(2)瞄准(pointing)：①使得通信发射端视轴与接收端天线视轴在通信过程中保持非常精密的同轴性；②远距离激光通信系统中，当收发双方在切向发生高速相对移动时，就需要在发射端进行超前瞄准。

如图 8.1 所示，运动载体在 r_1 处发射信号，在地面站进行接收。地面站在接收到信号时，运动载体已经到达 r_2 点，在上行发射时，必须考虑到 r_1 和 r_2 的运动，以及 r_3 的附加运动，运动载体上的接收机接收信号时，载体已经处于 r_3 点。从地面站接收矢量到发射矢量之间的夹角称为超前角。

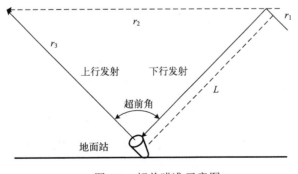

图 8.1 超前瞄准示意图

（3）跟踪（tracking）：由于发射机和接收机之间的相对运动，大气湍流造成的光斑闪烁、漂移，以及平台振动对瞄准精度的影响，在瞄准完成后通过跟踪将对准误差控制在允许范围内。

8.1.2　APT 的工作原理

空间激光通信 APT 系统工作分为两个阶段，如图 8.2 所示，当接收机尚未捕获信标光时，视轴在不确定区域进行开环扫描，开环扫描的不确定区域信息由引导信息导入，引导信息一般是彼此位置坐标信息；当主控计算机接收到引导信息后，计算出接收机与发射机双方的相对位置并驱动跟踪架转台指向目标。其中测速单元与角度控制单元为系统的反馈单元，构成双闭环控制系统。图像处理单元作为光斑位置的检测机构，为系统实时提供光斑位置信息。由于引导信息的偏差以及执行机构的误差，转台指向后会有误差，一般不能准确瞄准目标。

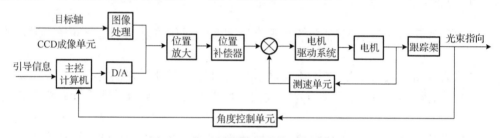

图 8.2　典型无线激光通信 APT 系统图

跟踪架转台指向后，由于误差的存在，以目标位置为中心，光束位置可能分布的区域称为不确定区域。由于不确定区域角度大于信标光束发散角，信标光要在不确定区域内进行扫描直至接收机视场内出现信标光光斑，完成信标光的捕获；一旦信标光捕获成功，系统会通过粗跟踪成像单元检测接收天线视场的中心轴线和信标光束中心轴线的偏差，通过驱动电机来不断修正接收机和发射机的角度，来实现精确瞄准。

为了解决瞄准跟踪的高精度、宽带宽的问题，复合轴控制系统在高精度跟踪系统中得到广泛应用，如图 8.3 所示，复合轴跟踪系统是在原有单轴系统（单轴系统即仅有电机转台作为指向控制单元）上加入子轴，子轴即精跟踪振镜，精跟踪振镜与电机转台共同构成复合轴系统。在大范围低精度瞄准时通过主轴执行，而当进入对误差抑制阶段时，通过高精度、宽带子轴跟踪系统来实现对系统的高精度跟踪，而不影响系统的稳定性。

通信双端光束捕获成功后，分别将对方信标光保持在粗跟踪视场内，实现稳定粗跟踪。由于相对运动引起的动态滞后误差、平台振动残差等，粗跟踪伺服带宽有限且不能满足通信要求，需要启动精跟踪单元，对粗跟踪残差进一步抑制。粗、精

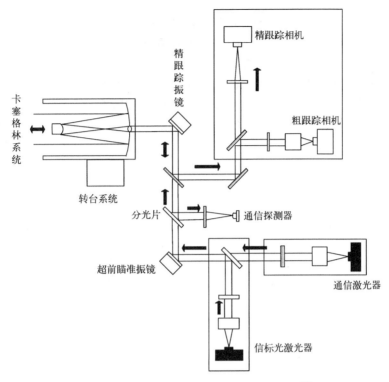

图 8.3　空间光通信系统基本组成示意图[1]

跟踪环视轴中心重合，精跟踪视场应大于粗跟踪的最大误差。利用精跟踪所具有的高分辨力、高带宽能力，有效抑制动态滞后误差与平台残差。粗跟踪机构一般为伺服电机控制的转台系统，精跟踪机构为压电陶瓷振镜。精跟踪相机与粗跟踪相机可以分别以两种精度检测光斑位置，来满足捕获与跟踪的不同要求。通信探测器接收由卡塞格林系统收集到的对方天线发射的信号光束，通信激光器发射低功率、窄束宽的信号光束，信标光激光器发射高功率、宽束宽的信标光。分光片的作用是为了做到收发隔离，所谓收发隔离是因为在收发一体化天线中，为了使本端激光器发射的光束与由天线接收的光束相互不影响,通信探测器可以分辨其所接收信号的来源。图 8.3 所示为空间光通信系统基本组成示意图。

8.2　自　动　捕　获

　　空间捕获就是把天线指向到达场的方向，将天线接收视场的视轴调整到与光束的到达角一致。到达角是入射光束在俯仰与方位两方向上的夹角。到达角与法线矢量的夹角可以在一个规定的立体角之内。这个可以允许的角度又称为搜索分辨角，

用 Ω_r 表示，最小分辨角也是衍射极限角，$\sin\Omega_r = 1.22\lambda / D$，其中 Ω_r 就是衍射极限角，λ 是波长，D 是光圈直径。在实际设计中要求分辨角相对大一些。

如图 8.4 所示，发射机指向接收机，若发射机的波束瞄准没有误差，则光束将会照亮接收点。接收机探测到发射机在某种不确定性立体角 Ω_u 之内，Ω_u 是从接收机的位置定义的。接收机期望其天线瞄准垂直于到达场的方向，在一个预定的分辨立体角 Ω_r 之内，要求接收机天线的垂直矢量瞄准在发射机的矢量线之内，通常 $\Omega_r \ll \Omega_u$。

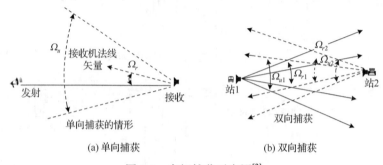

(a) 单向捕获　　　　　　　　(b) 双向捕获

图 8.4　空间捕获示意图[2]

8.2.1　开环捕获模式

为了实现高概率捕获，使发射机的激光束散角和接收机的视场角通过凝视或者扫描的方式覆盖不确定区域是一必要条件。由于空间激光通信的系统应用情况的不同，可将双向捕获分为以下三种工作模式。

1. 凝视-凝视捕获方式

对于凝视-凝视捕获方式，应该保证信标光的束散角大于开环捕获的不确定区域，同时接收机的视场也应该大于开环捕获的不确定区域。接收机保持静止姿态，只进行光信号接收称为凝视。

2. 凝视-扫描捕获方式

根据束散角、视场角和开环不确定区域的不同，该方式可以分为以下两种情况。

(1)当天空背景光较强时，减小接收视场角，以减小背景光对其影响，此时，以接收机的捕获视场进行扫描。增加信标光的发射功率，使其工作于凝视的模式。该模式适合于地空、星地激光通信。

(2)当天空背景光较弱时，增大接收视场角，将接收机的捕获视场凝视于不确定区域，此时，令信标光在不确定区域内进行扫描。该模式适合于星际激光通信[1]。

该模式捕获所需时间的近似表达式为[1]

$$T_{\text{acq}} \approx \frac{1}{(1-K)^2}\left[\left(\frac{\Omega_u}{\Omega_r}\right)^2 + \frac{1}{2}\left(\frac{\Omega_u}{\Omega_r}\right)\right]T_d N_t \tag{8.1}$$

式中，Ω_u 为开环捕获不确定区域，Ω_r 为束散角，T_d 为驻留时间，N_t 为扫描次数，K 为扫描的重叠系数。由于平台振动、光斑闪烁、光斑漂移的影响，为了防止漏扫，需要使临近两次的扫描视场有一定的重叠区域。漏扫就是扫描换行时上下两行扫描路径间存在扫描间隙，如果此时目标位置正好处于扫描间隙之中，则会发生漏扫。随着 K 的增加，捕获时间也会随之增加，所以 K 一般取值在 $10\% \sim 15\%$；T_d 为捕获过程中光斑在探测器上的驻留时间，$T_d = T_S + T_F$，其中，T_S 为伺服转台的步进时间，T_F 为相机的工作帧周期。式(8.1)中，中括号里第一项为扫描整个不确定区域所需要的步数，第二项为一次扫描结束后回到捕获确定区域中心的扫描次数，当扫描步数较多时，第二项可以忽略。式(8.1)可以写成如下形式[1]：

$$T_{\text{acq}} \approx \frac{1}{(1-K)^2}\left(\frac{\Omega_u}{\Omega_r}\right)^2 T_d N_t \tag{8.2}$$

3. 跳步-扫描捕获方式

由于信标光功率的限制，激光束散角不可能覆盖整个区域，而天空背景光的影响使得捕获视场也不可能足够大到覆盖整个不确定区域。因此，跳步-扫描捕获方式就显得十分有必要。其工作方式为：主光端机工作于跳步模式，从光端机工作于扫描模式。在一个工作周期内，先保持主光端机视轴不变，从光端机进行一个完整的扫描过程，当信标光在该工作周期内捕获失败，此时主光端机跳步一次，进入下一个工作周期。即主光端机视轴跳动一定距离，使从光端机下一个工作周期的扫描范围不与上一个工作周期的扫描范围重合。主光端机跳步的步数取决于捕获不确定区域与信标光束散角之比；从光端机扫描次数取决于捕获不确定区域与捕获视场角之比。因此，其近似表达式为[1]

$$T_{\text{acq}} \approx \frac{1}{(1-K)^2}\left(\frac{\Omega_u}{\Omega_{r1}}\right)^2 \frac{1}{(1-K)^2}\left(\frac{\Omega_u}{\Omega_{r2}}\right)^2 T_d N_t \tag{8.3}$$

式中，Ω_{r1} 和 Ω_{r2} 分别为信标光束散角和捕获视场角。

8.2.2　扫描方式

由于光端机的视场角与信标光束散角都远小于捕获的不确定区域，就需要在不确定区域进行开环扫描。常用的扫描方法有四种，分别是天线扫描法、焦平面扫描法、焦平面阵列扫描法与逐步搜索法。由于在大多数的激光通信系统中其天线都采用收发一体的光学望远镜，光学望远镜内整体有着较高的共轴型，所以目前基本都采用天线整体扫描的方法，焦平面扫描与焦平面阵列扫描由于受到光学天线体积等限制而较少采用。

1. 天线扫描法[2]

考虑用固定视场 Ω_r 的接收透镜和光检测系统。接收系统在整个不确定角 Ω_u 内扫描，如图 8.5 所示。不失一般性，我们仅考察方位角上的扫描。扫描时，检测光电检测器的输出，直到确认光束已经被接收到为止。可以在光电检测器设置一个门限值来实现。其中天线扫描分为螺旋 (spiral) 扫描、光栅 (raster) 扫描和螺旋光栅 (spiral raster) 复合扫描等。考虑一个单色点源信标连续发射信标光，在接收机光电检测器上产生平均计数率 $n_s = \alpha P_r$，其中 P_r 是接收机光功率信号。我们假定一个具有背景附加噪声计数率为 n_b 的多模计数模型。如果在 T 秒内，则发射场在接收视场内，产生平均信号计数 $K_s = n_s T$。这样我们可以得到捕获概率[2]：

$$\text{PAC} = \frac{\Gamma(K_T, K_s + K_b)}{\Gamma(K_T, \infty)} \tag{8.4}$$

式中，$K_b = n_b T$；K_T 是门限；$\Gamma(a, b)$ 是一个 Gamma 函数，定义为

$$\Gamma(a, b) = \int_0^b e^{-t} t^{a-1} dt \tag{8.5}$$

错误捕获概率门限为

$$\text{PFC} = \frac{\Gamma(K_T, K_b)}{\Gamma(K_T, \infty)} \tag{8.6}$$

信号和噪声计数分别为

$$K_s = n_s T \tag{8.7}$$

$$K_b = n_b T = n_{b0} D_{sr} T \tag{8.8}$$

式中，n_{b0} 是每个空间模的噪声计数率，D_{sr} 是分辨率视场 Ω_r 中的空间模数。发射机在视场中的时间为 T，方位角旋转率为 S_L (弧度/秒)，二者通过式 (8.8) 联系起来，即

$$T = \sqrt{\Omega_r / S_L} \tag{8.9}$$

理论上 Ω_r 只要宽得足以覆盖一个单空间模就足够了。为了得到所要求的 K_s，要把 Ω_r 减小，扫描就更慢了，捕获就需要更长的时间。

1) 螺旋扫描

螺旋扫描的方法如图 8.6 所示。这种扫描由概率最高的中心原点开始，逐渐向周边低概率区域扫描，成为放射状的扫描方式。原始的扫描方式由于角速度恒定，

当位于中心点附近时线速度较小，而随着扫描半径的增加，线速度会逐渐增大，使得圆周间距增大，这样增加了漏扫的概率。但是，在收发端距离已知的情况下，通过对角速度的补偿，可以在接收端平面形成均匀等间距的扫描线，如图 8.6 所示。采用螺旋扫描比矩形扫描所需的捕获时间要少，但扫描驱动电流比较复杂。

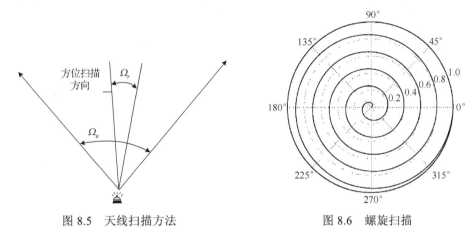

图 8.5　天线扫描方法　　　　　　　　　图 8.6　螺旋扫描

2) 光栅扫描

矩形扫描又有两种方式，如图 8.7 所示。如果探测器无行程限制，能够在整个搜索范围内进行扫描，则采用第一种方式。如果探测器存在行程限制，只能在一个很小的范围内进行扫描，这样就需要一个能够覆盖整个搜索范围的慢扫描器来带动它。这个慢扫描器的功能可以由望远镜或者跟踪架来完成。尽管第一种方式比第二种方式简单，但由于探测器行程受到限制，所以在实际系统中常采用第二种方式。

3) 螺旋光栅扫描

将光栅扫描与螺旋扫描结合起来就是螺旋光栅扫描，如图 8.8 所示，该扫描方式不仅结合了光栅扫描易于实现的优点，而且具有像螺旋扫描那样从高概率区域向低概率区域扫描的优点。

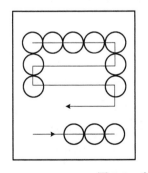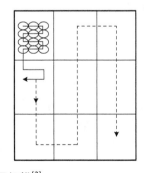

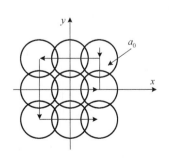

图 8.7　光栅扫描[2]　　　　　　　　　　图 8.8　螺旋光栅扫描[2]

2. 焦平面扫描法

焦平面扫描与天线扫描的效果是一致的，不同的是扫描机构的区别。一个固定光学透镜把不确定性视场变换到焦平面上，如图 8.9 所示，用一个单检测器在焦平面上扫描，从而完成搜索工作，Ω_u 为不确定区域的角度。对于焦平面扫描方法，接收结构可以是固定的，机械上不需要可动部分。

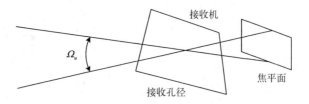

图 8.9　焦平面扫描方式示意图

焦平面阵扫描的捕获概率为[2]

$$\text{PAC}_1 = \sum_{k_1=0}^{\infty} P_{\text{os}}(k_1, K_s + K_b) \left[\sum_{k_2=0}^{k_1-1} P_{\text{os}}(k_2, K_b) \right]^{Q-1} \tag{8.10}$$

式中，K_s 和 K_b 由式 (8.7) 和式 (8.8) 给出，P_{os} 为发射信号的功率。不失一般性，用 D_{su}/Q 代替 D_{sr}。D_{sr} 为分辨率视场 Ω_r 中的空间模数。整个不确定区域可分成 Q 个不相交叠的 Ω_r 角子区域。n_{bu} 定义为总的立体角 Ω_u 内的噪声计数率。于是有

$$K_s = n_s T \tag{8.11}$$

$$K_b = \frac{n_{\text{bu}} T}{Q} \tag{8.12}$$

用 T_t 表示焦平面总搜索时间，T 是在每个分辨位置上的时间，有

$$T_t = QT \tag{8.13}$$

当 Q 给定，给定发射机和背景的功率电平，捕获概率 PAC_1 和总搜索时间 T_t、观察时间 T 有关。如果 T 不是足够长，则捕获概率会突然降低。

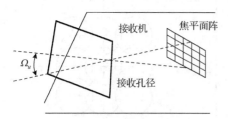

图 8.10　焦平面阵列扫描示意图

3. 焦平面阵列扫描法

应用一个固定的检测器阵，以覆盖焦平面。在焦平面上应用检测器阵，可以得到一种并行处理方法，这样就缩短了捕获时间。检测器阵中的每一个检测器处理不确定域中的一个特定部分，如图 8.10 所示。在观测时间确

定后，把每一个检测器输出收集起来，就可以进行发射机位置的计数比较测试。因为各个检测器独立工作，所以接收机的复杂性增加，但捕获时间缩短。

考虑一个具有 S 个检测器的阵列的情况，不确定角可以分为 Ω_u / S 个分辨面积，把焦平面分解为 S 个小面积：

$$\Omega_r = \frac{\Omega_u}{S} \tag{8.14}$$

$$T_t = T \tag{8.15}$$

为了得到较高的分辨率，必须选择比较大的阵列，接收机的复杂性就会提高，工程中需要在分辨率和搜索时间二者中做出合理的选择。

4. 逐步搜索法

如果检测器的数量较大，那么并行处理变得非常困难，我们可以采用顺次扫描的方法，每次找出最大的输出。这时捕获时间有一点增加，但接收机却简单多了。对给定的观测时间 T 秒，阵列具有 S 个检测器，完成单次扫描需要 ST 秒，完成全部需要 r 次搜索，总的搜索时间为[2]

$$T_r = rST = \left(\frac{S}{\lg S}\right) T \lg \left(\frac{\Omega_u}{\Omega_r}\right) \tag{8.16}$$

对方阵而言，S 必须是整数的平方，搜索时间最短。可以证明，$S = 4$ 是一个最佳阵列，此时搜索时间最短。

8.2.3　捕获单元性能指标

对于空间激光通信快速、高概率捕获单元，其各个环节性能分析如下。

1. 初始视轴指向误差

如图 8.2 所示，主控计算机根据引导信息，驱动粗跟踪转台指向不确定区域，此时通信发射端视轴即为初始视轴。初始视轴指向误差即捕获的不确定区域，它由以下公式确定[1]

$$\sigma = \sqrt{\sigma_A^2 + \sigma_P^2 + \sigma_R^2 + \sigma_C^2 + \sigma_G^2 + \sigma_E^2} \tag{8.17}$$

式中，σ_A 为平台姿态误差，$\sigma_A = \sqrt{\sigma_{ap}^2 + \sigma_{ay}^2 + \sigma_{ah}^2}$，$\sigma_{ap}$、$\sigma_{ay}$、$\sigma_{ah}$ 分别为方位、俯仰、偏航姿态测量误差；σ_P 为定位误差，$\sigma_P = \sqrt{\sigma_{px}^2 + \sigma_{py}^2 + \sigma_{pz}^2}$，$\sigma_{px}$、$\sigma_{py}$、$\sigma_{pz}$ 分别为纬度、经度、高程测量误差；σ_R 为天线安装误差；σ_C 为计算机计算误差；σ_G 为伺服转台机械运动误差；σ_E 为其他小误差。

2. 初始视轴指向误差与捕获不确定区域关系

初始视轴指向误差在俯仰和方位上均可视为均值为零的高斯分布的随机变量。考虑初始误差在正、负两端的分布，捕获不确定区域应当满足

$$\frac{\text{FOU}}{2} \geqslant 3\sigma \tag{8.18}$$

设 $\sigma_v = \sigma_h = \sigma$，则目标出现在不确定区域的概率为

$$P_{\text{cov}} = \iint_{\text{FOU}} \frac{1}{\sqrt{2\pi}\sigma} \exp\left(-\frac{\theta_v^2}{2\sigma^2}\right) \cdot \frac{1}{\sqrt{2\pi}\sigma} \exp\left(-\frac{\theta_h^2}{2\sigma^2}\right) d\theta_v d\theta_h \tag{8.19}$$

式中，θ_v 为俯仰偏差角；θ_h 为方位偏差角。式 (8.19) 可以简化为幅度上的瑞利分布，极角为 1/2 的均匀分布，在极坐标下定积分为

$$P_U = \int_0^{\frac{\text{FOU}}{2}} \frac{\theta}{\sigma^2} \exp\left(-\frac{\theta}{2\sigma^2}\right) d\theta = 1 - \exp\left(-\frac{\text{FOU}^2}{8\sigma^2}\right) \tag{8.20}$$

式中，$\theta = \sqrt{\theta_v^2 + \theta_h^2}$ 为不确定角的角偏差幅度。

8.3 自 动 跟 踪

8.3.1 跟踪系统

一旦捕获视场探测到对方发过来的信标光，双方形成光跟踪闭环，进入粗跟踪阶段，从捕获传感器探测到光斑的存在，并且能解算出脱靶量，通过伺服补偿后驱动伺服转台运动。如图 8.11 所示，粗跟踪执行结构为两轴伺服转台带动望远镜单元整体运动，由于电机功率、机械谐振频率等因素限制，粗跟踪伺服带宽有限，粗跟踪精度不高，只能保证可靠进入精跟踪视场。

令 (θ_z, θ_e) 为到发射机的视矢量角。如图 8.12 所示，令 (ϕ_z, ϕ_e) 为相应的接收机平面的法线矢量角，瞄准接收机到发射机的瞬时角误差为[2]

$$\psi_z(t) = \theta_z - \phi_z \tag{8.21}$$

$$\psi_e(t) = \theta_e - \phi_e \tag{8.22}$$

$\varepsilon_z(t), \varepsilon_e(t)$ 是光传感器产生的误差电压，分别控制方位角和俯仰角，用来校正瞄准角 (ϕ_z, ϕ_e)。因此，有

$$\phi_z = \overline{\varepsilon}_z(t) \tag{8.23}$$

$$\phi_e = \overline{\varepsilon}_e(t) \tag{8.24}$$

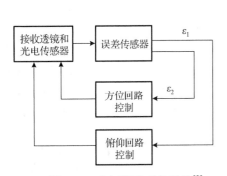

图 8.11　空间跟踪系统结构[2]

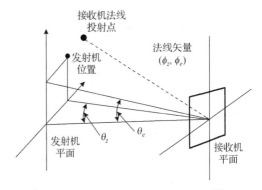

图 8.12　方位角和俯仰角瞄准[2]

式中，横线表示控制回路的滤波作用，把上面各式合并，我们就可以得到[2]

$$
\begin{cases}
\dfrac{\mathrm{d}\psi_z}{\mathrm{d}t} = \dfrac{\mathrm{d}\theta_z}{\mathrm{d}t} - \dfrac{\mathrm{d}}{\mathrm{d}t}\big[\,\overline{\varepsilon_z}(t)\,\big] \\[3mm]
\dfrac{\mathrm{d}\psi_e}{\mathrm{d}t} = \dfrac{\mathrm{d}\theta_e}{\mathrm{d}t} - \dfrac{\mathrm{d}}{\mathrm{d}t}\big[\,\overline{\varepsilon_e}(t)\,\big]
\end{cases}
\tag{8.25}
$$

8.3.2　复合轴控制系统

　　光学天线直接进行快速高精度跟踪是十分困难的，大口径望远镜往往采用旋转机架结构，单独转动反射镜视场受限制，如果二者结合起来，则构成复合轴系统。复合轴系统是在大惯量机架上装一个俯仰、方位均可微动的快速反射镜（fast steering mirror，FSM），用于控制发射和接收光轴的方向，反射镜的轴称为子轴，主跟踪架的轴称为主轴。主轴和子轴可分别控制，构成主系统和子系统。主系统工作范围大，带宽较窄，精度较低；子系统工作范围较小，但频率宽、响应快、精度高。两个系统作用是相加的，所以可实现大范围的快速高精度跟踪。其结构如图 8.13 所示。

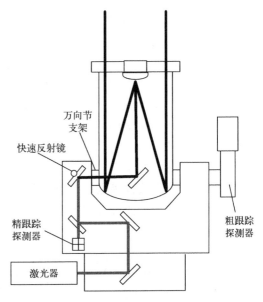

图 8.13　复合轴系统结构[3]

8.3.3　粗跟踪单元精度分析

粗跟踪单元跟踪精度不仅依赖于系统自身特性，还与外界激励和噪声源特性有关，这就需要对影响粗跟踪精度的四种误差源特性进行分析。同时，应根据跟踪视场确定粗跟踪误差，并为粗跟踪误差进行分配：①动态滞后误差 δ_1，由于两光端机间存在相对运动，跟踪过程中视轴的角速度和角加速度对于位置伺服单元将引起动态滞后误差；②平台振动残差 δ_2[4]，卫星平台存在较强烈的随机振动，将通过双轴伺服转台作用于视轴，将引起视轴的随机抖动，它是影响跟踪精度最主要的噪声源；③CCD 光斑质心检测误差 δ_3，光斑大小、光斑功率空间分布、图像信噪比和光斑检测算法的不同，将使光斑质心检测精度存在误差；④各种力矩干扰误差 δ_4，包括线扰力矩、不平衡力矩和摩擦力矩引起的误差，这些干扰力矩误差特性不一，工程中近似按高斯分布处理。综上所述，粗跟踪伺服单元的总误差为[1]

$$\delta_{CT} = \delta_1 + \sqrt{\delta_2^2 + \delta_3^2 + \delta_4^2} \tag{8.26}$$

CCD 光斑检测误差也服从随机分布，由它引起的控制误差 σ_3^2 表示为[1]

$$\sigma_3^2 = \int_{-\infty}^{\infty} \left| \frac{G(j\omega)}{1 + G(j\omega)} \right| \phi_{ccd}(\omega) d\omega \tag{8.27}$$

式中，$G(j\omega)$ 为频率特性，$\phi_{ccd}(\omega)$ 为 CCD 的检测角。

8.3.4　精跟踪光束伺服单元

振镜的工作原理是驱动器产生角位移或线位移，驱动附加在驱动器上的反射镜实现角度二维偏转。常见的驱动器有如下两种[5,6]。

(1)电磁振镜：电磁振镜内通常集成 4 路驱动器，构成二维推拉式工作。驱动器为音圈电机。音圈电机是一种将电信号转换为直线位移的直流电机。其工作原理是，通电线圈(导体)放在磁场内会产生力，力的大小与通电电流成比例。其控制精度也可达到几十纳米的精度。

(2)压电陶瓷(PZT)振镜：压电/电致伸缩微位移致动器是利用电介质在电场中的逆压电效应或电致伸缩效应，直接将电能转化为机械能，产生微位移的换能元件，是目前微位移技术中比较理想的驱动元件。目前大多数的空间激光通信系统中的精跟踪和提前量伺服单元都采用 PZT 振镜。

8.4　发射-接收端非共光轴快速对准

8.4.1　问题的提出

由于激光光束窄、方向性强等特点，信号光束需要极其精确的指向[7]。激光信号在大气信道中传输时,大气湍流引起的大气折射率起伏导致光束扩展、光束漂移、波前畸变、到达角起伏等现象的发生,对光信号的接收造成了不利的影响,严重时甚至会导致通信中断[8]。无线光通信系统中,一般都采用凝视-凝视、凝视-扫描、跳步-扫描这三种捕获方法来实现发射天线与接收天线的光束同轴对准[9],这极大地延迟了系统通信的准备时间。实际中需要一种快速的捕获、跟踪与对准(ATP)机制来建立链路[10,11]。

　　发射端采用图像跟踪,接收端采用二维反射镜控制,实现光束快速对准。通过改变二维反射镜的俯仰和方位角实现光束扫描,以焦平面光斑的位置信息反馈实现光束跟踪。

8.4.2　快速对准方案

　　无线光通信系统同轴对准,要求发射天线的光轴和接收天线的光轴在空间上完全重合。大气湍流所引起的光束漂移,需要通过将探测器以数据回传方式调整发射天线使光束保持长时间稳定的粗对准,以及在此基础上的精对准。远距离数据回传和位置调整受大气湍流影响,使得传统的长轴光束对准过程不确定因素较多。

　　图 8.14 为二维反射镜非共光轴对准示意图,该系统由发射天线到二维反射镜的标定粗对准和二维反射镜到接收天线的短轴精对准组成。由发射天线到二维反射镜的标定粗对准采用发射端的标定相机直接进行定位标定,以图像作为反馈调整发射天线;由二维反射镜到接收天线的短轴精对准,依据接收天线后端的探测器反馈信息调节二维反射镜。由于标定粗对准和短轴精对准均位于单端即可操作,发射端标定对准无须数据回传,该对准方式便捷且受环境影响较小。

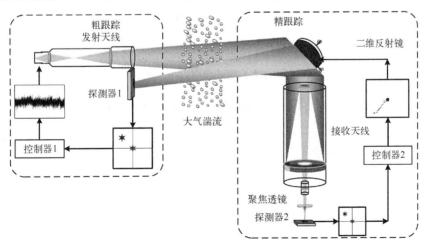

图 8.14　二维反射镜非共光轴对准示意图

　　建立如图 8.15 所示的空间坐标系[12,13]。入射光线的矢量记为 A，出射光线与二维反射镜面法线的夹角为 α，以入射光线的矢量方向作为 x' 轴，建立入射光线的空间坐标系 (x', y', z')。出射光线的矢量记为 A'。以出射光线的矢量方向作为 z 轴，建立出射光线的空间坐标系 (x, y, z)。镜面的法向量为 N，二维反射镜在横、纵轴方向的偏转角分别为 θ_1、θ_2。

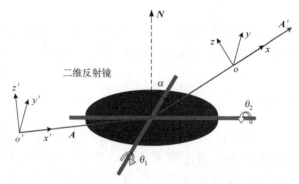

图 8.15　二维反射镜几何光学模型

以坐标系 (x, y, z) 为主坐标系，A 和 N 的矢量表达式分别为

$$A = \begin{bmatrix} A_x \\ A_y \\ A_z \end{bmatrix} = \begin{bmatrix} -\sin(2\alpha) \\ 0 \\ -\cos(2\alpha) \end{bmatrix} \tag{8.28}$$

$$N = \begin{bmatrix} N_x \\ N_y \\ N_z \end{bmatrix} = \begin{bmatrix} \sin(\alpha + \theta_1) \cdot \cos\theta_2 \\ \sin\theta_2 \\ \cos(\alpha + \theta_1) \cdot \cos\theta_2 \end{bmatrix} \tag{8.29}$$

　　由反射定律可知，A、A' 和 N 的夹角相等，反射定律的矢量表达式如下

$$A' = A - 2(A \cdot N) \cdot N = MA \tag{8.30}$$

$$N(\theta) = N \cdot \cos\theta + C(C \cdot N) \cdot (1 - \cos\theta) + (C \times N) \cdot \sin\theta \tag{8.31}$$

式中，C 为任一旋转轴方向对应的单位方向向量。将式 (8.28)、式 (8.29) 和式 (8.31) 代入式 (8.30)，得到 M 的矩阵表示形式

$$M = \begin{bmatrix} 1 - 2N_x^2 & -2N_xN_y & -2N_xN_z \\ -2N_xN_y & 1 - 2N_y^2 & -2N_yN_z \\ -2N_xN_z & -2N_yN_z & 1 - 2N_z^2 \end{bmatrix} \tag{8.32}$$

　　将式 (8.28) 和式 (8.29) 代入式 (8.32)，可得出射光线的矩阵形式

$$
\boldsymbol{A'} = \begin{bmatrix} A'_x \\ A'_y \\ A'_z \end{bmatrix} = \begin{bmatrix} \sin(2\alpha)\cdot(2\cos^2\theta_2\cdot\sin^2(\alpha+\theta_1)-1)+\cos(2\alpha)\cdot\cos^2\theta_2\cdot\sin(2\alpha+2\theta_1) \\ \cos(2\alpha)\cdot\cos(\alpha+\theta_1)\cdot\sin(2\theta_2)+\sin(2\alpha)\cdot\sin(\alpha+\theta_1)\cdot\sin(2\theta_2) \\ \cos(2\alpha)\cdot(2\cos^2\theta_2\cdot\cos^2(\alpha+\theta_1)-1)+\sin(2\alpha)\cdot\cos^2\theta_2\cdot\sin(2\alpha+2\theta_1) \end{bmatrix}
$$

$$(8.33)$$

扫描光斑在 xoy 平面的坐标如下

$$
x = L\frac{A'_x}{A'_z} = L\frac{\sin(2\alpha)\cdot(2\cos^2\theta_2\cdot\sin^2(\alpha+\theta_1)-1)+\cos(2\alpha)\cdot\cos^2\theta_2\cdot\sin(2\alpha+2\theta_1)}{\cos(2\alpha)\cdot(2\cos^2\theta_2\cdot\cos^2(\alpha+\theta_1)-1)+\sin(2\alpha)\cdot\cos^2\theta_2\cdot\sin(2\alpha+2\theta_1)}
$$

$$(8.34)$$

$$
y = L\frac{A'_y}{A'_z} = L\frac{\cos(2\alpha)\cdot\cos(\alpha+\theta_1)\cdot\sin(2\theta_2)+\sin(2\alpha)\cdot\sin(\alpha+\theta_1)\cdot\sin(2\theta_2)}{\cos(2\alpha)\cdot(2\cos^2\theta_2\cdot\cos^2(\alpha+\theta_1)-1)+\sin(2\alpha)\cdot\cos^2\theta_2\cdot\sin(2\alpha+2\theta_1)}
$$

$$(8.35)$$

式中，L 为由光束反射点到 xoy 平面的直线距离。

图 8.16 为采用二维反射镜的激光跟踪算法示意图，红外相机通过获取光斑的位置信息，将位置信息通过计算转化为二维反射镜的调整角度值，通过调节二维反射镜，实现光束的跟踪和控制。记探测器中心点的探测位置为 (m_c, n_c)，红外相机成像光斑位置为 $(m(k), n(k))$，则第 $k+1$ 次施加在二维反射镜的俯仰 θ_1 和方位角 θ_2 度指令为

$$
\begin{bmatrix} \theta_1(k+1) \\ \theta_2(k+1) \end{bmatrix} = \begin{bmatrix} m(k)-m_c \\ n(k)-n_c \end{bmatrix} \cdot T \cdot K_i + \begin{bmatrix} \theta_1(k) \\ \theta_2(k) \end{bmatrix}
$$

$$(8.36)$$

式中，T 为由电机角度转化为像素位移的单位转化系数，K_i 为积分常数。完成光束跟踪后，含有信源信息的强度调制光信号经过聚焦透镜耦合进入光电探测器，强度调制器的半波电压 V_π，调整强度调制器的直流偏置电压 V_{bias} 实现光信号强度调制和直接探测。

$$
V_{\mathrm{out}}(t) = \left[\eta \cdot \int_s \left[E_{\mathrm{in}} \cos\left[\frac{\pi}{2V_\pi}(V_m(t)-V_{\mathrm{bias}}) \right] \mathrm{e}^{\,\mathrm{j}\frac{\pi V_{\mathrm{bias}}}{2V_\pi}} \right]^2 \mathrm{d}s \right]^2 R
$$

$$(8.37)$$

式中，$V_m(t)$ 为加载到调制器的信源信号，$E_{\mathrm{in}}(t)$ 为调制器输入光信号，s 为探测器有效面积，η 为探测器响应度，R 为输出阻抗，$V_{\mathrm{out}}(t)$ 为探测器输出电压信号。

图 8.17 为 10.3km 链路下经粗对准后的二维反射镜成像位置的坐标跟踪曲线，其中在 6 个小时内，俯仰角进行了 4 次调整，方位角进行了 2 次调整。

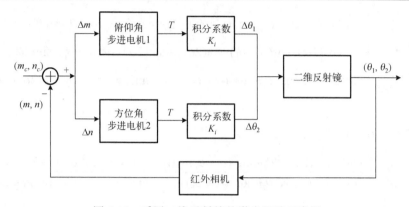

图 8.16　采用二维反射镜的激光跟踪示意图

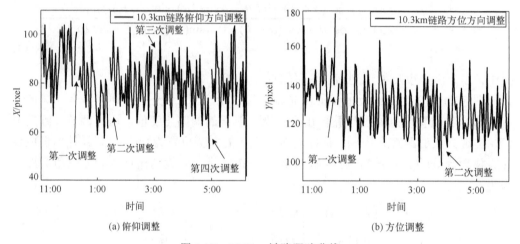

(a) 俯仰调整　　　　　　　　　　　　　(b) 方位调整

图 8.17　10.3km 链路跟踪曲线

8.5　瞄准误差对通信性能的影响

8.5.1　光功率衰减模型

对于基模高斯光束，假设光束发射端位于 $z=0$ 处，沿 z 轴方向传播，其光场 U_0 服从高斯分布，可以表示为

$$U_0(r,0) = A_0 \exp\left(-\frac{r^2}{W_0^2} - \mathrm{i}\frac{kr^2}{2F_0}\right) \tag{8.38}$$

设接收端位于 $z=L$ 处，此时该处的光场为

$$U_0(r,L) = \frac{A_0}{1+ia_0L} \exp\left[-ikL - \frac{1}{2}\left(\frac{a_0kr^2}{1+ia_0L}\right)\right] \tag{8.39}$$

式中

$$a_0 = \frac{2}{kW_0^2} + i\frac{1}{F_0} \tag{8.40}$$

高斯光束的光强分布可写为

$$I(r,L) = I_0 \cdot \frac{W_0^2}{W_L^2} \cdot \exp\left(-2\frac{r^2}{W_L^2}\right) \tag{8.41}$$

式中，W_L 为 $z=L$ 处的光斑半径，可表示为

$$W_L = W_0\sqrt{1+\left(\frac{\lambda L}{\pi W_0^2}\right)^2} \tag{8.42}$$

通常用发射角来表示光束的发散程度，定义高斯光束的光斑半径随传播距离的变化率为其发射角，用 θ_B 表示

$$\theta_B = 2\frac{dW_L}{dz} = \frac{2\dfrac{\lambda L}{\pi W_0}}{\sqrt{\left[\left(\dfrac{\pi W_0^2}{\lambda}\right)^2 + L^2\right]}} \tag{8.43}$$

当 L 趋于无穷大时（$L \to \infty$）

$$\theta = \lim_{L\to\infty}\frac{2W_L}{L} = \frac{2\lambda}{\pi W_0} \tag{8.44}$$

1. 平面波光功率几何衰减模型

不考虑湍流因素的影响，无线光通信系统接收光功率模型可写为

$$P_R = P_T \cdot L_{geo} \cdot L_{atm} \tag{8.45}$$

式中，P_T 和 P_R 分别为无线光通信设备的发射和接收光功率；L_{geo} 表征几何衰减；$L_{atm} = e^{-\mu \cdot L}$ 表征大气成分引起的吸收和散射衰减，L 为通信距离，μ 为大气衰减系数。

假设发射光为均匀平面波，即光强在垂直于传输路径的平面内服从均匀分布，此时的几何衰减为

$$L_{geo,pl} = \left(\frac{D_R}{D_T + \theta \cdot L}\right)^2 \tag{8.46}$$

式中，D_R 为接收半径；D_T 为发射半径；θ 为发射角；L 为发射机和接收机的距离。

2. 高斯光束几何衰减模型

高斯光束假设下的接收光功率几何衰减 $L_{\mathrm{geo,gau}}$ 可表示为

$$L_{\mathrm{geo,gau}} = \frac{P_R}{P_T} = \frac{\int_0^{D_R/2} I(r,L) \cdot 2\pi r \mathrm{d}r}{P_T}$$
$$= \frac{\dfrac{\pi I_0 W_0^2}{2} \cdot \left[1 - \exp\left(-\dfrac{D_R^2}{2W_L^2} \right) \right]}{P_T} \tag{8.47}$$

将发射端机看成一个整体的情况下，发射光功率指的应该是发射端光学天线的出射功率，因此有

$$P_T = \int_0^{D_T/2} I(r,0) \cdot 2\pi r \mathrm{d}r = \frac{\pi I_0 W_0^2}{2} \cdot \left[1 - \exp\left(-\frac{D_T^2}{2W_0^2} \right) \right] \tag{8.48}$$

因此无指向误差情况下的高斯光束几何衰减模型为

$$L_{\mathrm{geo,gau}} = \frac{P_R}{P_T} = \frac{1 - \exp\left(-\dfrac{D_R^2}{2W_L^2} \right)}{1 - \exp\left(-\dfrac{D_T^2}{2W_0^2} \right)} \tag{8.49}$$

8.5.2 指向误差条件下高斯光束几何衰减模型

1. 指向误差模型

假设指向误差导致的 X 轴和 Y 轴方向的位移满足独立同分布，且都服从高斯分布，则接收端的位移量可用瑞利分布来描述

$$f_\rho(\rho) = \frac{\rho}{\sigma_\rho^2} \exp\left(-\frac{\rho^2}{2\sigma_\rho^2} \right) \tag{8.50}$$

式中，ρ 为接收端的位移。

2. 指向误差下几何衰减模型

以接收孔径中心作为坐标原点建立坐标系，存在指向误差的情况下，高斯光束的光强分布模型可以表示为

$$I(r-\rho,L) = I_0 \cdot \frac{W_0^2}{W_L^2} \cdot \exp\left(-2\frac{(r-\rho)^2}{W_L^2}\right) \tag{8.51}$$

$$L_{\mathrm{err}}(\rho) = \frac{P_R(\rho)}{P_T} = \frac{\displaystyle\int_A I(r-\rho,L)}{P_T} \tag{8.52}$$

在方形孔径假设下推导了近似模型

$$L_{\mathrm{err1}}(\rho) \approx A_0 \exp\left(-\frac{2\rho^2}{W_{\mathrm{Leq}}^2}\right) \tag{8.53}$$

$$A_0 = [\mathrm{erf}(v)]^2, \quad v = (\sqrt{\pi}\, D_R/2)/(\sqrt{2}W_L), \quad W_{\mathrm{Leq}}^2 = W_L^2 \frac{\sqrt{\pi}\,\mathrm{erf}(v)}{2v\exp(-v^2)} \tag{8.54}$$

因为实际的接收孔径为圆形，因此在极坐标下进行积分求解。

$$
\begin{aligned}
L'_{\mathrm{err}}(\rho) &= L_{\mathrm{err}}(\rho)\left[1-\exp\left(-\frac{D_T^2}{2W_0^2}\right)\right] \\
&= \int_0^{2\pi}\int_0^{D_R/2} \frac{2}{W_L^2}\cdot\exp\left[-2\frac{(r-\rho)^2}{W_L^2}\right]\cdot r\mathrm{d}r\mathrm{d}\theta \\
&= \frac{4}{W_L^2}\cdot\int_0^{D_R/2} \exp\left[-2\frac{(r-\rho)^2}{W_L^2}\right]\cdot r\mathrm{d}r \\
&= \exp\left[-2\frac{\rho^2}{W_L^2}\right] - \frac{W_L^2}{4}\cdot\exp\left[-2\frac{(D_R/2-\rho)^2}{W_L^2}\right] \\
&\quad + \frac{4}{W_L^2}\cdot\rho\cdot\int_{-\sqrt{2}\rho/W_L}^{\sqrt{2}(D_R/2-\rho)/W_L} \exp[-x^2]\cdot\frac{W_L}{\sqrt{2}}\mathrm{d}x
\end{aligned} \tag{8.55}
$$

$$x = \sqrt{2}(r-\rho)/W_L$$

根据式中 $D_R/2-\rho$ 的取值，其积分项应该分以下三种情况进行考虑。

(1) 当 $D_R/2-\rho>0$，即经过偏移影响后的光斑中心仍在接收孔径内，则

$$
\begin{aligned}
&\rho\cdot\int_{-\sqrt{2}\rho/W_L}^{\sqrt{2}(D_R/2-\rho)/W_L} \exp(-x^2)\cdot\frac{W_L}{\sqrt{2}}\mathrm{d}x \\
&= \frac{W_L\rho\sqrt{\pi}}{2\sqrt{2}}\cdot[\mathrm{erf}(\sqrt{2}\rho/W_L)+\mathrm{erf}(\sqrt{2}(D_R/2-\rho)/W_L)]
\end{aligned} \tag{8.56}
$$

(2) 当 $D_R/2-\rho<0$，即经过偏移影响后的光斑中心漂到了接收孔径之外，则

$$\rho\cdot\int_{-\sqrt{2}\rho/W_L}^{\sqrt{2}(D_R/2-\rho)/W_L} \exp(-x^2)\cdot\frac{W_L}{\sqrt{2}}\mathrm{d}x$$

$$= \frac{W_L \rho \sqrt{\pi}}{2\sqrt{2}} \cdot [\mathrm{erf}(\sqrt{2}\rho/W_L) - \mathrm{erf}(\sqrt{2}(\rho - D_R/2)/W_L)] \tag{8.57}$$

(3) 当 $D_R/2 - \rho = 0$，即经过偏离后的光斑中心正好在接收孔径的边缘，则

$$\rho \cdot \int_{-\sqrt{2}\rho/W_L}^{\sqrt{2}(D_R/2-\rho)/W_L} \exp(-x^2) \cdot \frac{W_L}{\sqrt{2}} \mathrm{d}x$$
$$= \frac{W_L \rho}{\sqrt{2}} \cdot \left\{ \int_{-\sqrt{2}\rho/W_L}^{0} \exp(-x^2) \mathrm{d}x \right\} = \frac{W_L \rho \sqrt{\pi}}{2\sqrt{2}} \cdot \mathrm{erf}(\sqrt{2}\rho/W_L) \tag{8.58}$$

式中， $\mathrm{erf}(x) = (2/\sqrt{\pi}) \int_0^x \mathrm{e}^{-u^2} \mathrm{d}u$ 是误差函数。

令 $u = \sqrt{2}\rho/W_L$， $v = \sqrt{2}(D_R/2 - \rho)/W_L$，有

$$L_{\mathrm{err}}(\rho) = \begin{cases} \dfrac{\exp(-u^2) - \exp(-v^2) + \sqrt{\pi} \cdot u \cdot [\mathrm{erf}(u) + \mathrm{erf}(|v|)]}{1 - \exp\left(-\dfrac{D_T^2}{2W_0^2}\right)}, & D_R/2 > \rho \\[4mm] \dfrac{\exp(-u^2) - \exp(-v^2) + \sqrt{\pi} \cdot u \cdot [\mathrm{erf}(u) - \mathrm{erf}(|v|)]}{1 - \exp\left(-\dfrac{D_T^2}{2W_0^2}\right)}, & D_R/2 \leqslant \rho \end{cases} \tag{8.59}$$

上式即为存在指向误差时，高斯光束几何衰减的精确解析解模型。

8.5.3 指向误差下平均几何衰减模型

存在指向误差时的无线光通信的平均几何衰减模型应该可写为

$$P_R = P_T \cdot \langle L_{\mathrm{err}} \rangle \cdot L_{\mathrm{atm}} \tag{8.60}$$

式中

$$\langle L_{\mathrm{err}} \rangle = \int_0^\infty L_{\mathrm{err}}(\rho) \cdot f_\rho(\rho) \mathrm{d}\rho \tag{8.61}$$

式中， $f_\rho(\rho)$ 为指向误差模型，如式 (8.50) 所示。

将式 (8.59) 代入式 (8.61)，并经化简可得

$$\langle L_{\mathrm{err}} \rangle = \int_0^\infty L_{\mathrm{err}2}(\rho) \cdot f_\rho(\rho) \mathrm{d}\rho$$
$$= \frac{A}{2\sigma_\rho^2} - \frac{1}{2\sigma_\rho^2} \cdot \exp\left(-\frac{C}{2}\right) \cdot \left\{ A \exp\left(-\frac{B^2}{A}\right) + \sqrt{A}B \left[\sqrt{\pi} \cdot \mathrm{erf}\left(\frac{B}{\sqrt{A}}\right) + 1 \right] \right\} \tag{8.62}$$
$$+ 2\sum_{n=0}^{\infty} A_n(r)^{n+1} + \frac{2D_R}{W_L} \sum_{n=0}^{\infty} C_n(q)^n$$

式中，　$A = \dfrac{2\sigma_\rho^2 W_L^2}{W_L^2 + 4\sigma_\rho^2}$，　$B = \dfrac{2\sigma_\rho^2 D_R}{W_L^2 + 4\sigma_\rho^2}$，　$C = \dfrac{D_R^2}{W_L^2 + 4\sigma_\rho^2}$，　$W_L = W_0 \sqrt{1 + \left(\dfrac{\lambda L}{\pi W_0^2}\right)^2}$，

$A_n = \dfrac{(-1)^n (n+1)}{(2n+1)}$，　$r = \dfrac{4\sigma_\rho^2}{W_L^2}$，　$C_n = \displaystyle\sum_{m=0}^{2n+1} \dfrac{C_{2n+1}^m (-1)^{n+m} 2^{3m/2}}{n!(2n+1)2^n} \Gamma\left(\dfrac{m+2}{2}\right)\left(\dfrac{\sigma_\rho}{D_R}\right)^m$，　$q = \dfrac{D_R^2}{W_L^2}$。

　　指向误差对几何衰减的影响一般不能忽略，采用方形孔径近似模型和均匀分布近似模型都有可能带来计算误差。在圆形孔径下进行模型推导更符合实际情况。

8.6　总结与展望

　　点对点远距离通信时需要 APT 系统，而可见光通信、紫外光通信不需要严格的对准。APT 系统是一个成熟的技术，但应用于激光通信尚有诸多技术需要继续探索。目前的 APT 系统多采用导航定位系统进行辅助，无辅助的激光通信 APT 系统仍有发展的必要。APT 完成对准的时间要求一般为数秒。简单、可靠、动态性能好的 APT 系统仍然是今后发展的主要技术。

思 考 题 八

8.1　简述超前瞄准的概念。

8.2　有几种扫描方式？试分别叙述其原理。

8.3　简述 APT 工作原理。

8.4　简述复合轴控制的原理。

8.5　画出空间跟踪系统的原理图，并简述自动跟踪的原理。

8.6　天线扫描有几种方式？简述其工作原理。

习　题　八

8.1　(1)有一轨道人造卫星，其高度近似为 1000 英里(1 英里=1.609344km)，每 2 小时绕地球一周。卫星-地球干线的瞄准误差，总数为 50μrad，高度的不精确性是 ±10 英里，试确定适当的发散角和确保通信所需要的光束宽度。

　　(2)当两个站均在运动，推导上-下发散角的方程；假定站的运动是彼此平行的，以及每个站均有其独立的瞄准和速度误差。

8.2　有一个光点源发射机，工作在 10^{14}Hz，位于 1°×1° 的视场内。接收机具有 $3 \times 3 \text{cm}^2$ 面积。

　　(1)求出必须被搜索的衍射受限的空间模数。

(2) 如果所求的分辨率是 50 弧秒×50 弧秒。求 $Q = \dfrac{\Omega_u}{\Omega_r}$ 中的 Q 值。

8.3　有一半径为 r_0 的偏离圆，落在对称定位四分检测器内，由决定偏离圆的面积推出

$$E[\xi_2(t)] = aG_d eI_S(\pi r_0^2)\left\{1 - \frac{2}{\pi}\arccos\left(\frac{\psi_z f_c}{r_0}\right) + \frac{2\psi_z f_c}{\pi r_0}\left[1 - \left(\frac{\psi_z f_c}{r_0}\right)^2\right]^{\frac{1}{2}}\right\}$$

8.4　试分析激光通信中由光斑的漂移引起的系统误码率变化。

8.5　某卫星通信系统，相邻两个卫星间距离为 4000km，若采用 1550nm 的激光，问自由空间损耗是多少？

8.6　在无线激光通信中快速反射镜(FSM)是安装在光源与接收端之间调节光束指向的装置，主要由反射镜、驱动器、支撑结构和角度反馈测量装置等组成，其音圈电机的等效电路如题图 1 所示，根据基尔霍夫定理可以得到音圈电机的电压平衡方程为 $L_a\dfrac{\mathrm{d}i}{\mathrm{d}t} + R_a i + K_e\omega_m = V$，其中，$L_a = 1.4\mathrm{mH}$ 是电枢电感，$R_a = 4.3\Omega$ 是电枢电阻，i 是流经线圈的电流，ω_m 是电机的转速，$K_e = 5.9\mathrm{V}/(\mathrm{m\cdot s^{-1}})$ 是音圈电机反电动系数，V 是

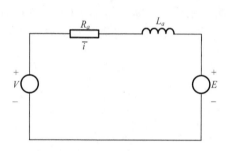

题图 1　音圈电机等效电路图

电源电压。并且由音圈电机驱动反射镜绕轴转动，则根据电压平衡方程可以得到：$J_T\dot{\omega}_m + b\omega_m = K_t i$，其中，$J_T = 2.85\times10^{-4}\mathrm{kg\cdot m^2}$，是音圈电机和反射镜折合到电机轴上的转动惯量；$\omega_m$ 是电机的转速；b 为摩擦系数，可以忽略不计；$K_t = 5.90\mathrm{N/A}$ 是电机的扭矩系数。对以上两个公式分别进行拉普拉斯变换后得到系统传递函数表达式为：$G(s) = \dfrac{K_t}{sJ_T(sL_a + R_a) + K_tK_e}$，则 FSM 的控制框图如题图 2 所示。请根据传递函数求出该系统的幅频特性曲线和相频特性曲线。

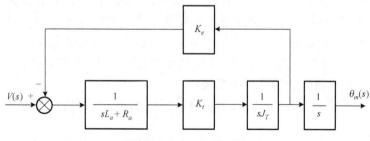

题图 2　FSM 控制框图

参 考 文 献

[1] 佟首峰, 姜会林. 空间激光通信技术与系统[M]. 北京: 国防工业出版社, 2010.

[2] 柯熙政, 席晓莉. 无线激光通信概论[M]. 北京: 北京邮电大学出版社, 2004.

[3] 马佳光. 捕获跟踪与瞄准系统的基本问题[J]. 光电工程, 1989, 16(3): 1-42.

[4] Held K J, Barry T D. Precision, acquisition and tracking system for the free space laser communication system[J]. SILEX the International Society for Optical Engineering, 1996, 2381: 194-205.

[5] 陆红强, 赵卫, 胡辉, 等. 光斑偏移对空间激光通信系统性能的影响[J]. 强激光与粒子束, 2011, 23(4): 895-900.

[6] 闻传花, 王江平, 李玉权. 卫星光通信中接收天线的性能分析[J]. 解放军理工大学学报(自然科学版), 2007, 8(3): 211-215.

[7] 柯熙政, 吴加丽, 杨尚君. 面向无线光通信的大气湍流研究进展与展望[J]. 电波科学学报, 2021, 36(3): 323-339.

[8] 柯熙政, 雷思琛, 杨沛松. 大气激光通信光束同轴对准检测方法[J]. 中国激光, 2016, 43(6): 606003.

[9] 柯熙政, 张璞. 一种无线光通信的跟瞄控制系统及跟瞄控制方法: CN201910339487.9[P]. 2021-07-20.

[10] 柯熙政, 卢宁, 赵黎. 一种光束自动捕获装置及光束捕获方法: CN201010185116.9[P]. 2010-10-06.

[11] Zhang M, Li B, Tong S F. A new composite spiral scanning approach for beaconless spatial acquisition and experimental investigation of robust tracking control for laser communication system with disturbance[J]. IEEE Photonics Journal, 2020, 12(6): 7906212.

[12] Dubra A, Massa J S, Paterson C. Preisach classical and nonlinear modeling of hysteresis in piezoceramic deformable mirrors [J]. Optics Express, 2005, 13(22): 9062-9070.

[13] Wu X, Chen S H, Shi B Y, et al. High-powered voice coil actuator for fast steering mirror [J]. Optical Engineering, 2011, 50(2): 023002.

第9章　部分相干光传输

无线激光通信系统中，光束经过大气信道传输时，会产生光强闪烁、光束扩展、光斑漂移及到达角起伏效应。这些湍流效应降低了光电探测器表面的能量耦合效率，增加了通信系统的误码率，使激光通信系统的性能恶化。部分相干光传输可降低光束扩展、光强闪烁以及光斑漂移，抑制大气湍流效应。

9.1　光束的基本参数

9.1.1　发射光束

发射端有一个扩束器的光束传输链路如图 9.1 所示，假设发射的是准直高斯波束，其光束参数可表示为

$$\Theta_0 = 1, \quad \Lambda_0 = \frac{2L}{kW_0^2} \tag{9.1}$$

式中，Θ_0 为输入光束参数；Λ_0 为输入平面的菲涅耳比；k 为光波波数；W_0 为波束半径即振幅下降到 1/e 时所对应的点；L 为从发射端到接收系统光瞳面上的传输距离。用入射到接收透镜的光束半径 W_1 和波前曲率半径 F_1 表示光束参数，则

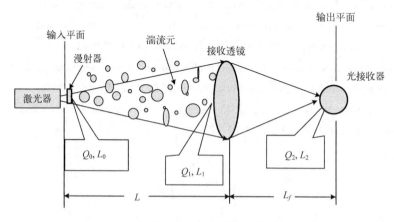

图 9.1　准直光束经过扩束器后的光束参数和传输几何图

$$\Theta_1 = \frac{\Theta_0}{\Theta_0^2 + \Lambda_0^2} = 1 + \frac{L}{F_1} \ , \quad \overline{\Theta}_1 = 1 - \Theta_1$$

$$\Lambda_1 = \frac{\Lambda_0}{\Theta_0^2 + \Lambda_0^2} = \frac{2L}{kW_1^2} \tag{9.2}$$

然后通过一个孔径为 W_G 和焦距为 F_G 的接收透镜，则光接收器平面上的光束参数可以表示为

$$\Theta_2 = \frac{L}{F_f} \left[\frac{\dfrac{L}{F_f} - \dfrac{L}{F_G} + \overline{\Theta}_1}{\left(\dfrac{L}{F_f} - \dfrac{L}{F_G} + \overline{\Theta}_1 \right)^2 + (\Lambda_1 + \Omega_G)^2} \right] = 0$$

$$\Lambda_2 = \frac{L}{F_f} \left[\frac{\Lambda_1 + \Omega_G}{\left(\dfrac{L}{F_f} - \dfrac{L}{F_G} + \overline{\Theta}_1 \right)^2 + (\Lambda_1 + \Omega_G)^2} \right] = \frac{L}{F_f (\Lambda_1 + \Omega_G)} \tag{9.3}$$

式中，F_f 表示接收透镜到光接收器的焦距；$\Omega_G = 2L/(kW_G^2)$ 是无量纲参数，表示有限尺寸的接收透镜。像平面上的光束半径 W_2 与 Λ_2 的关系为

$$\Lambda_2 = \frac{2L_f}{kW_2^2} \tag{9.4}$$

式中，L_f 表示接收透镜到光接收器的距离。

9.1.2　互相干函数

图 9.1 中的光束可以用高斯–谢尔模型（Gauss Schell model，GSM）来描述，或用一个高斯谱模型的相位屏来描述扩束器。

1. 高斯–谢尔模型

如扩束器被放置在相干激光发射端的孔径上，扩束后的光束表示为

$$\tilde{U}_0(s,0) = U_0(s,0)\exp[\mathrm{i}\varphi(s)] \tag{9.5}$$

式中，$U_0(s,0)$ 是入射到扩束器的场；s 是其横截面上的矢量；$\varphi(s)$ 是零均值的随机相位。假设 GSM 光束的相关函数与扩束器的随机相位因子 $\exp[\mathrm{i}\varphi(s)]$ 有关，可由高斯函数来描述：

$$\begin{aligned}
B(s_1, s_2, 0) &= \left\langle \tilde{U}_0(s_1, 0)\tilde{U}_0^*(s_2, 0) \right\rangle \\
&= U_0(s_1, 0)U_0^*(s_2, 0)\left\langle \exp\{\mathrm{i}[\varphi(s_1) - \varphi(s_2)]\} \right\rangle
\end{aligned}$$

$$= U_0(\mathbf{s}_1, 0)U_0^*(\mathbf{s}_2, 0)\exp\left(-\frac{|\mathbf{s}_1 - \mathbf{s}_2|^2}{2\sigma_c^2}\right) \tag{9.6}$$

式中，$\tilde{U}_0^*(\mathbf{s}_2, 0)$ 是入射光场的复共轭函数；σ_c^2 表示扩束器相关宽度的估计值，描述有效源的部分相干特性。若 $\sigma_c^2 \gg 1$，则源场为完全相干光；若 σ_c^2 相比源场的波长要小很多，则有效发射源为非相干光。源的相干性可用源相干参数表示为

$$\zeta_s = 1 + \frac{W_0^2}{\sigma_c^2} \tag{9.7}$$

用以描述扩束器上"散斑单元"的数量。对于弱扩束情形 $\sigma_c^2 \gg W_0^2$，散斑单元只有一个(属于相干光)。在强扩束时会有许多散斑出现，每一个散斑单元就像是一个独立的源。

2. 光瞳面上的自由空间分析

利用广义惠更斯-菲涅耳(Huygens-Fresnel)原理，当单一准直高斯光源传输到接收端光瞳面上时，光束的自相关函数(mutual correlation function, MCF)定义为

$$\begin{aligned}
\Gamma_{\mathrm{pp,diff}}(\mathbf{r}_1, \mathbf{r}_2, L) &= \frac{k^2}{4\pi^2 L^2}\iint_{-\infty}^{\infty}\mathrm{d}^2\mathbf{s}_1\iint_{-\infty}^{\infty}\mathrm{d}^2\mathbf{s}_2\left\langle \tilde{U}_0(\mathbf{s}_1, 0)\tilde{U}_0^*(\mathbf{s}_2, 0)\right\rangle \\
&\quad \times \exp\left[\frac{ik}{2L}|\mathbf{s}_1 - \mathbf{r}_1|^2 - \frac{ik}{2L}|\mathbf{s}_2 - \mathbf{r}_2|^2\right]
\end{aligned} \tag{9.8}$$

式中，$\mathbf{r}_1$ 和 $\mathbf{r}_2$ 分别为 z 平面两点的坐标矢量。

将式(9.6)代入式(9.8)，可得

$$\begin{aligned}
\Gamma_{\mathrm{pp,diff}}(\mathbf{r}_1, \mathbf{r}_2, L) &= \frac{k^2}{4\pi^2 L^2}\iint_{-\infty}^{\infty}\mathrm{d}^2\mathbf{s}_1\iint_{-\infty}^{\infty}\mathrm{d}^2\mathbf{s}_2\exp\left(-\frac{\mathbf{s}_1^2 + \mathbf{s}_2^2}{W_0^2}\right)\exp\left(-\frac{|\mathbf{s}_1 - \mathbf{s}_2|^2}{l_c^2}\right) \\
&\quad \times \exp\left[\frac{ik}{2L}|\mathbf{s}_1 - \mathbf{r}_1|^2 - \frac{ik}{2L}|\mathbf{s}_2 - \mathbf{r}_2|^2\right]
\end{aligned} \tag{9.9}$$

式中，相关半径 $l_c = \sqrt{2}\sigma_c$，式(9.9)中发射光是单位振幅的准直光束。对式(9.9)进行积分可得

$$\begin{aligned}
\Gamma_{\mathrm{pp,diff}}(\mathbf{r}_1, \mathbf{r}_2, L) &= \frac{W_0^2}{W_1^2(1 + 4\Lambda_1 q_c)}\exp\left[\frac{ik}{L}\left(\frac{1 - \Theta_1 + 4\Lambda_1 q_c}{1 + 4\Lambda_1 q_c}\right)\mathbf{r} \cdot \mathbf{p}\right] \\
&\quad \times \exp\left[\frac{2r^2 + \rho^2/2}{W_1^2(1 + 4\Lambda_1 q_c)}\right]\exp\left[-\left(\frac{\Theta_1^2 + \Lambda_1^2}{1 + 4\Lambda_1 q_c}\right)\left(\frac{\rho^2}{l_c^2}\right)\right]
\end{aligned} \tag{9.10}$$

式中，$\mathbf{p} = \mathbf{r}_1 - \mathbf{r}_2$，$\rho = |\mathbf{p}|$，$\mathbf{r} = (1/2)(\mathbf{r}_1 + \mathbf{r}_2)$，$W_1$ 是完全相关光束在光瞳面上的光斑半径，q_c 是无量纲的相干参数，定义为

$$q_c = \frac{L}{kl_c^2} \tag{9.11}$$

所有的二阶统计量都可以由式(9.10)得到。例如，当 $r_1 = r_2 = r$ 时，可以得到光瞳面上的平均辐照度为

$$\langle I(r, L) \rangle_{\text{pp,diff}} = \frac{W_0^2}{W_1^2(1 + 4\Lambda_1 q_c)} \exp\left[\frac{2r^2}{W_1^2(1 + 4\Lambda_1 q_c)}\right] \tag{9.12}$$

部分相干光的光斑半径可表示为

$$W_{\text{pp,diff}} = W_1 \sqrt{1 + 4\Lambda_1 q_c} \tag{9.13}$$

考虑了标准 MCF，可以类似地得到复相干度系数(DOC)

$$\text{DOC}_{\text{pp,diff}}(\rho, L) = \frac{\left| \Gamma_{\text{pp,diff}}(r_1, r_2, L) \right|}{\sqrt{\Gamma_{\text{pp,diff}}(r_1, r_1, L) \Gamma_{\text{pp,diff}}(r_2, r_2, L)}} = \exp\left[-\left(\frac{\Theta_1^2 + \Lambda_1^2}{1 + 4\Lambda_1 q_c} \right) \left(\frac{\rho^2}{l_c^2} \right) \right] \tag{9.14}$$

因此，平均散斑半径为

$$\rho_{\text{pp,speckle}} = \sqrt{\frac{l_c^2(1 + 4\Lambda_1 q_c)}{\Theta_1^2 + \Lambda_1^2}} = \frac{l_c}{W_0} W_{\text{pp,diff}} \tag{9.15}$$

这意味着在源处输入和输出平面上的散斑的数量比值是常数，即

$$\frac{W_0^2}{l_c^2} = \frac{W_{\text{pp,diff}}^2}{\rho_{\text{pp,speckle}}^2} \tag{9.16}$$

所以说，在强扩散 $(l_c \to 0)$ 的限制下，平均散斑半径为

$$\rho_{\text{pp,speckle}} = \frac{2\sqrt{2}L}{kW_0} = \frac{\sqrt{2}\lambda L}{\pi W_0} \tag{9.17}$$

3. 随机相位屏模型

扩束器可由一个薄随机相位屏描述。我们用光束的空间功率谱描述随机相位屏。我们假定采用高斯谱函数

$$\Phi_S(\kappa) = \frac{\langle n_1^2 \rangle l_c^3}{8\pi\sqrt{\pi}} \exp\left(-\frac{l_c^2 \kappa^2}{4} \right) \tag{9.18}$$

式中，κ 为空间频率；l_c 是横向相关半径，与 GSM 光束的参数 σ_c^2 直接相关，即 $l_c^2 = 2\sigma_c^2$；$\langle n_1^2 \rangle$ 表示相位屏的折射率起伏指数。

4. 光瞳面上自由空间分析

如果发射端的光波是无振幅准直光束，光波参数如式(9.1)表示，则接收端光瞳

面上的场可以表示为

$$U(\boldsymbol{r}, L) = U_0(\boldsymbol{r}, L) \exp[\Psi_S(\boldsymbol{r}, L)] \tag{9.19}$$

式中，$\Psi_S(\boldsymbol{r}, L)$ 是由扩束器引起的复相位起伏。光束的 MCF 为

$$\Gamma_{\mathrm{pp,diff}}(\boldsymbol{r}_1, \boldsymbol{r}_2, L) = \Gamma_0(\boldsymbol{r}_1, \boldsymbol{r}_2, L) \exp\left\{ -4\pi^2 k^2 \Delta z \int_0^\infty \kappa \Phi_S(\kappa) \right.$$
$$\left. \times [1 - \exp(-\Lambda_1 L \kappa^2 / k) \mathrm{J}_0(\kappa |\Theta_1 \boldsymbol{p} - 2\mathrm{i}\Lambda_1 \boldsymbol{r}|)] \mathrm{d}\kappa \right\} \tag{9.20}$$

式中，Δz 是相位屏的厚度；$\Gamma_0(\boldsymbol{r}_1, \boldsymbol{r}_2, L)$ 是没有扩散时的 MCF，即

$$\Gamma_0(\boldsymbol{r}_1, \boldsymbol{r}_2, L) = \frac{W_0^2}{W_1^2} \exp\left(-\frac{2\boldsymbol{r}^2}{W_1^2} - \frac{\rho^2}{2W_1^2} - \mathrm{i}\frac{k}{F_1} \boldsymbol{p} \cdot \boldsymbol{r} \right) \tag{9.21}$$

$$\Gamma_{\mathrm{pp,diff}}(\boldsymbol{r}_1, \boldsymbol{r}_2, L) = \Gamma_0(\boldsymbol{r}_1, \boldsymbol{r}_2, L) \exp\left[\sigma_{r,\mathrm{diff}}^2(\boldsymbol{r}_1, L) + \sigma_{r,\mathrm{diff}}^2(\boldsymbol{r}_2, L) \right]$$
$$\times \exp[-T_{\mathrm{diff}}(L)] \exp\left[-\frac{1}{2} \Lambda_{\mathrm{diff}}(\boldsymbol{r}_1, \boldsymbol{r}_2, L) \right] \tag{9.22}$$

式中，$\sigma_{r,\mathrm{diff}}^2(\boldsymbol{r}, L)$ 代表平均辐照度的变化；$T_{\mathrm{diff}}(L)$ 描述纵向或轴上的平均辐照度，$\mathrm{Re}[\Lambda_{\mathrm{diff}}(\boldsymbol{r}_1, \boldsymbol{r}_2, L)] = D_{\mathrm{diff}}(\boldsymbol{r}_1, \boldsymbol{r}_2, L)$ 是波结构常数（WSF）。基于高斯谱函数（式（9.18）），式（9.22）中的各部分可以表示为

$$\sigma_{r,\mathrm{diff}}^2(\boldsymbol{r}, L) = 2\pi^2 k^2 \Delta z \int_0^\infty \kappa \Phi_S(\kappa) \exp(-\Lambda_1 L \kappa^2 / k)[I_0(2\Lambda_1 r \kappa) - 1] \mathrm{d}\kappa$$
$$= \frac{\sqrt{\pi} \langle n_1^2 \rangle k^2 l_c \Delta z}{2(1 + 4\Lambda_1 q_c)} \left\{ \exp\left[\frac{4\Lambda_1^2 r^2}{(1 + 4\Lambda_1 q_c) l_c^2} \right] - 1 \right\} \tag{9.23}$$

进行归一化

$$\frac{\sqrt{\pi} \langle n_1^2 \rangle k^2 l_c \Delta z}{1 + 4\Lambda_1 q_c} = 1 \tag{9.24}$$

并用 Rytov 近似可得

$$\sigma_{r,\mathrm{diff}}^2(\boldsymbol{r}, L) = \frac{4\Lambda_1^2 r^2}{(1 + 4\Lambda_1 q_c) l_c^2} = \frac{4\Lambda_1 q_c}{1 + 4\Lambda_1 q_c} \left(\frac{\boldsymbol{r}^2}{W_1^2} \right) \tag{9.25}$$

类似，式（9.22）中的 $T_{\mathrm{diff}}(L)$ 可表示为

$$T_{\mathrm{diff}}(L) = 4\pi^2 k^2 \Delta z \int_0^\infty \kappa \Phi_S(\kappa)(1 - \exp(-\Lambda_1 L \kappa^2 / k)) \mathrm{d}\kappa = 4\Lambda_1 q_c \tag{9.26}$$

式（9.22）中的其他量可以直接给出，令 $\boldsymbol{r}_1 = \boldsymbol{r} - \boldsymbol{p}/2$，$\boldsymbol{r}_2 = \boldsymbol{r} + \boldsymbol{p}/2$，则有

$$\Lambda_{\mathrm{diff}}^2(\boldsymbol{r}_1, \boldsymbol{r}_2, L) = 4\pi^2 k^2 \Delta z \int_0^\infty \kappa \Phi_S(\kappa) \exp(-\Lambda_1 L \kappa^2 / k)$$

$$\times[I_0(2\varLambda_1 r_1 k)+I_0(2\varLambda_1 r_2 k)-2\mathrm{J}_0(\kappa|\varTheta_1\boldsymbol{p}-2\mathrm{i}\varLambda_1\boldsymbol{r}|)]\mathrm{d}\kappa$$

$$=2\left(\frac{\varTheta_1+\varLambda_1^2}{1+4\varLambda_1 q_c}\right)\frac{\rho^2}{l_c^2}-\frac{4\mathrm{i}\varTheta_1\boldsymbol{p}\cdot\boldsymbol{r}}{(1+4\varLambda_1 q_c)l_c^2} \tag{9.27}$$

最后，结合式 (9.25)～式 (9.27) 可得

$$\Gamma_{\mathrm{pp,diff}}(\boldsymbol{r}_1,\boldsymbol{r}_2,L)=\frac{W_0^2}{W_1^2(1+4\varLambda_1 q_c)}\exp\left[\frac{\mathrm{i}k}{L}\left(\frac{1-\varTheta_1+4\varLambda_1 q_c}{1+4\varLambda_1 q_c}\right)\boldsymbol{r}\cdot\boldsymbol{p}\right]$$
$$\times\exp\left[\frac{2\boldsymbol{r}^2+\rho^2/2}{W_1^2(1+4\varLambda_1 q_c)}\right]\exp\left[-\left(\frac{\varTheta_1^2+\varLambda_1^2}{1+4\varLambda_1 q_c}\right)\left(\frac{\rho^2}{l_c^2}\right)\right] \tag{9.28}$$

式中，使用近似 $\exp[-T_{\mathrm{diff}}(L)]\cong 1/[1+T_{\mathrm{diff}}(L)]$，光束光斑半径和散斑半径都可以由相位屏模型获得。

9.1.3　光束的扩展、漂移与强度起伏

1. 光束扩展

如图 9.2 中，当激光光束在大气湍流中传输时，受大气折射率起伏的影响，光束会产生扩展。大气湍流导致一部分光束不能通过耦合透镜到达光电探测器表面，使光斑半径变大且光束能量降低。

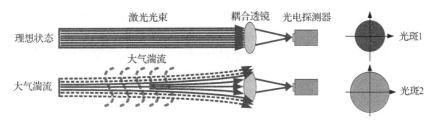

图 9.2　光束扩展对大气激光通信系统的影响

2. 光束漂移

如图 9.3 所示为无线激光通信系统。传输过程中光束由于大气湍流的影响发生漂移，导致光束在垂直于光轴方向发生随机移动而偏离接收面。随着湍流影响的进一步加剧，发射光束有可能会完全漂移出接收天线的接收面，造成通信链路的中断。

3. 光强闪烁

激光在大气湍流中传输，当光束直径比湍流尺度大很多时，光束截面内包含多个湍流涡旋，每个涡旋各自对照射其上的那部分光束独立散射和衍射，引起探测器

平面上光密度在空间和时间上发生连续变化，如图 9.4 所示。具体表现为光强度忽大忽小，光斑忽明忽暗，这种变化就称为光强闪烁(光强起伏)。

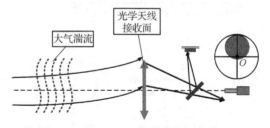

图 9.3　光斑漂移对无线光通信系统的影响

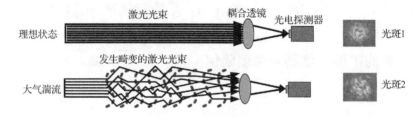

图 9.4　大气激光通信系统的光强闪烁示意图

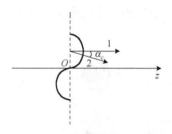

图 9.5　局部到达角示意图

1. 均匀相前法线；2. 等相位法线

4. 到达角起伏

激光在湍流大气中传播时，由于光束截面内不同部分的大气折射率的起伏，光束波前的不同部位具有不同的相位变化，这些变化导致随机起伏形状的等相位面(图 9.5)。这种相位形变导致光束波前到达角发生连续变化，这种变化就称为到达角起伏效应。

9.2　部分相干光模型

光完全相干特性并非是产生良好方向性的必要条件，部分空间相干的光源也可以产生与激光一样的远场光强分布，这类具有良好的方向性但只有部分空间相干性的光束称为部分相干光束。

9.2.1　部分相干光描述

1. 部分相干光

光束的相干性包括其空间的相干性和时间的相干性。一般情况下，将一随时间变化的随机振幅和相位分布叠加到一个完全相干光场上，即可得到部分相干光源。假设初始的完全相干光源的光场分布为 $U_0(x,y,0)$，随时间变化的振幅和相位分布表示为 $t_A(x,y;t)=\exp[i\xi(x,y;t)]$。因此，部分相干光在发射处的光场分布可表示为[1]

$$U'(x,y,0;t)=U_0(x,y,0)t_A(x,y;t)$$
$$=U_0(x,y,0)\exp[i\xi(x,y;t)] \tag{9.29}$$

式中，$\xi(x,y;t)$ 表示光源光场的部分相干性。

2. 空间-时间域

假设 $\boldsymbol{\rho}=(x,y,z)$ 代表空间位置矢量，z 为波束传播距离，是一个常数；$\boldsymbol{\rho}_1$ 和 $\boldsymbol{\rho}_2$ 是光场中任意两点；$V(\boldsymbol{\rho}_1,t+\tau)$ 和 $V^*(\boldsymbol{\rho}_2,t)$ 分别代表部分相干光的光场空间点 $\boldsymbol{\rho}_1$ 和 $\boldsymbol{\rho}_2$ 在时刻 $t+\tau$ 和 t 的复振幅。在空间-时间域中，这两个光场场点可采用互相干函数 $\varGamma(\boldsymbol{\rho}_1,\boldsymbol{\rho}_2,\tau)$ 来描述。互相干函数的定义为[2]

$$\varGamma(\boldsymbol{\rho}_1,\boldsymbol{\rho}_2,\tau)=\left\langle V(\boldsymbol{\rho}_1,t+\tau)V^*(\boldsymbol{\rho}_2,t)\right\rangle \tag{9.30}$$

式中，$\langle\cdot\rangle$ 表示系综平均。假设该辐射场满足各态历经性，对光束光场的系综平均即可通过对其计算时间的平均来求得。

$$\left\langle V(\boldsymbol{\rho}_1,t+\tau)V^*(\boldsymbol{\rho}_2,t)\right\rangle=\lim_{T\to\infty}\frac{1}{2T}\int_{-T}^{T}V(\boldsymbol{\rho}_1,t+\tau)V^*(\boldsymbol{\rho}_2,t)\mathrm{d}t \tag{9.31}$$

式中，T 为测量时间。令式 (9.30) 中 $\boldsymbol{\rho}_1=\boldsymbol{\rho}_2=\boldsymbol{\rho},\tau=0$，即可得到空间点 $\boldsymbol{\rho}=(x,y,z)$ 处的平均光强为

$$I(\boldsymbol{\rho})=\left\langle V(\boldsymbol{\rho},t)V^*(\boldsymbol{\rho},t)\right\rangle=\varGamma(\boldsymbol{\rho},\boldsymbol{\rho},0) \tag{9.32}$$

光场的空间相干性可用复相干度 $\gamma(\boldsymbol{\rho}_1,\boldsymbol{\rho}_2,\tau)$ 来描述，称为归一化的互相干函数，表示为

$$\gamma(\boldsymbol{\rho}_1,\boldsymbol{\rho}_2,\tau)=\frac{\varGamma(\boldsymbol{\rho}_1,\boldsymbol{\rho}_2,\tau)}{\sqrt{\varGamma(\boldsymbol{\rho}_1,\boldsymbol{\rho}_1,0)\varGamma(\boldsymbol{\rho}_2,\boldsymbol{\rho}_2,0)}}=\frac{\varGamma(\boldsymbol{\rho}_1,\boldsymbol{\rho}_2,\tau)}{\sqrt{I(\boldsymbol{\rho}_1)I(\boldsymbol{\rho}_2)}} \tag{9.33}$$

可根据 $\left|\gamma(\boldsymbol{\rho}_1,\boldsymbol{\rho}_2,\tau)\right|$ 取值将光场分为三类，即

$$\begin{cases}\left|\gamma(\boldsymbol{\rho}_1,\boldsymbol{\rho}_2,\tau)\right|=0, & \text{完全非相干光}\\ 0<\left|\gamma(\boldsymbol{\rho}_1,\boldsymbol{\rho}_2,\tau)\right|<1, & \text{部分相干光}\\ \left|\gamma(\boldsymbol{\rho}_1,\boldsymbol{\rho}_2,\tau)\right|=1, & \text{完全相干光}\end{cases}$$

可以看出：归一化的互相干函数的模 $\left|\gamma(\boldsymbol{\rho}_1,\boldsymbol{\rho}_2,\tau)\right|$ 的取值为 0～1，其值越大，干涉条纹可见度越高，光场的相干性越强。光场的时间相干性用 $\gamma(\boldsymbol{\rho},\boldsymbol{\rho},\tau)$ 来表示，称为自相干函数，有

$$\Gamma(\tau) = \Gamma(\boldsymbol{\rho}, \boldsymbol{\rho}, \tau) = \left\langle V(\boldsymbol{\rho}, t+\tau) V^*(\boldsymbol{\rho}, t) \right\rangle \tag{9.34}$$

平均光强 $I(\boldsymbol{\rho})$ 也可用自相干函数表示为

$$I(\boldsymbol{\rho}) = \left\langle V(\boldsymbol{\rho}, t) V^*(\boldsymbol{\rho}, t) \right\rangle = \Gamma(\boldsymbol{\rho}, \boldsymbol{\rho}, 0) = \Gamma(0) \tag{9.35}$$

归一化的自相干函数(复自相干度)可表示为

$$\gamma(\tau) = \frac{\Gamma(\tau)}{\Gamma(0)} \tag{9.36}$$

可知 $\gamma(0) = 1$ ， $0 \leqslant \gamma(\tau) \leqslant 1$ 。

3. 空间–频率域

在空间–频率域中，使用交叉谱密度来描述光场的相干性，表示为

$$W(\boldsymbol{\rho}_1, \boldsymbol{\rho}_2, \omega) = \left\langle \hat{V}(\boldsymbol{\rho}_1, \omega) \hat{V}^*(\boldsymbol{\rho}_2, \omega) \right\rangle \tag{9.37}$$

式中， $\hat{V}(\boldsymbol{\rho}_1, \omega)$ 和 $\hat{V}^*(\boldsymbol{\rho}_2, \omega)$ 分别为场函数及其傅里叶变换，即

$$\hat{V}(\boldsymbol{\rho}_j, \omega) = \int V(\boldsymbol{\rho}_j, t) \exp(\mathrm{i}\omega t) \mathrm{d}t, \quad j = 1, 2 \tag{9.38}$$

式中， ω 为光场的频率。因此，交叉谱密度函数(cross-spectral density function，CSDF) $W(\boldsymbol{\rho}_1, \boldsymbol{\rho}_2, \omega)$ 和互相干函数 $\Gamma(\boldsymbol{\rho}_1, \boldsymbol{\rho}_2, \tau)$ 的关系为

$$W(\boldsymbol{\rho}_1, \boldsymbol{\rho}_2, \omega) = \int \Gamma(\boldsymbol{\rho}_1, \boldsymbol{\rho}_2, \tau) \exp(\mathrm{i}\omega t) \mathrm{d}\tau \tag{9.39}$$

$$\Gamma(\boldsymbol{\rho}_1, \boldsymbol{\rho}_2, \tau) = \frac{1}{2\pi} \int W(\boldsymbol{\rho}_1, \boldsymbol{\rho}_2, \omega) \exp(-\mathrm{i}\omega t) \mathrm{d}\omega \tag{9.40}$$

令 $\boldsymbol{\rho}_1 = \boldsymbol{\rho}_2 = \boldsymbol{\rho}$ ，在空间点 $\boldsymbol{\rho}$ 处，频率为 ω 的平均光强为

$$I(\boldsymbol{\rho}, \omega) = W(\boldsymbol{\rho}, \boldsymbol{\rho}, \omega) \tag{9.41}$$

在空间–频率域中，时间相干性采用谱密度函数 $S(\omega)$ 来表示，定义为

$$S(\omega) = W(\boldsymbol{\rho}, \boldsymbol{\rho}, \omega) \tag{9.42}$$

部分相干光即使在自由空间中传输，谱密度函数 $S(\omega)$ 也会发生变化，即 Wolf 效应[1]。对交叉谱密度归一化可得复空间相干度，也称为谱相干度：

$$\mu(\boldsymbol{\rho}_1, \boldsymbol{\rho}_2, \omega) = \frac{W(\boldsymbol{\rho}_1, \boldsymbol{\rho}_2, \omega)}{\sqrt{W(\boldsymbol{\rho}_1, \boldsymbol{\rho}_1, \omega) W(\boldsymbol{\rho}_2, \boldsymbol{\rho}_2, \omega)}} = \frac{W(\boldsymbol{\rho}_1, \boldsymbol{\rho}_2, \omega)}{\sqrt{S(\boldsymbol{\rho}_1, \omega) S(\boldsymbol{\rho}_2, \omega)}} \tag{9.43}$$

谱相干度的取值范围为 $0 \leqslant \mu(\boldsymbol{\rho}_1, \boldsymbol{\rho}_2, \omega) \leqslant 1$ 。

9.2.2　部分相干光波束

1. 广义惠更斯-菲涅耳原理

惠更斯-菲涅耳原理几何示意图如图 9.6 所示。在光源平面 $z=0$ 处，任意一点 $A(x_0, y_0, 0)$ 处的光场 $E_0(x_0, y_0)$ 都可看成一个球面波的波源。这个波源的强度与光场 $E_0(x_0, y_0)$ 成正比，在各个方向的振幅大小可由 $K(\theta) = (1 + \cos\theta)/(2\mathrm{i}\lambda)$ 来表示。在接收面上任意一点 $B(x, y, z)$ 处的场分布 $E(x, y, z)$ 是由光源 O 上所有球面波波源点发出的波相互叠加而成，即[3]

$$E(x, y, z) = \frac{1}{\mathrm{i}\lambda} \iint E_0(x_0, y_0, 0) \frac{\mathrm{e}^{\mathrm{i}kr}}{r} \frac{1 + \cos\theta}{2} \mathrm{d}x_0 \mathrm{d}y_0 \tag{9.44}$$

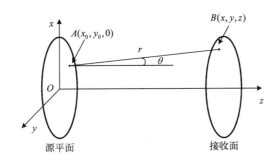

图 9.6　惠更斯-菲涅耳原理几何示意图

当光波在真空条件下传输时，采用傍轴近似的条件，可得

$$E(x, y, z) = \frac{\mathrm{e}^{\mathrm{i}kr}}{\mathrm{i}\lambda z} \iint E_0(x_0, y_0, 0) \exp\left\{ \frac{\mathrm{i}k}{2z} \left[(x - x_0)^2 + (y - y_0)^2 \right] \right\} \mathrm{d}x_0 \mathrm{d}y_0 \tag{9.45}$$

当光束在湍流大气中传输时，源平面中的光从 $(x_0, y_0, 0)$ 传输到 (x, y, z) 时，场变化可由负相位因子表示

$$F_1 = \exp(\chi + \mathrm{i}S_1) = \exp[\psi(\boldsymbol{\rho}', \boldsymbol{r})] \tag{9.46}$$

式中，χ 和 S_1 分别代表振幅和相位的微弱起伏。这时，可将式(9.45)写成

$$E(x, y, z) = \frac{\mathrm{e}^{\mathrm{i}kr}}{\mathrm{i}\lambda z} \iint E_0(x_0, y_0, 0) \exp\left\{ \frac{\mathrm{i}k}{2z} [(x - x_0)^2 + (y - y_0)^2] \right\} \times \exp[\psi(\boldsymbol{\rho}', \boldsymbol{r})] \mathrm{d}x_0 \mathrm{d}y_0 \tag{9.47}$$

2. 交叉谱密度函数

部分相干光源的两点交叉谱密度函数为[4]

$$W_0(\boldsymbol{\rho}_1, \boldsymbol{\rho}_2) = \left\langle U'^*(\boldsymbol{\rho}_1) U'(\boldsymbol{\rho}_2) \right\rangle \tag{9.48}$$

式中，$\boldsymbol{\rho}_1, \boldsymbol{\rho}_2$ 代表光源平面处的二维向量。部分相干谢尔光束的交叉谱密度为

$$W_0(\boldsymbol{\rho}_1, \boldsymbol{\rho}_2) = \sqrt{I_0(\boldsymbol{\rho}_1)} \times \sqrt{I_0(\boldsymbol{\rho}_2)} \mu_0(\boldsymbol{\rho}_2 - \boldsymbol{\rho}_1) \tag{9.49}$$

式中，$I_0(\boldsymbol{\rho})$ 为平均光强，$\mu_0(\boldsymbol{\rho}_2 - \boldsymbol{\rho}_1)$ 代表光束在 $z = 0$ 处的相干度。

当 $I_0(\boldsymbol{\rho}) = A \exp\left(-\dfrac{|\boldsymbol{\rho}|^2}{2\sigma_s^2}\right), \mu_0(\boldsymbol{\rho}) = \exp\left(-\dfrac{|\boldsymbol{\rho}_1 - \boldsymbol{\rho}_2|^2}{2\sigma_g^2}\right)$ 时为部分相干高斯-谢尔光束，

其在 $z = 0$ 处的交叉谱密度为

$$W^{(0)}(\boldsymbol{\rho}_{s1}, \boldsymbol{\rho}_{s2}, 0) = A \exp\left(-\frac{|\boldsymbol{\rho}_{s1}|^2 + |\boldsymbol{\rho}_{s2}|^2}{4\sigma_s^2}\right) \times \exp\left(-\frac{|\boldsymbol{\rho}_{s1} - \boldsymbol{\rho}_{s2}|^2}{2\sigma_g^2}\right) \tag{9.50}$$

式中，$\boldsymbol{\rho}_{s1}$ 和 $\boldsymbol{\rho}_{s2}$ 分别为源平面两点的坐标矢量；参数 A、σ_s 和 σ_g 分别代表光源的光强、束腰宽度以及相干长度。

9.3 光束在大气湍流中的传输

9.3.1 光束的扩展与漂移

1. 光束的扩展

如图 9.7 所示，L 为光束传输距离；ζ 为光束传输时的天顶角，当天顶角 $\zeta = 90°$ 时，光束为水平传输；当天顶角 $0° \leqslant \zeta < 90°$ 时，光束为斜程传输。斜程传输又可分为上行链路传输和下行链路传输两种。当光束上行链路传输时，h_0 代表发射器距离地面的高度，H 代表接收器距离地面的高度。当光束为下行链路传输时，h_0 代表接收器距离地面的高度，H 代表发射器距离地面的高度。

斜程传输路径上的大气结构常数随高度的变化而变化，同时受风速、温度、湿度及气压等因素的影响。而水平传输时对大气结构常数一般可取典型值，因此斜程传输时的研究较为复杂。

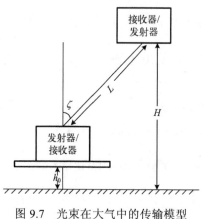

图 9.7 光束在大气中的传输模型

部分相干 GSM 光束在 $z = 0$ 处的交叉谱密度为式 (9.50)。基于广义惠更斯-菲涅耳原理，GSM 光束通过大气湍流后 z 处的交叉谱密度为[5]

$$W(\boldsymbol{\rho}_1, \boldsymbol{\rho}_2, z) = \left(\frac{k}{2\pi z}\right)^2 \iint \mathrm{d}^2\boldsymbol{\rho}_{s1} \iint \mathrm{d}^2\boldsymbol{\rho}_{s2} W^{(0)}(\boldsymbol{\rho}_{s1}, \boldsymbol{\rho}_{s2}, 0)$$

$$\times \exp\left\{-\frac{\mathrm{i}k}{2z}[(\boldsymbol{\rho}_1 - \boldsymbol{\rho}_{s1})^2 - (\boldsymbol{\rho}_2 - \boldsymbol{\rho}_{s2})^2]\right\} \times \langle \exp[\phi^*(\boldsymbol{\rho}_1, \boldsymbol{\rho}_{s1}) + \phi(\boldsymbol{\rho}_2, \boldsymbol{\rho}_{s2})]\rangle \tag{9.51}$$

式中，$\boldsymbol{\rho}_1, \boldsymbol{\rho}_2$ 分别为 z 平面两点的坐标矢量；$\langle\cdot\rangle$ 表示系综平均，表示为

$$\langle \exp[\phi^*(\boldsymbol{\rho}_1, \boldsymbol{\rho}_{s1}) + \phi(\boldsymbol{\rho}_2, \boldsymbol{\rho}_{s2})]\rangle = \exp\left[-\frac{1}{2}D_\phi(\boldsymbol{\rho}_{s1} - \boldsymbol{\rho}_{s2}, \boldsymbol{\rho}_1 - \boldsymbol{\rho}_2)\right] \tag{9.52}$$

式中，$D_\phi(\boldsymbol{\rho}_{s1} - \boldsymbol{\rho}_{s2}, \boldsymbol{\rho}_1 - \boldsymbol{\rho}_2)$ 表示波结构函数，斜程传输时可表示为[6,7]

$$D_\phi(\boldsymbol{p}, \boldsymbol{Q}, z) = 8\pi^2 k^2 \sec\zeta \int_{h_0}^{H} \int_0^\infty \kappa\phi_n(\kappa, h)\{1 - J_0[|(1-\xi)\boldsymbol{p} + \xi\boldsymbol{Q}|\kappa]\}\mathrm{d}\kappa\mathrm{d}h \tag{9.53}$$

式中，$\boldsymbol{p} = \boldsymbol{\rho}_1 - \boldsymbol{\rho}_2$；$\boldsymbol{Q} = \boldsymbol{\rho}_{s1} - \boldsymbol{\rho}_{s2}$；$\phi_n(\kappa, h) = \phi_n(\kappa)C_n^2(h)$，$\phi_n(\kappa)$ 代表折射率功率谱，$C_n^2(h)$ 为大气结构常数模型，两者相互独立。当光束上行传输时，$\xi = 1 - \dfrac{h - h_0}{H - h_0}$；当光束下行传输时，$\xi = \dfrac{h - h_0}{H - h_0}$。$\zeta$ 代表光束发射的天顶角，为传输路径与垂直方向的夹角；J_0 是第一类零阶贝塞尔函数，可根据函数性质展开为

$$J_0(x) = 1 - \left(\frac{x}{2}\right)^2 + \frac{1}{(2!)^2}\left(\frac{x}{2}\right)^4 - \cdots, \quad |x| < \infty \tag{9.54}$$

在强湍流条件下，式 (9.54) 中的贝塞尔函数可利用前两项来近似[8]，有

$$J_0\left[|(1-\xi)\boldsymbol{p} + \xi\boldsymbol{Q}|\kappa\right] = 1 - \frac{1}{4} \times [(1-\xi)\boldsymbol{p} + \xi\boldsymbol{Q}]^2\kappa^2 \tag{9.55}$$

将式 (9.55) 代入式 (9.53) 中，经积分化简后可得

$$D_\phi(\boldsymbol{p}, \boldsymbol{Q}, z) = B_0(B_1\boldsymbol{p}^2 + B_2\boldsymbol{p}\cdot\boldsymbol{Q} + B_3\boldsymbol{Q}^2) \tag{9.56}$$

式中

$$B_0 = 2\pi^2 k^2 \sec\zeta \int_0^\infty 0.033\kappa^3(-\kappa^2 / \kappa_m^2)(\kappa^2 + \kappa_0^2)^{-11/6}\mathrm{d}\kappa \tag{9.57a}$$

$$B_1 = \int_{h_0}^{H} C_n^2(h)(1-\xi)^2\mathrm{d}h \tag{9.57b}$$

$$B_2 = 2\int_{h_0}^{H} C_n^2(h)(1-\xi)\xi\mathrm{d}h \tag{9.57c}$$

$$B_3 = \int_{h_0}^{H} C_n^2(h)\xi^2\mathrm{d}h \tag{9.57d}$$

式中，κ_m 为湍流外尺度空间频率；κ_0 为湍流内尺度空间频率。

将式(9.23)和式(9.56)代入式(9.51)中，可得

$$
\begin{aligned}
W(\boldsymbol{\rho}_1,\boldsymbol{\rho}_2,z) = & \left(\frac{k}{2\pi z}\right)^2 \iint d^2\boldsymbol{\rho}_{s1} \iint d^2\boldsymbol{\rho}_{s2} A \exp\left(-\frac{|\boldsymbol{\rho}_{s1}|^2 + |\boldsymbol{\rho}_{s2}|^2}{4\sigma_s^2}\right) \\
& \times \exp\left(-\frac{|\boldsymbol{\rho}_{s1}-\boldsymbol{\rho}_{s2}|^2}{2\sigma_g^2}\right) \times \exp\left\{-\frac{ik}{2z}[(\boldsymbol{\rho}_1-\boldsymbol{\rho}_{s1})^2 - (\boldsymbol{\rho}_2-\boldsymbol{\rho}_{s2})^2]\right\} \\
& \times \exp\left[-\frac{1}{2}B_0(B_1\boldsymbol{p}^2 + B_2\boldsymbol{p}\cdot\boldsymbol{Q} + B_3\boldsymbol{Q}^2)\right]
\end{aligned}
\tag{9.58}
$$

令上式中的 $\boldsymbol{\rho}_1 = \boldsymbol{\rho}_2 = \boldsymbol{\rho}$，对该式进行积分求解后，即可得 GSM 光束斜程传输时的强度分布

$$
I(\boldsymbol{\rho},z) = W(\boldsymbol{\rho},\boldsymbol{\rho},z) = \frac{A}{\Delta^2(z)}\exp\left[-\frac{|\boldsymbol{\rho}|^2}{2\sigma_s^2\Delta^2(z)}\right]
\tag{9.59}
$$

式中

$$
\Delta^2(z) = 1 + \left(\frac{z}{k\sigma_s\delta}\right)^2 + \frac{2Mz^2}{k^2\sigma_s^2}
\tag{9.60a}
$$

$$
\frac{1}{\delta^2} = \frac{1}{4\sigma_s^2} + \frac{1}{\sigma_g^2}
\tag{9.60b}
$$

$$
M = \frac{1}{2}B_0B_3
\tag{9.60c}
$$

当大气折射率结构常数 $C_n^2(h)$ 取值为常数时，$M = \frac{1}{3}\pi^2 k^2 z \int_0^\infty \kappa^3\phi_n(\kappa)d\kappa$；当在自由空间中传输时，$M = 0$。

可以看出：当光束从 $z = 0$ 平面传输至 z 处，光束的轴上光强值从 A 降为 $A/\Delta^2(z)$。光束强度值与大气折射率结构常数、光束相干长度以及束腰宽度有关。对于湍流项 M 中的湍流功率谱模型[9]，采用将内外尺度均考虑在内的修正 von Karman 谱，表达式为

$$
\phi_n(\kappa,h) = 0.033C_n^2(h)\exp(-\kappa^2/\kappa_m^2)\times(\kappa^2+\kappa_0^2)^{-11/6}
\tag{9.61}
$$

式中，$\kappa_m = 5.92/l_0$，$\kappa_0 \approx 2\pi/L_0$，$l_0$ 和 L_0 分别代表湍流的内外尺度；$C_n^2(h)$ 代表大气折射率结构模型，这里采用国际电信联盟-无线电通信部(ITU-R)在 2001 年所提出的随高度变化的模型，表示为

$$
C_n^2(h) = 8.148\times10^{-56}v_{\mathrm{RMS}}^2 h^{10}\mathrm{e}^{-h/1000} + 2.7\times10^{-16}\mathrm{e}^{-h/1500} + C_0\mathrm{e}^{-h/100}
\tag{9.62}
$$

式中，$v_{\text{RMS}}^2 = \sqrt{v_g^2 + 30.69v_g + 348.91}$ 是垂直路径风速，v_g 代表近地面风速；C_0 代表近地面大气折射率结构常数。C_0 介于 $10^{-17} \sim 10^{-13}\,\text{m}^{-2/3}$ 时为中湍流，书中假定，当近地面大气折射率结构常数 $C_0 = 1.7 \times 10^{-14}\,\text{m}^{-2/3}$ 时，对光束传输时的光强及扩展进行讨论。水平传输时，式 (9.62) 中的 h 即变为发射机高度。定义光束的归一化光强为[10]

$$I^N(\boldsymbol{\rho}, z) = \frac{I_{ts}(\boldsymbol{\rho}, z)}{I_{fs}(\boldsymbol{\rho}, z)\big|_{\rho=0, \sigma_g \to \infty, M=0}} \tag{9.63}$$

式中，$I_{ts}(\boldsymbol{\rho}, z)$ 为光束在大气湍流中斜程传输时的强度分布；$I_{fs}(\boldsymbol{\rho}, z)\big|_{\rho=0, \sigma_g \to \infty, M=0}$ 为完全相干光束在自由空间中斜程传输时的轴上光强值。该光束归一化光强为[11]

$$I_N(\boldsymbol{\rho}, z) = \frac{1 + (z/(2k\sigma_s^2))^2}{\Delta^2(z)} \exp\left[-\frac{\rho^2}{2\sigma_s^2 \Delta^2(z)}\right] \tag{9.64}$$

部分相干光在自由空间中传输的表达式

$$I_N(\boldsymbol{\rho}, z) = \frac{1 + \left(\dfrac{z}{2k\sigma_s^3}\right)^2}{1 + \left(\dfrac{z}{k\sigma_s^2\delta}\right)^2} \exp\left\{-\frac{\rho^2}{2\sigma_s^2\left[1 + \left(\dfrac{z}{k\sigma_s^2\delta}\right)^2\right]}\right\} \tag{9.65}$$

部分相干光在大气湍流中传输的表达式

$$I_N(\boldsymbol{\rho}, z) = \frac{1 + \left(\dfrac{z}{2k\sigma_s^3}\right)^2}{1 + \left(\dfrac{z}{k\sigma_s^2\delta}\right)^2 + \dfrac{2M_3 z^2}{k^2\sigma_s^2}} \exp\left\{-\frac{\rho^2}{2\sigma_s^2\left[1 + \left(\dfrac{z}{k\sigma_s^2\delta}\right)^2 + \dfrac{2M_3 z^2}{k^2\sigma_s^2}\right]}\right\} \tag{9.66}$$

式中，M_3 表示湍流项。

完全相干光在自由空间中传输的表达式

$$I_N(\boldsymbol{\rho}, z) = \exp\left\{-\frac{\rho^2}{2\sigma_s^2\left[1 + \left(\dfrac{z}{2k\sigma_s^3}\right)^2\right]}\right\} \tag{9.67}$$

完全相干光在大气湍流中传输的表达式

$$I_N(\boldsymbol{\rho}, L) = \frac{1 + \left(\dfrac{z}{2k\sigma_s^3}\right)^2}{1 + \left(\dfrac{z}{2k\sigma_s^3}\right)^2 + \dfrac{2M_3 z^2}{k^2\sigma_s^2}} \exp\left\{-\frac{\rho^2}{2\sigma_s^2\left[1 + \left(\dfrac{z}{2k\sigma_s^3}\right)^2 + \dfrac{2M_3 z^2}{k^2\sigma_s^2}\right]}\right\} \tag{9.68}$$

根据光束扩展均方根束宽定义得[12]

$$\omega(z) = \sqrt{\frac{\int I(\rho,z)|\rho|^2\,\mathrm{d}\rho}{\int I(\rho,z)\mathrm{d}\rho}} \tag{9.69}$$

将式(9.68)代入式(9.69)中，可得[13]

$$\omega(z) = \left[2\sigma_s^2\Delta^2(z)\right]^{\frac{1}{2}} = \left[2\sigma_s^2 + \frac{2}{k^2\delta^2}z^2 + \frac{4M}{k^2}z^2\right]^{\frac{1}{2}} \tag{9.70}$$

式中，M 表示与湍流有关的参数。

该式的前两项表示由自由空间衍射引起的光束扩展量，第三项代表湍流引起的光束扩展量。可以看出，当光束从 $z=0$ 平面传输至 z 处，光束束宽 $\omega(z)$ 从 $\sqrt{2\sigma_s^2}$ 增加到 $\sqrt{2\sigma_s^2\Delta(z)}$。为直观分析湍流对光束扩展影响的大小，定义相对束宽为湍流中束宽与自由空间束宽之比，表达式为[13]

$$\omega_r(z) = \left(1 + \frac{\dfrac{4M}{k^2}z^2}{2\sigma_s^2 + \dfrac{2}{k^2\delta^2}z^2}\right)^{\frac{1}{2}} \tag{9.71}$$

同时也可根据角扩展的定义式求出光束的角扩展[14]：

$$\theta = \lim_{z\to\infty}\frac{\omega(z)}{z} = \left(\frac{2}{k^2\delta^2} + \frac{4M}{k^2}\right)^{\frac{1}{2}} \tag{9.72}$$

式(9.72)的第一项代表自由空间中引起的角扩展，与光束参数项 δ 有关；第二项代表由湍流引起的角扩展，与湍流项 M 有关。进而可求得光束的相对角扩展表达式[15]

$$\theta_r = \frac{\theta_{\text{turb}}}{\theta_{\text{free}}} = (1 + 2M\delta^2)^{1/2} \tag{9.73}$$

式中，θ_{turb} 代表光束在湍流中传输时的角扩展；θ_{free} 代表光束在自由空间中传输时的角扩展。

2. 光束的漂移

光束漂移主要是由于大尺度湍流涡旋的折射作用。当光束直径远小于湍流尺度时，湍流的主要影响是使光束产生随机偏折，偏离原来的传播方向。这时光束的传播方向或在接收面上的投影位置是随机的，即发生光束漂移，如图 9.8 所示。下面分析部分相干 GSM 光束在大气湍流中的漂移变化情况[16]。

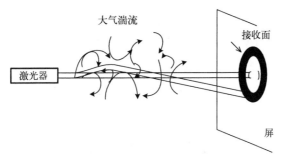

图 9.8   光束漂移示意图[16]

光束漂移通常以光斑的质心位置的变化来描述。光斑的质心定义为[4]

$$\boldsymbol{\rho} = \frac{\iint \boldsymbol{\rho} I(\boldsymbol{\rho}) \mathrm{d}^2 \boldsymbol{\rho}}{\iint I(\boldsymbol{\rho}) \mathrm{d}^2 \boldsymbol{\rho}} \tag{9.74}$$

即

$$x_c = \frac{\iint x I(x, y) \mathrm{d}x \mathrm{d}y}{\iint I(x, y) \mathrm{d}x \mathrm{d}y}, \quad y_c = \frac{\iint y I(x, y) \mathrm{d}x \mathrm{d}y}{\iint I(x, y) \mathrm{d}x \mathrm{d}y} \tag{9.75}$$

则质心的漂移方差为

$$\sigma_\rho^2 = \left\langle \boldsymbol{\rho}_c^2 \right\rangle = \frac{\iint \iint (\boldsymbol{\rho}_1 \cdot \boldsymbol{\rho}_2) I(\boldsymbol{\rho}_1) I(\boldsymbol{\rho}_2) \mathrm{d}^2 \boldsymbol{\rho}_1 \mathrm{d}^2 \boldsymbol{\rho}_2}{\left[\iint I(\boldsymbol{\rho}) \mathrm{d}^2 \boldsymbol{\rho} \right]^2} \tag{9.76}$$

9.3.2   水平传输光束的漂移与扩展

1. 水平传输光束的漂移

Andrews 等人利用 Rytov 近似得到轴上的平均光强分布[17]：

$$\left\langle I(0, L) \right\rangle = \frac{w_0^2}{W_{\mathrm{LT}}^2} = \frac{w_0^2}{W^2(1 + T)} \tag{9.77}$$

式中，$\langle \cdot \rangle$ 代表系综平均；w_0^2 表示高斯光束束腰半径；W_{LT} 为长期光束扩展，将 W_{LT}^2 写为[17]

$$W_{\mathrm{LT}}^2 = \underset{\text{diffrac}}{W^2} + \underset{\substack{\text{sm-scale} \\ \text{spread}}}{W^2 T_{\mathrm{SS}}} + \underset{\substack{\text{large-scale} \\ \text{beam wander}}}{W^2 T_{\mathrm{LS}}} \tag{9.78}$$

这里是将式(9.77)中的 T 分解为 $T = T_{\mathrm{SS}} + T_{\mathrm{LS}}$，$T_{\mathrm{SS}}$ 和 T_{LS} 分别为小尺度引起的光束扩展和大尺度引起的光束漂移。所以，式(9.78)的最后一项就可以理解为光束漂

移 ρ_c，第一项和第二项之和为短期波束扩展。

Andrews 等人利用 Rytov 近似将式 (9.78) 中的最后一项处理后得到一个经典的漂移方差模型[17]：

$$\left\langle \rho_c^2 \right\rangle = W^2 T_{\mathrm{LS}} = 4\pi^2 k^2 w^2(L) \int_0^L \int_0^\infty \kappa \Phi_n(\kappa) H_{\mathrm{LS}}(\kappa, z) \times [1 - \mathrm{e}^{-A_p L \kappa^2 (1 - z/L)^2 / k}] \mathrm{d}\kappa \mathrm{d}z \qquad (9.79)$$

式中，Λ_p 是光束输出参数，$\Lambda_p = 2L/(kw^2(L))$；$w(L)$ 为自由空间下接收端处的光束半径。引起光束漂移的因素主要是湍流大尺度，所以这里引入一个大尺度滤波函数，该函数仅当随机不均匀湍流涡旋的尺寸大于等于波束大小时才对波束扩展有贡献，表达式为

$$H_{\mathrm{LS}}(\kappa, z) = \exp[-\kappa^2 w^2(z)] \qquad (9.80)$$

为了强调光束漂移的自然特性，对式 (9.79) 中的最后一项运用几何光学近似，有

$$1 - \mathrm{e}^{-A_p L \kappa^2 (1 - z/L)^2 / k} \cong \frac{\Lambda_p L \kappa^2 (1 - z/L)^2}{k}, \quad L\kappa^2 / k \ll 1 \qquad (9.81)$$

利用式 (9.80) 和式 (9.81) 将式 (9.79) 进行化简，可得

$$\left\langle \rho_c^2 \right\rangle = 8\pi^2 L^2 \int_0^L \int_0^\infty \kappa^3 \Phi_n(\kappa) \exp[-k^2 w^2(z)] \times \left(1 - \frac{z}{L}\right)^2 \mathrm{d}\kappa \mathrm{d}z \qquad (9.82)$$

由于光束漂移主要是由湍流的尺度引发的，所以考虑大尺度的指数谱[18]：

$$\Phi_n(\kappa) = 0.033 C_n^2 \kappa^{-11/3} [1 - \exp(-\kappa^2 / \kappa_0^2)] \qquad (9.83)$$

式中，κ_0 是与外尺度 L_0 对应的空间波数，$\kappa_0 = 1/L_0$；C_n^2 为折射率结构常数，表征湍流的强弱，在水平传输时为常数。

将式 (9.80)～式 (9.83) 代入式 (9.79) 中，进行积分计算后，得

$$\left\langle \rho_c^2 \right\rangle = 7.25 C_n^2 L^2 \int_0^L \left(1 - \frac{z}{L}\right)^2 w^{-1/3}(z) \left(1 - \frac{\kappa_0^2 w^2(z)}{1 + \kappa_0^2 w^2(z)}\right)^{1/6} \mathrm{d}z \qquad (9.84)$$

漂移表达式中，$w(z)$ 为部分相干 GSM 光束在大气湍流中接收处的扩展半径。

2. 光束扩展半径

在 $z = 0$ 处，傍轴条件下，自由空间中高斯光束的复振幅分布为[19]

$$U(\boldsymbol{r}, 0) = \exp\left[-\left(\frac{1}{w_0^2} + \frac{\mathrm{i}k}{2F_0}\right) \boldsymbol{r}^2\right] \qquad (9.85)$$

式中，$\boldsymbol{r}(|\boldsymbol{r}| = (x^2 + y^2)^{1/2})$ 表示垂直于传输方向的二维径向矢量；w_0 和 F_0 分别为初始光束半径和波前曲率半径；$k = 2\pi/\lambda$ 为自由空间中的光波数。

根据广义惠更斯–菲涅耳原理[20]，可得部分相干 GSM 光束在大气湍流中传输后接收端的交叉谱密度函数为[21]

$$
\begin{aligned}
W(\boldsymbol{\rho}_1, \boldsymbol{\rho}_2, L) &= \left\langle U(\boldsymbol{\rho}_1, L) U^*(\boldsymbol{\rho}_2, L) \right\rangle \\
&= \frac{1}{(\lambda L)^2} \iint \mathrm{d}\boldsymbol{r}_1 \mathrm{d}\boldsymbol{r}_2 W(\boldsymbol{r}_1, \boldsymbol{r}_2, 0) \times \left\langle \exp[\psi(\boldsymbol{r}_1, \boldsymbol{\rho}_1) + \psi^*(\boldsymbol{r}_2, \boldsymbol{\rho}_2)] \right\rangle \\
&\quad \times \exp\left\{ \frac{\mathrm{i}k}{2L} [(\boldsymbol{\rho}_1 - \boldsymbol{r}_1)^2 - (\boldsymbol{\rho}_2 - \boldsymbol{r}_2)^2] \right\}
\end{aligned}
\tag{9.86}
$$

式中，$W(\boldsymbol{r}_1, \boldsymbol{r}_2, 0)$ 是发射端的交叉谱密度函数 (CSDF)。考虑到发射孔径处的相位扩散，发射场可表示为

$$
\tilde{U}(\boldsymbol{r}, 0) = U(\boldsymbol{r}, 0) \exp[\mathrm{i}\varphi_d(\boldsymbol{r})]
\tag{9.87}
$$

式中，$\exp[\mathrm{i}\varphi_d(\boldsymbol{r})]$ 描述的是由相位扩散引起的随机扰动。假设空间随机相位独立，且为高斯函数，则发射端 GSM 光束的 CSDF 可表示为

$$
\begin{aligned}
W_0(\boldsymbol{r}_1, \boldsymbol{r}_2, 0) &= \left\langle \tilde{U}(\boldsymbol{r}_1, 0) \tilde{U}^*(\boldsymbol{r}_2, 0) \right\rangle \\
&= U(\boldsymbol{r}_1, 0) U^*(\boldsymbol{r}_2, 0) \times \left\langle \exp[\mathrm{i}\psi_{d1}(\boldsymbol{r}_1)] \exp[\mathrm{i}\psi_{d2}(\boldsymbol{r}_2)] \right\rangle \\
&= U(\boldsymbol{r}_1, 0) U^*(\boldsymbol{r}_2, 0) \exp[-(\boldsymbol{r}_1 - \boldsymbol{r}_2)^2 / (2\sigma_g^2)]
\end{aligned}
\tag{9.88}
$$

式中，参量 σ_g^2 为描述随机相位的系综平均的高斯方差，表征发射光源的空间相干特性。设

$$
\begin{aligned}
\boldsymbol{r}_c &= (\boldsymbol{r}_1 + \boldsymbol{r}_2) / 2, \quad \boldsymbol{r}_d = \boldsymbol{r}_1 - \boldsymbol{r}_2 \\
\boldsymbol{\rho}_c &= (\boldsymbol{\rho}_1 + \boldsymbol{\rho}_2) / 2, \quad \boldsymbol{\rho}_d = \boldsymbol{\rho}_1 - \boldsymbol{\rho}_2
\end{aligned}
\tag{9.89}
$$

将式 (9.87) 和式 (9.89) 代入式 (9.88) 中，得

$$
W_0(\boldsymbol{r}_c, \boldsymbol{r}_d, 0) = \exp\left\{ -\frac{1}{w_0^2}\left[\frac{1}{2}(\boldsymbol{r}_d^2 + 4\boldsymbol{r}_c^2) \right] - \frac{\mathrm{i}k}{2F_0}(2\boldsymbol{r}_d \cdot \boldsymbol{r}_c) - \frac{\boldsymbol{r}_d^2}{2\sigma_g^2} \right\}
\tag{9.90}
$$

根据式 (9.89)，也可以将式 (9.90) 写为

$$
\exp\left\{ \frac{\mathrm{i}k}{2L}[(\boldsymbol{\rho}_1 - \boldsymbol{r}_1)^2 - (\boldsymbol{\rho}_2 - \boldsymbol{r}_2)^2] \right\} = \exp\left\{ \frac{\mathrm{i}k}{L}[(\boldsymbol{r}_c - \boldsymbol{\rho}_c) \cdot (\boldsymbol{r}_d - \boldsymbol{\rho}_d)]^2 \right\}
\tag{9.91}
$$

球面波复相位互相关函数可表示为[20]

$$
\left\langle \exp\left(\psi(\boldsymbol{r}_1, \boldsymbol{\rho}_1) + \psi^*(\boldsymbol{r}_2, \boldsymbol{\rho}_2) \right) \right\rangle = \exp[-D_\psi / 2]
\tag{9.92}
$$

式中，D_ψ 是相位结构函数，可以表示为

$$
D_\psi(\boldsymbol{r}_c, \boldsymbol{\rho}_c) \cong 8\pi^2 k^2 L \int_0^1 \int_0^\infty \kappa \Phi_n(\kappa) \times \left[1 - \mathrm{J}_0\left(|(1-\xi)\boldsymbol{r}_d + \xi\boldsymbol{\rho}_d| \kappa \right) \right] \mathrm{d}\kappa \mathrm{d}\xi
\tag{9.93}
$$

式中，$\Phi_n(\kappa)$ 是折射率起伏功率谱模型。将 Kolmogorov 谱代入式(9.93)，可得

$$D_\psi(\boldsymbol{r}_d, \boldsymbol{\rho}_d) \cong 2.92k^2 L \int_0^1 \mathrm{d}t\, C_n^2 \left| \boldsymbol{r}_d t + (1-t)\boldsymbol{\rho}_d \right|^{5/3}$$

$$\cong 2[(r_d^2 + \boldsymbol{r}_d \cdot \boldsymbol{\rho}_d + \rho_d^2)/\rho_0^2] \tag{9.94}$$

由式(9.92)和式(9.94)，可得

$$\left\langle \exp(\psi(\boldsymbol{r}_1, \boldsymbol{\rho}_1) + \psi^*(\boldsymbol{r}_2, \boldsymbol{\rho}_2)) \right\rangle = \exp\left[\frac{-1}{\rho_0^2}(r_d^2 + \boldsymbol{r}_d \cdot \boldsymbol{\rho}_d + \rho_d^2) \right] \tag{9.95}$$

式中，$\rho_0 = (0.55 C_n^2 k^2 z)^{-3/5}$ 为大气湍流中球面波的相干长度；C_n^2 为大气折射率结构常数。当传输距离 $z = L$ 时，接收处的交叉谱密度函数可写为

$$W(\boldsymbol{\rho}_1, \boldsymbol{\rho}_2, L) = \frac{1}{(\lambda L)^2} \iint \mathrm{d}^2 \boldsymbol{r}_d \iint \mathrm{d}^2 \boldsymbol{r}_c W_0(\boldsymbol{r}_1, \boldsymbol{r}_2; 0) \exp\left\langle \exp[\psi(\boldsymbol{r}_1, \boldsymbol{\rho}_1) + \psi^*(\boldsymbol{r}_2, \boldsymbol{\rho}_2)] \right\rangle$$

$$\times \exp\left\{ \frac{\mathrm{i}k}{2L} \left[(\boldsymbol{\rho}_1 - \boldsymbol{r}_1)^2 - (\boldsymbol{\rho}_2 - \boldsymbol{r}_2)^2 \right] \right\} \tag{9.96}$$

将式(9.91)~式(9.95)代入，可得

$$W(\boldsymbol{\rho}_c, \boldsymbol{\rho}_d, L) = \frac{1}{(\lambda L)^2} \iint \mathrm{d}^2 \boldsymbol{r}_d \iint \mathrm{d}^2 \boldsymbol{r}_c \exp\left(\frac{-2r_c^2}{w_0^2} \right) \times \exp\left[\frac{-\mathrm{i}k\boldsymbol{r}_c \cdot \boldsymbol{r}_d}{F_0} + \frac{\mathrm{i}k\boldsymbol{r}_c \cdot (\boldsymbol{r}_d - \boldsymbol{\rho}_d)}{L} \right]$$

$$\times \exp\left[-\frac{r_d^2}{2w_0^2} - \frac{r_d^2}{2\sigma_g^2} - \frac{r_d^2 + \boldsymbol{r}_d \cdot \boldsymbol{\rho}_d + \rho_d^2}{\rho_0^2} - \frac{\mathrm{i}k\boldsymbol{\rho}_c \cdot (\boldsymbol{r}_d - \boldsymbol{\rho}_d)}{L} \right] \tag{9.97}$$

对上式进行积分，可得

$$W(\boldsymbol{\rho}_c, \boldsymbol{\rho}_d, L) = \left\langle I(\boldsymbol{\rho}_c, \boldsymbol{\rho}_d, L) \right\rangle$$

$$= \frac{w_0^2}{w_\zeta^2(L)} \exp\left[-\rho_d^2 \left(\frac{1}{\rho_0^2} + \frac{1}{2w_0^2 \Lambda_0^2} \right) + \frac{2\mathrm{i}\boldsymbol{\rho}_c \cdot \boldsymbol{\rho}_d}{w_0^2 \Lambda_0} \right] \exp\left[\frac{-2\rho_c^2}{w_\zeta^2(L)} \right] \tag{9.98}$$

$$\times \exp\left[\frac{-(\mathrm{i}\phi)^2 \rho_d^2}{2w_\zeta^2(L)} \right] \exp\left[\frac{-2\mathrm{i}\phi\boldsymbol{\rho}_c \cdot \boldsymbol{\rho}_d}{w_\zeta^2(L)} \right]$$

式中，$\phi \equiv \dfrac{\Theta_0}{\Lambda_0} - \Lambda_0 \dfrac{w_0^2}{\rho_0^2}$。$w_\zeta(z)$ 是大气湍流中光束有效半径，可表示为

$$w_\zeta(L) = w_0(\Theta_0^2 + \zeta \Lambda_0^2)^{1/2}, \quad \zeta = \zeta_s + \frac{2w_0^2}{\rho_0^2} \tag{9.99}$$

式中，$\Theta_0 = (F_0 - L)/F_0$；$\Lambda_0 = 2L/(kw_0^2)$ 为有效光束参数；ζ 为全局相干参数；$\zeta_s = 1 + w_0^2/\sigma_g^2$ 为光源相干参数，其中[21] $2\sigma_g^2 = l_c^2$。

大气湍流中光束相前曲率半径可表示为

$$F_\zeta(L) = \frac{L(\Theta_0^2 + \zeta\Lambda_0^2)}{\phi\Lambda_0 - \zeta\Lambda_0^2 - \Theta_0^2}, \quad \phi = \frac{\Theta_0}{\Lambda_0} - \Lambda_0 \frac{w_0^2}{\rho_0^2} \tag{9.100}$$

当传输距离 $z=L$ 时，式 (9.100) 即为 $w(z)$ 的表达式。

9.3.3　斜程传输光束的漂移与扩展

光束在大气湍流中斜程传输示意图如图 9.9 所示[16]。根据图中的几何关系，可得

$$\cos\theta = H/L = h/z(h \leqslant H, z \leqslant L) \tag{9.101}$$

式中，θ 为天顶角；H 为接收机离地面的垂直高度；h 为发射端距地面的垂直高度，大小为 $0\sim H$；L 为发射机和接收机之间的距离；z 为传输距离。

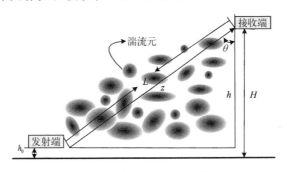

图 9.9　斜程传输示意图[16]

1. 斜程传输光束的漂移

斜程传输中，设发射端距地面的垂直高度 h 初始值 $h_0 = 0$，仍然利用水平传输中的经典漂移方差模型[17]：

$$\left\langle \rho_c^2 \right\rangle = W^2 T_{LS} = 4\pi^2 k^2 w^2(L) \int_0^L \int_0^\infty \kappa\phi_n(\kappa) H_{LS}(\kappa,z) \times [1 - e^{-\Lambda_p L\kappa^2\xi^2/k}]\mathrm{d}\kappa\mathrm{d}z \tag{9.102}$$

式中，大气结构常数 $C_n^2(h)$ 和折射率起伏功率谱密度函数 $\phi_n(\kappa,h)$ 是随高度变化的变量。引入归一化变量 $\xi = h/H = z/L$，从图 9.9 的几何关系图中可以看出，$\cos\theta = H/L = h/z(h \leqslant H, z \leqslant L)$，$\theta$ 为天顶角，H 为接收机离地面的垂直高度，z 为传输距离，大小为 0 到 L，h 为传输的垂直高度，大小为 0 到 H。则斜程传输中漂移公式写为

$$\left\langle \rho_c^2 \right\rangle = 8\pi^2 L^2 \int_0^L \int_0^\infty \kappa^3\phi_n(\kappa,z) \exp[-k^2 w^2(z)] \times \left(1 - \frac{z}{L}\right)^2 \mathrm{d}\kappa\mathrm{d}z \tag{9.103}$$

式 (9.103) 就是斜程传输的经典漂移方差模型，可见其与水平传输一致，只要已知光束的大气折射率起伏功率谱和光束的扩展半径就可以对光束的漂移特性进行研究。选用考虑大尺度的指数谱[18]，即

$$\Phi_n(\kappa) = 0.033 C_n^2(z)\kappa^{-11/3}[1-\exp(-\kappa^2/\kappa_0^2)] \tag{9.104}$$

式中，$C_n^2(z)$ 为描述湍流大气折射率结构常数，这里采用 ITU-R 公布的随高度变化的大气结构常数模型 H-V，根据距离归一化变量 $\xi = h/H = z/L$，可以写为

$$\begin{aligned}
C_n^2(z) &= C_n^2(\xi L) = C_n^2(\xi H/\cos\theta) \\
&= 8.148\times10^{-56} v_{\mathrm{RMS}}^2 (\,\xi H/\cos\theta)^{10} \times \exp(-\xi H/(\cos\theta/1000)) \\
&\quad + 2.7\times10^{-16}\times\exp(-\xi H/(\cos\theta/1500)) + C_{n0}^2\exp(-\xi H/(\cos\theta/100))
\end{aligned} \tag{9.105}$$

式中，$v_{\mathrm{RMS}}^2 = \sqrt{v_g^2 + 30.69 v_g + 348.91}$ 为垂直路径风速，v_g 为近地面风速（一般取 $v_g = 21\mathrm{m/s}$）；C_{n0}^2 为近地面附近的大气结构常数（一般取 $C_{n0}^2 = 1.7\times10^{-14}\mathrm{m}^{-2/3}$）。将式 (9.105) 代入式 (9.104)，可得

$$\left\langle \rho_c^2 \right\rangle = 7.25 L^3 \int_0^1 C_n^2(\xi L)(1-\xi)^2 w^{-1/3}(\xi L)\left[1-\left(\frac{\kappa_0^2 w^2(z)}{1+\kappa_0^2 w^2(z)}\right)^{1/6}\right]\mathrm{d}\xi \tag{9.106}$$

2. 斜程传输光束的扩展

在斜程传输中，由于折射率起伏功率谱的变化，式 (9.93) 中的相位结构函数 D_ψ 变为

$$D_\psi(\boldsymbol{r}_d, \boldsymbol{\rho}_d) \cong 8\pi^2 k^2 L\int_0^1\int_0^\infty \kappa\Phi_n(\kappa,z)\times\left[1-\mathrm{J}_0\left(\left|(1-\xi)\boldsymbol{r}_d+\xi\boldsymbol{\rho}_d\right|\kappa\right)\right]\mathrm{d}\kappa\mathrm{d}\xi \tag{9.107}$$

将 Kolmogorov 谱代入上式，可得

$$\begin{aligned}
D_\psi(\boldsymbol{r}_d,\boldsymbol{\rho}_d) &\cong 2.92 k^2 L\int_0^1 \mathrm{d}t\, C_n^2(\xi L)\left|\boldsymbol{r}_d t+(1-t)\boldsymbol{\rho}_d\right|^{5/3} \\
&\cong 2[(\boldsymbol{r}_d^2+\boldsymbol{r}_d\cdot\boldsymbol{\rho}_d+\boldsymbol{\rho}_d^2)/\rho_0^2]
\end{aligned} \tag{9.108}$$

同样地，由式 (9.106) 和式 (9.108) 得

$$\left\langle \exp\left(\psi(\boldsymbol{r}_1,\boldsymbol{\rho}_1)+\psi^*(\boldsymbol{r}_2,\boldsymbol{\rho}_2)\right)\right\rangle = \exp\left[\frac{-1}{\rho_0^2}(\boldsymbol{r}_d^2+\boldsymbol{r}_d\cdot\boldsymbol{\rho}_d+\boldsymbol{\rho}_d^2)\right] \tag{9.109}$$

斜程传输时，大气湍流中球面波的相干长度为

$$\rho_0' = \left[1.46 k^2\int_0^L C_n^2(z)(1-z/L)^{5/3}\mathrm{d}z\right]^{-3/5} \tag{9.110}$$

式中，$C_n^2(z)$ 为描述湍流强弱的大气折射率结构常数。将式 (9.107)～式 (9.110) 代入式 (9.97) 后积分得

$$W(\boldsymbol{\rho}_c, \boldsymbol{\rho}_d, L) = \langle I(\boldsymbol{\rho}_c, \boldsymbol{\rho}_d, L) \rangle$$

$$= \frac{w_0^2}{w_\zeta^2(L)} \exp\left\{ -\boldsymbol{\rho}_d^2 \left(\frac{1}{\rho_0'^2} + \frac{1}{2w_0^2 \varLambda_0^2} \right) + \frac{2\mathrm{i}\boldsymbol{\rho}_c \cdot \boldsymbol{\rho}_d}{w_0^2 \varLambda_0} \right\} \exp\left[\frac{-2\boldsymbol{\rho}_c^2}{w_\zeta^2(L)} \right] \qquad (9.111)$$

$$\times \exp\left[\frac{-(\mathrm{i}\phi)^2 \boldsymbol{\rho}_d^2}{2w_\zeta^2(L)} \right] \exp\left[\frac{-2\mathrm{i}\phi \boldsymbol{\rho}_c \cdot \boldsymbol{\rho}_d}{w_\zeta^2(L)} \right]$$

式中，$\phi \equiv \dfrac{\varTheta_0}{\varLambda_0} - \varLambda_0 \dfrac{w_0^2}{\rho_0'^2}$。$w_\zeta(z)$ 和 $F_\zeta(z)$ 分别是斜程大气湍流中光束扩展半径和相前曲率半径，可表示为

$$w_\zeta(L) = w_0 (\varTheta_0^2 + \zeta \varLambda_0^2)^{1/2}, \quad \zeta = \zeta_s + \frac{2w_0^2}{\rho_0'^2} \qquad (9.112)$$

$$F_\zeta(L) = \frac{L(\varTheta_0^2 + \zeta \varLambda_0^2)}{\phi \varLambda_0 - \zeta \varLambda_0^2 - \varTheta_0^2}, \quad \phi = \frac{\varTheta_0}{\varLambda_0} - \varLambda_0 \frac{w_0^2}{\rho_0'^2} \qquad (9.113)$$

上式与水平传输一致，$\varTheta_0 = (F_0 - L) / F_0$，$\varLambda_0 = 2L / (kw_0^2)$ 为有效光束参数。ζ 为全局相干参数，$\zeta_s = 1 + w_0^2 / \sigma_g^2$ 为光源相干参数，其中[20]，$2\sigma_g^2 = l_c^2$。当传输距离 $z = L$ 时，式 (9.112) 可以简化为

$$w(z) = w_0 \left[\left(1 - \frac{z}{F_0} \right)^2 + \left(\zeta_s + \frac{2w_0^2}{\rho_0'^2} \right) \left(\frac{2z}{kw_0^2} \right)^2 \right]^{1/2}$$

$$= w_0 \left[\left(1 - \frac{z}{F_0} \right)^2 + \zeta_s \left(\frac{2z}{kw_0^2} \right)^2 + \frac{2w_0^2}{\rho_0'^2} \left(\frac{2z}{kw_0^2} \right)^2 \right]^{1/2} \qquad (9.114)$$

式 (9.114) 就是斜程传输时部分相干 GSM 光束在大气湍流中的光束扩展半径，其中，中括号内前两项为自由空间衍射扩展量，后一项为湍流效应扩展量。F_0 为波前相位曲率，z 为传输距离变量，ζ_s 表示光源相干参数，总满足 $\zeta_s \geqslant 1$（$\zeta_s = 1$ 时光束是完全相干光，$\zeta_s > 1$ 时是部分相干光，$\zeta_s \to \infty$ 时是完全非相干光）；l_c 是空间相干长度，l_c 越小，相干性越差。$l_c \to \infty$ 时是完全相干光，$l_c \to 0$ 时是完全非相干光。

9.3.4　到达角起伏

对于频率为 ω 的准单色场 $U(\boldsymbol{r})$ 在湍流大气中从平面 $z = 0$ 传输到半空间 $z > 0$，假设半空间折射率 $n(\boldsymbol{r})$ 位置的随机函数，其中，$n(\boldsymbol{r}) = 1 + n_1(\boldsymbol{r})$，而且 $n_1 \ll 1$。则场可用标量波方程描述[22]：

$$\{\nabla^2 + k^2[1 + 2n_1(\mathbf{r})]\}U(\mathbf{r}) = 0 \tag{9.115}$$

假设入射场 $U(\mathbf{r}, 0)$ 接近 z 轴入射，式(9.115)的解表示为

$$U(\boldsymbol{\rho}, 0) = \iint U(\mathbf{r}, 0) G_0(\mathbf{r}, \boldsymbol{\rho}, z) \mathrm{d}^2 \mathbf{r} \tag{9.116}$$

式中，$G_0(\mathbf{r}, \boldsymbol{\rho}, z) = \dfrac{-\mathrm{i}k}{2\pi z}\exp\left[\mathrm{i}kz + \dfrac{\mathrm{i}k}{2z}|\boldsymbol{\rho} - \mathbf{r}|^2 + \psi(\mathbf{r}, \boldsymbol{\rho})\right]$ 为格林函数项，$\psi(\mathbf{r}, \boldsymbol{\rho})$ 是湍流大气中球面波复相位的随机微扰，依赖于介质特性，则上式表示为

$$U(\boldsymbol{\rho}, z) = \frac{-\mathrm{i}k}{2\pi z}\exp(\mathrm{i}kz)\iint \mathrm{d}^2 \mathbf{r}\, U(\mathbf{r}, 0)\exp\left[\frac{\mathrm{i}k}{2z}|\boldsymbol{\rho} - \mathbf{r}|^2 + \psi(\mathbf{r}, \boldsymbol{\rho})\right] \tag{9.117}$$

惠更斯-菲涅耳原理认为，波前的每个点都可以产生球面波，而这些球面波的包络构成了一个新的波前。式(9.117)通过 $\psi(\mathbf{r}, \boldsymbol{\rho})$ 反映了大气湍流对传输的影响，称为广义惠更斯-菲涅耳原理表达式，适用于弱湍流和强湍流起伏区域中。

光波在湍流大气中的传输特性体现在复互相关函数 $\Gamma(\boldsymbol{\rho}_1, \boldsymbol{\rho}_2; \tau) = \langle E(\boldsymbol{\rho}_1; \tau)E^*(\boldsymbol{\rho}_2; t + \tau)\rangle$ 上，$\langle \cdot \rangle$ 表示整体平均，E 是光频电场。可用交叉谱密度函数 $W(\boldsymbol{\rho}_1, \boldsymbol{\rho}_2; \omega) = \langle U(\boldsymbol{\rho}_1; \omega) \cdot U^*(\boldsymbol{\rho}_2; \omega)\rangle$ 来研究湍流大气中部分相干场的传输[23]，它是 $\Gamma(\boldsymbol{\rho}_1, \boldsymbol{\rho}_2; \tau)$ 的时间傅里叶变换，ω 是光波频率。交叉谱密度函数服从亥姆霍兹(Helmholtz)方程，是在相同频率下两场分量起伏之间的相关性的度量[23]。若场是严格单色的，或是波段足够窄，则

$$\frac{|\boldsymbol{\rho}_2 - \boldsymbol{\rho}_1|}{c} \ll \frac{1}{\Delta\omega} \tag{9.118}$$

这两个特征量得到相同的结果。在激光通信系统中，若典型值 $|\boldsymbol{\rho}_2 - \boldsymbol{\rho}_1|$ 在 10cm 的数量级上，则要求 $\Delta\omega < 1\mathrm{GHz}$。

这里考虑 $W(\boldsymbol{\rho}_1, \boldsymbol{\rho}_2; \omega = \omega_0)$ 的变化，ω_0 是单色高斯波束的中心频率。由广义惠更斯-菲涅耳原理得接收面上的交叉谱密度函数[24,25]

$$
\begin{aligned}
W(\boldsymbol{\rho}_1, \boldsymbol{\rho}_2; z) &= \langle U(\boldsymbol{\rho}_1; z)U^*(\boldsymbol{\rho}_2; z)\rangle \\
&= \frac{1}{(\lambda z)^2}\iiiint \mathrm{d}^2 \mathbf{r}_1 \mathrm{d}^2 \mathbf{r}_2 W_0(\mathbf{r}_1, \mathbf{r}_2)\langle \exp[\psi(\mathbf{r}_1, \boldsymbol{\rho}_1) + \psi^*(\mathbf{r}_2, \boldsymbol{\rho}_2)]\rangle \\
&\quad \times \exp\left\{\frac{\mathrm{i}k}{2z}[(\boldsymbol{\rho}_1 - \mathbf{r}_1)^2 - (\boldsymbol{\rho}_2 - \mathbf{r}_2)^2]\right\}
\end{aligned}
\tag{9.119}
$$

式中，$W_0(\mathbf{r}_1, \mathbf{r}_2)$ 是发射机处的交叉谱密度函数。对于部分相干波束，激光发射机孔径处放置一个相位散射器，发射光场可以修正为

$$\tilde{U}(\mathbf{r}, 0) = U(\mathbf{r}, 0)\exp[\mathrm{i}\varphi_d(\mathbf{r})] \tag{9.120}$$

式中，$U(r,0) = \exp\left[-\left(\dfrac{1}{w_0^2} + \dfrac{ik}{2F_0}\right)r^2\right]$；$\exp[i\varphi_d(r)]$ 是由相位扩散引起的小随机微扰项。

假设由扩散引起的一部分独立随机相位的整体平均值是高斯型的，且仅依赖于光束各自的传输距离而不是实际扩散路径，则发射机的交叉谱密度函数可以表示为

$$
\begin{aligned}
W_0(r_1, r_2) &= \left\langle \tilde{U}(r_1; z)\tilde{U}^*(r_2; z)\right\rangle \\
&= U(r_1, 0)U^*(r_2, 0) \times \left\langle \exp[i\varphi_{d1}(r_1)]\exp[i\varphi_{d2}(r_2)]\right\rangle \\
&= U(r_1, 0)U^*(r_2, 0)\exp[-(r_1 - r_2)^2 / (2l_c^2)]
\end{aligned}
\tag{9.121}
$$

式中，l_c 是部分相干长度，描述发射源的部分相干特性。接收面上的交叉谱密度函数 $W(\rho_1, \rho_2; z)$ 的表达式为

$$
\begin{aligned}
W(\rho_1, \rho_2; z) &= \frac{1}{(\lambda z)^2}\iiiint \mathrm{d}^2 r_1 \mathrm{d}^2 r_2 W_0(r_1, r_2)\left\langle \exp[\psi(r_1, \rho_1) + \psi^*(r_2, \rho_2)]\right\rangle \\
&\quad \times \exp\left\{\frac{ik}{2z}[(\rho_1 - r_1)^2 - (\rho_2 - r_2)^2]\right\}
\end{aligned}
\tag{9.122}
$$

球面波复相位的互相关函数表示为

$$
\left\langle \exp[\psi(r_1, \rho_1) + \psi^*(r_2, \rho_2)]\right\rangle = \exp[-D_\psi / 2]
\tag{9.123}
$$

式中，D_ψ 是相位结构函数，它表示两点间相位的均方差[4]，表达式为

$$
\begin{aligned}
D_\psi(r_d, \rho_d) &\cong 8\pi^2 k^2 L \int_0^1 \int_0^\infty \kappa \Phi_n(\kappa, L_0, l_0) \\
&\quad \times [1 - J_0(\left|(1-\xi)(r_1 - r_2) + \xi(\rho_1 - \rho_2)\right|\kappa)]\mathrm{d}\kappa\mathrm{d}\xi
\end{aligned}
\tag{9.124}
$$

式中，$\Phi_n(\kappa, L_0, l_0)$ 是折射率湍流谱模型。在 Kolmogorov 折射率谱模型下结构常数表示为

$$
\begin{aligned}
D_\psi &= 2.92k^2 z \int_0^1 \mathrm{d}t\, C_n^2(tz)\left|(r_1 - r_2)t + (1-t)(\rho_1 - \rho_2)\right|^{5/3} \\
&\cong 2\{[(r_1 - r_2)^2 + (r_1 - r_2)(\rho_1 - \rho_2) + (\rho_1 - \rho_2)^2] / \rho_T^2\}
\end{aligned}
\tag{9.125}
$$

由式 (9.123) 和式 (9.125) 得

$$
\begin{aligned}
&\left\langle \exp[\psi(r_1, \rho_1) + \psi^*(r_2, \rho_2)]\right\rangle \\
&\cong \exp\{-[(r_1 - r_2)^2 + (r_1 - r_2)(\rho_1 - \rho_2) + (\rho_1 + \rho_2)^2] / \rho_T^2\}
\end{aligned}
\tag{9.126}
$$

式中，$\rho_T^2 = \left[1.46k^2 z \int_0^1 C_n^2(\xi z)(1-\xi)^{5/3}\mathrm{d}\xi\right]^{-3/5}$ 是斜程湍流大气中球面波的相干长度，式 (9.122) 可以写为

$$W(\boldsymbol{\rho}_1, \boldsymbol{\rho}_2; z) = \frac{1}{(\lambda z)^2} \iiint \mathrm{d}^2 r_1 \mathrm{d}^2 r_2 W_0(r_1, r_2) \exp\left\{\frac{\mathrm{i}k}{2z}\left[(\boldsymbol{\rho}_1 - r_1)^2 - (\boldsymbol{\rho}_2 - r_2)^2\right]\right\}$$
$$\times \exp\{-[(r_1 - r_2)^2 + (r_1 - r_2)(\boldsymbol{\rho}_1 - \boldsymbol{\rho}_2) + (\boldsymbol{\rho}_1 - \boldsymbol{\rho}_2)^2] / \rho_T^2\} \tag{9.127}$$

式 (9.127) 即为部分相干波束在斜程湍流大气中传输后，到达接收面处的交叉谱密度函数。对于接收面处不同类型部分相干波束的交叉谱密度函数依赖于发射机处的 $W_0(r_1, r_2)$。

对窄带光源而言，光束的互相关函数可近似由交叉谱密度 $W(\boldsymbol{\rho}_1, \boldsymbol{\rho}_2, z)$ 代替[25]，即

$$\Gamma(\boldsymbol{\rho}_1, \boldsymbol{\rho}_2; z) = \left\langle U(\boldsymbol{\rho}_1, z) U^*(\boldsymbol{\rho}_2, z) \right\rangle \approx W(\boldsymbol{\rho}_1, \boldsymbol{\rho}_2, z) \tag{9.128}$$

则波结构函数和互相关函数之间的关系为[26,17]

$$\exp\left[-\frac{1}{2} D(\boldsymbol{\rho}_1, \boldsymbol{\rho}_2, z)\right] = \frac{\left|\Gamma(\boldsymbol{\rho}_1, \boldsymbol{\rho}_2, z)\right|}{[\Gamma(\boldsymbol{\rho}_1, \boldsymbol{\rho}_1, z) \Gamma(\boldsymbol{\rho}_2, \boldsymbol{\rho}_2, z)]^{1/2}} \tag{9.129}$$

湍流大气中部分相干 GSM 光束到达接收面处的互相关函数表示为[2]

$$W(\boldsymbol{\rho}_c, \boldsymbol{\rho}_d; z) = \left\langle I(\boldsymbol{\rho}_c, \boldsymbol{\rho}_d; z) \right\rangle$$
$$= \frac{w_0^2}{W_\zeta^2(z)} \exp\left\{-\boldsymbol{\rho}_d^2\left(\frac{1}{\rho_T^2} + \frac{1}{2w_0^2 \Lambda_0^2}\right) - \frac{4\boldsymbol{\rho}_c^2 - \varphi^2 \boldsymbol{\rho}_d}{2W_\zeta^2(z)} - \frac{\mathrm{i}k\boldsymbol{\rho}_c \cdot \boldsymbol{\rho}_d}{F_\zeta^2(z)}\right\} \tag{9.130}$$

式中，$\varphi = \Theta_0 / \Lambda_0 - \Lambda_0 w_0^2 / \rho_T^2$；$W_\zeta(z)$ 和 $F_\zeta(z)$ 分别为湍流大气中 GSM 波束的有效波束半径和相位波前曲率半径，具体表达式如下：

$$W_\zeta(z) = w_0 (\Theta_0^2 + \zeta \Lambda_0^2)^{1/2}, \quad \zeta = \zeta_s + \frac{2w_0^2}{\rho_T^2} \tag{9.131}$$

$$F_\zeta(z) = \frac{z(\Theta_0^2 + \zeta \Lambda_0^2)}{\varphi \Lambda_0 - \zeta \Lambda_0^2 - \Theta_0^2}, \quad \Lambda_0 = \frac{2z}{kw_0^2} \tag{9.132}$$

式中，Θ_0 和 Λ_0 为发射机处高斯波束的有效参数。当 $\Theta_0 = 1$ 时，波束是准直的；当 $\Theta_0 < 1$ 时，波束是会聚的；当 $\Theta_0 > 1$ 时，波束是发散的[2]。ζ 表示全局相干参数，$\zeta_s = 1 + w_0^2 / l_c^2$ 为发射机处波束的源相干参数。若 $\zeta_s = 1$，则光束是完全相干光；若 $\zeta_s > 1$，则光束是部分相干光。

当水平传输时，大气折射率结构常数 C_n^2 不随高度变化 (是常数)，ρ_T 退化为 $\rho_0 = (0.545 C_n^2 k^2 L)^{-3/5}$，综合式 (9.131) 和式 (9.132) 可以得到水平路径湍流大气中部分相干 GSM 波束的相位结构函数

$$D(\boldsymbol{\rho}_1, \boldsymbol{\rho}_2, z) = 2\rho^2 \left\{\left(\frac{1}{\rho_0^2} + \frac{1}{2w_0^2 \Lambda_0^2}\right) - \frac{\Theta_0^2}{2W_\zeta^2(z) \Lambda_0^2} + \frac{\Lambda_0 w_0^2}{W_\zeta^2(z) \rho_0^2} - \frac{\Lambda_0^2 w_0^4}{2W_\zeta^2(z) \rho_0^4}\right\} \tag{9.133}$$

相位结构函数表示两点间相位的均方差[4]，可以用式 (9.133) 来衡量部分相干 GSM 光束的相位起伏。波结构函数 $D = D_\chi + D_s$ 可以进行近似处理，即 $D \approx D_s$，这是由于相位结构函数 D_s 起主导作用，所以可以忽略对数振幅结构函数 D_χ 的影响[2]。由到达角起伏方差的定义和式 (9.133)，便可以得到部分相干的高斯–谢尔光束经过湍流大气中水平传输后在接收面处的到达角起伏方差

$$\langle \alpha^2 \rangle = \frac{D(\boldsymbol{\rho}_1, \boldsymbol{\rho}_2, L)}{(k\rho)^2} = \frac{2}{k^2}\left\{\left(\frac{1}{\rho_0^2} + \frac{1}{2w_0^2\Lambda_0^2}\right) - \frac{\varphi^2}{2W_\zeta^2}\right\} \tag{9.134}$$

9.3.5　光束漂移与扩展对通信系统的影响

激光在大气湍流中的传播可用方程：

$$\nabla^2\psi(r,t) - \frac{n^2}{c^2}\cdot\frac{\partial^2\psi(r,t)}{\partial t^2} = 0 \tag{9.135}$$

描述，其解为

$$\psi(r,t) = A_0(r)\exp[\chi + i\varphi(r)]\exp(-i\omega t) \tag{9.136}$$

式中，$A_0(r)$ 为光束在自由空间中传输时的光波振幅；$\varphi(r)$ 为光波相位；ω 为圆频率；$\chi = \ln[A(r)/A_0(r)]$ 是大气湍流引起的对数振幅起伏。对数振幅起伏可用强度表示为

$$\ln\frac{I(r,t)}{I_0} = \ln\left[\frac{A(r)}{A_0(r)}\right]^2 = 2\ln\frac{A(r)}{A_0(r)} = 2\chi \tag{9.137}$$

在只考虑大气湍流对系统误码率的影响时，振幅的变化可以近似看成大气湍流引起的噪声造成的。由式 (9.137) 可得

$$\ln\frac{I(r,t)}{I_0} = 2\ln\frac{A_0(r) + A_i(r)}{A_0(r)} = 2\ln(1+\varepsilon) \tag{9.138}$$

式中，$A_i(r)$ 为噪声的振幅，$\varepsilon = \frac{A_i(r)}{A_0(r)}$ 是噪声与信号的振幅之比。当信号强度为 I_0，噪声强度为 $\langle I_n \rangle$ 时，大气湍流引起的信噪比 SNR 为

$$\text{SNR} = \frac{I_0}{\langle I_n \rangle} = \left\langle\frac{A_0^2(r)}{A_i^2(r)}\right\rangle = \frac{1}{\langle \varepsilon^2 \rangle} = \frac{1}{\langle \chi^2 \rangle} \tag{9.139}$$

在强湍流下，运用泰勒级数进行简化，SNR 可近似表示为

$$\text{SNR} = \frac{1}{\langle \chi^2 + \chi^3 + \cdots \rangle} \approx \frac{1}{\alpha\langle \chi^2 \rangle} = \frac{4}{\alpha\sigma_{\ln I}^2} \tag{9.140}$$

式中，α 为闪烁强度因子，且 $1 \leqslant \alpha \leqslant 2$；$\sigma_{\ln I}^2$ 为闪烁指数。考虑光束扩展效应时，可得有效信噪比 SNR_{eff} 为

$$\text{SNR}_{\text{eff}} = \frac{\text{SNR}}{1 + 1.33\sigma_{\ln I}^2\left(\dfrac{2L}{kw_L^2}\right)^{5/6} + F \cdot \sigma_{\ln I}^2 \cdot \text{SNR}} \tag{9.141}$$

式中，w_L 为接收处传播平面的束宽，且 $w_L = w_0(\Theta_0^2 + \Lambda_0^2)^{1/2}$，$w_0$ 为发射处的波束束宽，$\Theta_0 = 1 - L/F_0$，$\Lambda_0 = 2L/(kw_0^2)$，F_0 为初始波面曲率半径；L 为传输距离；$F = \sigma_{\ln I}^2(D)/\sigma_{\ln I}^2(D=0)$。

假设光接收器的表面积足够大，F 会很小，可忽略不计，则有效信噪比 SNR_{eff} 可以简化为

$$\text{SNR}_{\text{eff}} = \frac{\text{SNR}}{1 + 1.33\sigma_{\ln I}^2\left(\dfrac{2L}{kw_L^2}\right)^{5/6}} \tag{9.142}$$

对于平面波，在弱起伏下，其闪烁指数为

$$\sigma_{\ln I}^2 = 1.23C_n^2 k^{7/6} L^{11/6} \tag{9.143}$$

对于数字激光通信系统，光接收机接收光信号时，其误码率为

$$\text{BER} = \frac{1}{2}\left[\text{erfc}\left(\frac{\text{SNR}}{\sqrt{2}}\right)\right] \tag{9.144}$$

仅考虑光强闪烁时，误码率可表示为

$$\text{BER} = \frac{1}{2}\left[\text{erfc}\left(\frac{\text{SNR}}{\sqrt{2}}\right)\right] = \frac{1}{2}\left[\text{erfc}\left(\frac{4}{\sqrt{2}\alpha\sigma_{\ln I}^2}\right)\right] \tag{9.145}$$

当考虑光束扩展效应时，误码率可表示为

$$\text{BER} = \frac{1}{2}\left[\text{erfc}\left(\frac{\text{SNR}_{\text{eff}}}{\sqrt{2}}\right)\right] \tag{9.146}$$

其中，有效信噪比为

$$\text{SNR}_{\text{eff}} = \frac{\text{SNR}}{1 + 1.33\sigma_{\ln I}^2\left(\dfrac{2L}{kw_L^2}\right)^{5/6}} = \frac{\text{SNR}}{1 + 1.33 \times 1.23C_n^2 k^{7/6} L^{11/6}\left(\dfrac{2L}{kw_L^2}\right)^{5/6}} \tag{9.147}$$

9.4　总结与展望

大气湍流是大气激光通信不可回避的问题，如何抑制大气湍流是大气激光通信必须面对的问题。部分相干光对大气湍流具有良好的抑制能力，为解决困扰人们的

大气湍流提供了一个有效途径。如何有效地产生部分相干光束是人们今后努力的方向之一。

思 考 题 九

9.1 简述什么是完全相干光？什么是部分相干光？

9.2 简述惠更斯-菲涅耳原理。

9.3 简述光束的漂移、光强闪烁现象。

9.4 简述光束的扩展现象。

9.5 光束扩展会对通信系统的误码率产生什么影响？

9.6 到达角起伏对通信系统会产生什么影响？

习 题 九

9.1 利用广义惠更斯-菲涅耳原理，证明下式积分

$$\Gamma_{\mathrm{pp,diff}}(\boldsymbol{r}_1,\boldsymbol{r}_2,L)=\frac{k^2}{4\pi^2 L^2}\iint_{-\infty}^{\infty}\mathrm{d}^2\boldsymbol{s}_1\iint_{-\infty}^{\infty}\mathrm{d}^2\boldsymbol{s}_2\exp\left(-\frac{s_1^2+s_2^2}{w_0^2}\right)\exp\left(-\frac{|\boldsymbol{s}_1-\boldsymbol{s}_2|^2}{l_c^2}\right)$$

$$\times\exp\left(\frac{\mathrm{i}k}{2L}|\boldsymbol{s}_1-\boldsymbol{r}_1|^2-\frac{\mathrm{i}k}{2L}|\boldsymbol{s}_2-\boldsymbol{r}_2|^2\right)$$

得到

$$\Gamma_{\mathrm{pp,diff}}(\boldsymbol{r}_1,\boldsymbol{r}_2,L)=\frac{W_0^2}{W_1^2(1+4\Lambda_1 q_c)}\exp\left[\frac{\mathrm{i}k}{L}\left(\frac{1-\Theta_1+4\Lambda_1 q_c}{1+4\Lambda_1 q_c}\right)\boldsymbol{r}\cdot\boldsymbol{p}\right]$$

$$\times\exp\left[\frac{2r^2+\rho^2/2}{W_1^2(1+4\Lambda_1 q_c)}\right]\exp\left[-\left(\frac{\Theta_1^2+\Lambda_1^2}{1+4\Lambda_1 q_c}\right)\left(\frac{\rho^2}{l_c^2}\right)\right]$$

式中，$\boldsymbol{p}=\boldsymbol{r}_1-\boldsymbol{r}_2$；$\rho=|\boldsymbol{p}|$；$\boldsymbol{r}=\dfrac{1}{2}(\boldsymbol{r}_1+\boldsymbol{r}_2)$；无量纲相干参数 $q_c=L/(kl_c^2)$；相干长度 $l_c=\sqrt{2}\sigma_c$，σ_c 表示相关长度。

9.2 由式(9.13)如何得到复相干系数

$$\mathrm{DOC}_{\mathrm{pp,diff}}(\rho,L)=\frac{\left|\Gamma_{\mathrm{pp,diff}}(\boldsymbol{r}_1,\boldsymbol{r}_2,L)\right|}{\sqrt{\Gamma_{\mathrm{pp,diff}}(\boldsymbol{r}_1,\boldsymbol{r}_1,L)\Gamma_{\mathrm{pp,diff}}(\boldsymbol{r}_2,\boldsymbol{r}_2,L)}}$$

$$=\exp\left[-\left(\frac{\Theta_1^2+\Lambda_1^2}{1+4\Lambda_1 q_c}\right)\left(\frac{\rho^2}{l_c^2}\right)\right]$$

9.3　对于部分相干光，证明输入平面和输出平面上散斑数量之比是常数，即

$\dfrac{W_0^2}{l_c^2} = \dfrac{W_{pp,diff}^2}{\rho_{pp,diff}^2}$ 成立。其中，$W_{pp,diff} = W_1\sqrt{1+4\Lambda_1 q_c}$ 表示部分相干光斑尺寸；W_0 表示光

斑直径。

9.4　在强扩散限制下，平均散斑半径可以表示为

$$\rho_{pp,speckle} = \lim_{l_c \to 0} \sqrt{\frac{l_c^2(1+4\Lambda_1 q_c)}{\Theta_1^2 + \Lambda_1^2}} = \frac{\sqrt{2}\lambda L}{\pi W_0}$$

9.5　考虑到高斯谱模型

$$\Phi_S(\kappa) = \frac{\langle n_1^2 \rangle l_c^3}{8\pi\sqrt{\pi}} \exp\left(-\frac{l_c^2 \kappa^2}{4}\right)$$

并对其归一化：

$$\frac{\sqrt{\pi}\langle n_1^2 \rangle \kappa^2 l_c \Delta z}{1+4\Lambda_1 q_c} = 1$$

说明如何直接求解下面等式：

(1) $\sigma_{r,diff}^2(\boldsymbol{r}, L) = 2\pi^2 k^2 \Delta z \displaystyle\int_0^\infty \kappa \Phi_S(\kappa)\exp(-\Lambda_1 L\kappa^2 / k)[I_0(2\Lambda_1 r k) - 1]\mathrm{d}\kappa$

$\qquad = \exp\left[\dfrac{4\Lambda_1^2 r^2}{(1+4\Lambda_1 q_c)l_c^2}\right] - 1$

(2) $T_{diff}(L) = 4\pi^2 k^2 \Delta z \displaystyle\int_0^\infty \kappa \Phi_S(\kappa)(1 - \mathrm{e}^{-\Lambda_1 L\kappa^2/k})\mathrm{d}\kappa = 4\Lambda_1 q_c$

(3) $\Delta_{diff}^2(\boldsymbol{r}_1, \boldsymbol{r}_2, L) = 4\pi^2 k^2 \Delta z \displaystyle\int_0^\infty \kappa \Phi_S(\kappa)\mathrm{e}^{-\Lambda_1 L\kappa^2/k}$

$\qquad \times \left[I_0(2\Lambda_1 r_1 k) + I_0(2\Lambda_1 r_2 k) - 2J_0\left(\kappa|\Theta_1 \boldsymbol{p} - 2\mathrm{i}\Lambda_1\boldsymbol{r}|\right)\right]\mathrm{d}\kappa$

$\qquad = 2\left(\dfrac{\Theta_1 + \Lambda_1^2}{1+4\Lambda_1 q_c}\right)\dfrac{\rho^2}{l_c^2} - \dfrac{4\mathrm{i}\Theta_1 \boldsymbol{p} \cdot \boldsymbol{r}}{(1+4\Lambda_1 q_c)l_c^2}$

9.6　考虑到像平面和光瞳面的光斑半径比值

$$\frac{\rho_{ip,speckle}}{\rho_{pp,speckle}} = \left(\frac{W_1}{W_G}\right)\left(\frac{W_{ip,diff}}{W_{pp,diff}}\right)$$

说明在强扩散限制下，平均散斑半径减少到下式表示

$$\frac{\rho_{ip,散斑}}{\rho_{pp,散斑}} = \frac{W_2}{W_G}\sqrt{\frac{\Theta_1^2 + \Lambda_1\Omega_G}{\Lambda_1(\Lambda_1 + \Omega_G)}}$$

9.7　准直光束直径为 50mm，激光波长为 1550nm，相关长度为 20mm，其中大气结构常数为 $C_n^2 = 2 \times 10^{-14}\,\mathrm{m}^{-2/3}$，波束传输距离为 1km。在大气湍流中传输后光束半径是多少？

9.8　给定光束参数为

$$\Theta_{\mathrm{ed}} = \frac{\Theta_1}{1 + 4\Lambda_1 q_c}, \quad \Lambda_{\mathrm{ed}} = \frac{\Lambda_1 N_S}{1 + 4\Lambda_1 q_c}$$

证明上面的光束参数也可以由传输参数和散斑数量 N_S 定义为

$$\Theta_{\mathrm{ed}} = \frac{\Theta_0}{\Theta_0^2 + \Lambda_0^2 N_S}, \quad \Lambda_{\mathrm{ed}} = \frac{\Lambda_0 N_S}{\Theta_0^2 + \Lambda_0^2 N_S}$$

9.9　考虑波长 $\lambda = 10.6\mu\mathrm{m}$ 和在发射端直径为 3cm 的准直光束，假设通过一个相关长度 $l_c = 1\mathrm{cm}$ 的扩散器后，计算距离发射端 3km 处轴上点的闪烁指数。假设 $C_n^2 = 3 \times 10^{-13}\,\mathrm{m}^{-2/3}$ 和忽略内外尺度的影响，在强扩散（$l_c \to 0$）情形下，闪烁指数是多少？

9.10　光束和大气特性同上题，分别当源相干时间（τ_S）和探测器的响应时间（τ_D）满足如下情况时，计算闪烁指数的纵向分量。

(1) $\tau_S / \tau_D = 1$；

(2) $\tau_S / \tau_D = 10$；

(3) $\tau_S / \tau_D = 0.1$。

9.11　考虑 9.9 题，分别考虑相关长度 $l_c = 1\mathrm{cm}$ 和 $l_c \to 0$ 时，离轴位置 $r / W_1 = 0.8$ 的闪烁指数是多少？

9.12　考虑高斯谱函数 $\Phi_S(\kappa) = \dfrac{\langle n_1^2 \rangle l_c^3}{8\pi\sqrt{\pi}} \exp\left(-\dfrac{l_c^2 \kappa^2}{4}\right)$，$l_c$ 是横向相关半径

（$l_c = \sqrt{2}\sigma_c$），归一化函数 $\dfrac{2\sqrt{\pi}\langle n_1^2 \rangle k^2 l_c \Delta z}{1 + 4\Lambda_1 q_c} = 1$，$\langle n_1^2 \rangle$ 描述折射率指数起伏。

证明 $\sigma_{r,\mathrm{diff}}^2(0,L) = 8\pi^2 k^2 \Delta z \displaystyle\int_0^\infty \kappa \Phi_S(\kappa) e^{-\Lambda_1 L \kappa^2 / k}\left[1 - \cos\left(\dfrac{\Theta_1 L \kappa^2}{k}\right)\right]\mathrm{d}\kappa$

$$= 1 - \frac{1 + 4\Lambda_1 q_c}{(1 + 4\Lambda_1 q_c)^2 + 16\Theta_1^2 q_c^2}$$

9.13　考虑波长 $\lambda = 10.6\mu\mathrm{m}$ 和在发射端直径为 3cm 的准直光束，被位于距离发射端 1km 处大小为 4cm 的光滑目标反射，计算其反射波传输到接收平面上时，自由空间光斑半径 W_2 是多少？假设目标是 $l_c = 1\mathrm{cm}$ 的粗糙表面，则自由空间光斑半径 $W_{2,\mathrm{diff}}$ 是多少？

9.14　考虑波长 $\lambda = 10.6\mu\mathrm{m}$ 和在发射端直径为 3cm 的准直光束，被位于距离发

射端 800m 处大小为 7cm 和 $l_c = 1$m 的目标反射，计算其回波的空间相干半径，假设在发射平面上有 $\rho_0 = 2 / (0.55C_n^2 k^2 L)^{3/5}$ 以及 $C_n^2 = 2.6 \times 10^{-14} \, \mathrm{m}^{-2/3}$，计算接收透镜尺寸为 4cm 时的平均散斑数量。

参 考 文 献

[1] 王莉. 部分相干光的传输特性和光谱变化的研究[D]. 成都: 西南交通大学, 2006.

[2] 李亚清. 斜程湍流大气中部分相干波束的传输特性[D]. 西安: 西安电子科技大学, 2014.

[3] 张晓欣, 但有权, 张彬. 湍流大气中斜程传输部分相干光的光束扩展[J]. 光学学报, 2012, 32(12): 1-7.

[4] 饶瑞中. 光在湍流大气中的传播[M]. 合肥: 安徽科学技术出版社, 2005.

[5] Dan Y Q, Zhang B. Beam propagation factor of partially coherent flat-topped beams in a turbulent atmosphere[J]. Optics Express, 2008, 16(20): 15563-15575.

[6] Andrews L C, Phillips R L. Laser Beam Propagation through Random Media[M]. Washington: SPIE Press, 2005: 195.

[7] Shirai T, Dogariu A, Wolf E. Directionality of Gaussian Schell-model beams propagating in atmospheric turbulence[J]. Optics Letters, 2003, 28(8): 080610-080612.

[8] Wei L, Liu L R, Sun J F, et al. Change in degree of coherence of partially coherent electromagnetic beams propagating through atmosphere turbulence[J]. Optics Communications, 2007, 27(1): 1-8.

[9] 王华, 王向朝, 曾爱军, 等. 大气湍流对斜程传输准单色高斯-谢尔光束时间相干性的影响[J]. 光学学报, 2007, 27(9): 19-22.

[10] 向宁静, 吴振森, 王明军. 部分相干高斯-谢尔光束在大气湍流中的展宽与漂移[J]. 红外与激光工程, 2013, 42(3): 658-662.

[11] 柯熙政, 王婉婷. 部分相干光在斜程和水平大气湍流中的光强与扩展[J]. 应用科学学报, 2015, 33(2): 142-154.

[12] 段美玲, 李晋红, 魏计林. 部分相干厄米高斯光束在斜程大气湍流中的扩展[J]. 强激光与粒子束, 2013, 25(9): 2252-2256.

[13] 王婉婷. 部分相干光在大气湍流中的光强分布与光束扩展[D]. 西安: 西安理工大学, 2015.

[14] Yang A L, Zhang E T, Ji X L, et al. Angular spread of partially coherent Hermite-cosh-Gaussian beams propagating through atmospheric turbulence[J]. Optics Express, 2008, 16(12): 8366-8380.

[15] 柯熙政, 王婉婷. 部分相干光在大气湍流中的光束扩展及角扩展[J]. 红外与激光工程学报, 2015, 44(7): 36-39.

[16] 韩美苗. 部分相干光在大气湍流中的光束漂移[D]. 西安: 西安理工大学, 2015.

[17] Andrews L C, Phillips R L. Laser Beam Propagation through Random Media[M]. Washington:

SPIE Press, 2005: 83-99.

[18] Tofsted H. Outer-scale effects in beam-wander and angle-of-arrival variances[J]. Applicata Optical, 1992, 31 (27): 5865-5870.

[19] Ishimaur A. Wave Propagation and Scattering in Random Media[M]. New York: Academic Press, 1978.

[20] Yura H T. Mutual coherence function of a finite cross section optical beam propagating in a turbulent medium[J]. Applicata Optical, 1972, 11 (6): 1399-1406.

[21] Xiao X F, Voelz D G. Beam wander analysis for focused partially coherent beams propagating in turbulence[J]. Optical Engineering, 2012, 51 (2): 026001-1-026001-7.

[22] Lutomirski R, Yura H T. Propagation of a finite optical beam in an inhomogeneous medium[J]. Applied Optics, 1971, 10: 1652-1658.

[23] Ricklin J C, Davidson F M. Atmospheric turbulence effects on a partially coherent Gaussian beam: Implications for free-space laser communication[J]. Journal of the Optical Society of America A, 2002, 19: 1794-1802.

[24] 柯熙政, 张宇. 部分相干光在大气湍流中的光强闪烁效应[J]. 光学学报, 2015, 35 (1): 0106001-0106007.

[25] 张宇. 部分相干光的光强闪烁效应及到达角起伏效应研究[D]. 西安: 西安理工大学, 2015.

[26] Wang S C H, Plonus M A. Optical beam propagation for a partially coherent source in the turbulent atmosphere[J]. Journal of the Optical Society of America, 1979, 69: 1297-1304.

第 10 章　未来的通信技术

随着无线电频谱的日趋匮乏以及人类空间活动的空前活跃，光通信将是人类未来空间通信的主要手段。本章介绍 X 射线空间通信、引力波通信（gravitational wave communications）、轨道角动量复用通信、中微子通信与太赫兹波通信。

10.1　X 射线空间通信

与微波、激光等其他通信方法相比，X 射线空间通信具有低功耗、方向性好、保密性强、传输距离远、抗干扰能力强、通信频带宽等优点。

10.1.1　X 射线通信背景

20 世纪 50 年代，人类开始利用航天技术探索外层空间；进入 21 世纪以来，随着美国勇气号、机遇号火星探测器成功登陆火星，卡西尼号探测器飞抵土星并成功释放惠更斯号探测器，并着陆土星最大的卫星土卫六，深空探测越来越成为人们关注的焦点。目前深空通信所利用的电磁波频段主要集中在微波。

X 射线波长为 0.001～10nm。这种波长很短且具有很高穿透性的射线可以使很多肉眼看不见的固体材料发出可见荧光，因此 X 射线在医疗透视和无损探伤中得到广泛应用，X 射线同样可作为信息的载体用于通信。

美国航空航天局（NASA）戈达德太空飞行中心（Goddard Space Flight Center）的天文物理学家 Gendreau 博士，于 2007 年提出了以 X 射线为传输媒介实现空间通信的概念，中国科学院西安光学精密机械研究所的赵宝升研究员也独立地提出了 X 射线通信的框架。

当 X 射线光子能量大于 10keV（$\lambda < 0.1$nm）及大气压强低于 10^{-1}Pa 时，X 射线的透过率几乎为 100%，这意味着在太空环境中 X 射线的传输几乎是无衰减的。X 射线在任何介质中的折射率近似为 1，几乎不存在色散问题。X 射线通信具有以下潜在优势：①X 射线光子能量大，真空中传播衰减极小，无色散，因此可望实现远距离太空传输；②X 射线的频率很高（可达 10^{18}Hz），如果 X 射线调制技术能够得到发展和解决，则意味着 X 射线通信具有非常大的传输带宽，解决了深空通信中数据传输率极低的困难；③空间 X 射线通信技术能应用于一些微波、激光无法穿透的特殊场合。

10.1.2 X 射线通信系统

1. 系统组成

如图 10.1 所示[1]，X 射线通信系统主要由信源模块、调制电路模块、X 射线栅控调制源、X 射线探测器、解调电路模块、信宿模块等几个部分组成。其中信源输出为数字信号，信宿用来接收解调电路输出的数字信号。调制电路的主要作用是将数字信号的 CMOS（complementary metal oxide semiconductor）电平转换成$-10\sim+2\text{V}$电平加到栅控电极上，从而起到调控 X 射线的发射。解调电路将探测器输出的信号还原成数字信号。X 射线通信系统中的工作原理与激光通信类似，但是由于其加载信号的波段为 X 射线，所以具体的实现方案和器件的选择与传统的光通信不同。

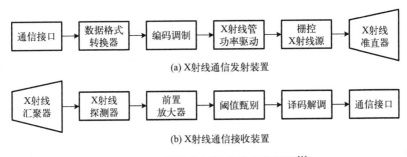

(a) X射线通信发射装置

(b) X射线通信接收装置

图 10.1   X 射线空间通信的系统框图[1]

2. X 射线发射器

X 射线发射器的主要作用是将携带有通信信号的 X 射线信号发射出去。产生 X 射线的方式有多种，主要有 X 射线管、X 射线自由电子激光和同步辐射等方法。

1）X 射线管[2]

X 射线管是利用高速电子撞击金属靶而产生 X 射线，可分为充气管和真空管两类。1895 年伦琴就是使用阴极射线管做实验时发现了 X 射线，克鲁克斯管就是最早的充气 X 射线管。这种管接通高压后，管内气体电离，在正离子轰击下，电子从阴极逸出，经加速后撞击靶面而产生 X 射线。充气 X 射线管控制困难、功率小、寿命短，目前已很少应用了。1913 年库利吉发明了真空 X 射线管，管内真空度不低于10^{-4}Pa。该 X 射线管的阴极为直热式螺旋钨丝，阳极为铜块端面镶嵌的金属靶。X 射线管的工作原理是在阳极上施加一个高压(V_a)，对阴极发射出的电子束(I_a)进行加速，加速电子以eV_a的能量轰击阳极靶面产生 X 射线。2002 年人们找到了一种新的产生 X 射线的方法[3,4]。这种新的方法采用碳纳米管制成"场发射阴极射线管"来发射高能电子，无须利用高温产生高能电子束，便能产生 X 射线。在室温条件下，

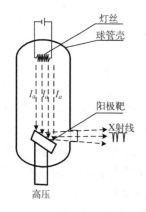

图 10.2　X 射线管结构图[2]

薄层碳纳米管就能产生高能电子束，接通电源即可发射 X 射线，没有金属丝的预热过程。图 10.2 为 X 射线管产生 X 射线的原理图。

2）X 射线自由电子激光

自由电子激光（freedom electron laser，FEL）的工作原理是以相对优质电子束在波荡器中运动，受到磁场作用，产生了横向的加速运动，取得与电磁场横向场强分量方向一致的速度分量。这个由磁场作用产生的横向速度分量与电子的辐射场发生耦合，二者之间相互作用交换能量，其中从电子束抽取的能量最终转化为光场辐射。自由电子激光器就是基于这一基本思想而设计的。

X 射线自由电子激光能产生波长可调的、极高强度的飞秒相干光，自由电子激光具有波长覆盖范围大、波长容易调节、亮度高、脉冲窄、相干性好的特点。

3）同步辐射

相对论中带电粒子在磁场中沿弧形轨道运动时放出的电磁辐射，我们称为同步辐射。由于同步辐射消耗了加速器的能量，阻碍粒子能量的提高，因此高能物理学家一直把它当作同步加速器的不利之处进行研究。随着科学研究的不断深入，发现同步辐射可以应用在从红外到硬 X 射线波长范围的高性能光源。同步辐射产生的 X 射线一般只能采用电子高速回旋方式产生，这类设备体积巨大，无法应用于航天器，因此不适于空间通信应用。

3. X 射线源的阴极[5,6]

阴极作为真空电子器件的电子发射源，其材料的选择对 X 射线源的性能起着至关重要的作用，被喻为真空电子器件的"心脏"。热电子阴极发射电子的本质都是通过将阴极材料加热至高温，电子克服阴极材料的表面势垒激活出自由电子。

4. X 射线栅控调制源[5,6]

图 10.3 为 X 射线栅控调制源示意图，在传统 X 射线管的基础上加了调制栅极和电子聚焦极，其优点为 X 射线源体积小、调制容易、结构简单。调制的原理：当栅极输入的数字信号为高电平 1 时，灯丝阴极产生的电子在电场的作用下向栅极运动，电子在通过栅极后轰击阳极靶并且产生 X 射线；当栅极输入的数字信号为低电平 0 时，加载灯丝和栅极之间的电压会阻碍电子向阳极运动，从而不能产生 X 射线。电子聚焦极在栅极和阳极靶之间，控制电子束斑的尺寸，实现了电子聚焦的功能。聚焦极的作用还使电子的时间弥散减小，提高时间分辨率。

图 10.4 为球管的栅极电压与探测器测试的 X 射线光子计数率的关系图。可以看出栅极电压为 0 时，X 射线的能量为最大值，也就是此时球管发射的 X 射线脉冲量最多，这时对应输入的数字信号为高电平 1；当栅极电压为 –7V 时，探测器所接收到的 X 射线光子数基本上为 0，说明 X 射线源中电子完全被栅极截获，这时对应输入的数字信号为低电平 0。调制电路的作用就是将数字信号的 CMOS 电平转换成 –10～+2V 电平加到栅控电极上，从而调控 X 射线的发射。

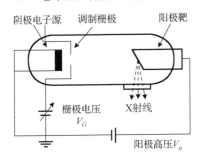

图 10.3　X 射线栅控调制源示意图[5,6]

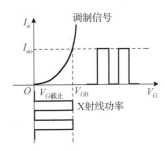

图 10.4　探测器测试的光子计数率与
栅极电压 V_G 的关系[5,6]

5．X 射线探测器

X 射线探测器的主要作用就是将接收到的 X 射线光信号转换成电信号。在光通信系统中，X 射线探测器起到天线的作用，有较大的接收面积、较高的增益和转换率以及灵敏度，有利于降低通信的误码率，提高通信的质量。X 射线的波段主要在 0.001～10nm，为了提高探测器的接收效率，探测器在此波段范围内必须有较高的响应[5,6]。

图 10.5 为基于外光电效应的 X 射线光电探测器（X photoelectric detector，XPD）的结构图，其主要由高量子效率的光电阴极、输入窗、高增益电子倍增器以及阻抗匹配的电荷收集阳极等组成。其中微通道板（micro-channel plate，MCP）是一种大面阵的高空间分辨率的电子倍增探测器，并具备非常高的时间分辨率，增益能达到

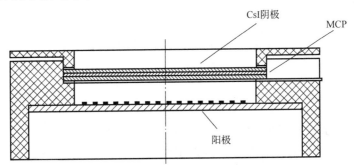

图 10.5　X 射线光电探测器的结构图[5,6]

10^3dB，主要是为了实现电子的雪崩倍增的作用。聚酰亚胺是综合性能最佳的有机高分子材料之一，耐高温达 400℃以上，无明显熔点，高绝缘性能，可作为输入窗的材料。光电阴极的主要作用是将光信号转换成电信号，由于碱卤化合物 CsI 对 X 射线敏感，可用于光电阴极的材料。阻抗匹配的电荷收集阳极的主要作用是实现对电子电荷的收集与输出。图 10.6 是一个 X 射线通信地面模拟装置原理图。

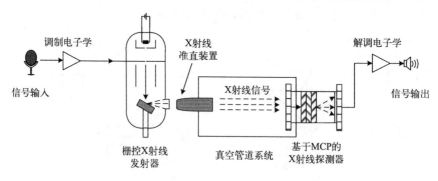

图 10.6　　X 射线通信地面模拟装置[5,6]

10.1.3　发展方向与展望

　　X 射线在任何介质中的折射率为 1，不存在色散问题，因此可望以较小的体积、重量、功耗实现信号远距离太空传输，解决深空通信传输距离的挑战。X 射线深空无线通信重点包括四个方面：①空间通信的传输理论(包括研究 X 射线穿越星际空间及介质的时间特性、脉冲展宽、信道延迟等规律和太阳及天体引力对 X 射线传播的影响)；②大功率、宽频带 X 射线脉冲调制发射技术，重点针对解决高功率 X 射线发射体理论及技术瓶颈问题，输出功率密度与结构参量的定量关系，以及电子束时间弥散与结构参量、调制参量的关系；③极微弱 X 射线探测技术的研究，重点针对解决高量子效率光电探测问题，其中主要涉及 X 射线探测器及大面积阵列集成技术，超快时间响应的电子读出系统，以及在单光子态下信号的提取、解调方法；④深空信道模型、信道容量及影响因素等。

10.2　轨道角动量复用通信

10.2.1　涡旋光束

　　涡旋是自然界最常见的现象之一，它普遍存在于水、云及气旋等经典宏观系统，也存在于超流体、超导体及玻色-爱因斯坦凝聚等量子微观系统中，漩涡被认为是波的一种固有形态特征[7]。

　　人们在研究潮汐运动时，发现在潮汐的漩涡中存在一种特殊的点。当潮汐与等潮线接触时，潮汐峰就会消失，通过这一现象就可以看出在潮汐波中存在着奇点，即存在光学涡旋[8]。Richards 和 Boivin 等[9,10]发现在消球差透镜的焦平面处会形成一种奇异环，并通过实验发现在其焦平面处存在一个由线旋转而产生的光学涡旋，这可以证实光波场中也存在光学涡旋。1973 年，Carter[11]利用计算机对奇异环的特性进行模拟研究，结果发现当光束受到轻微扰动时就可以使奇异环产生或者消失。1974年，Nye 等[12]在散斑场的研究中发现在海水声波中存在相位奇点，并首次将奇点的概念推广到电磁波的领域。1981 年，Baranova 等[13,14]发现在激光光斑上存在随机分布的光学涡旋，并通过实验发现在散斑光场中产生光学涡旋的概率在一定的条件下是可以测定的，但是不会产生高阶拓扑荷数的光学涡旋场。1992 年，Swartzlander等[15]通过理论和实验研究发现在自聚焦介质中存在光学涡旋孤子，它在传输过程中与非线性介质会产生相互作用，这一发现对光学涡旋的传播有很大的贡献。1998 年，Voitsekhovich 等[16]在一定起伏条件下，详细研究了相位奇点数目密度的特性，结果表明相位奇点数目密度具有一定的统计分布，并不是一个特定的值，并且该统计分布与振幅的空间导数的概率分布有关。

　　到了 21 世纪，由于光学涡旋所涉及的研究领域进一步拓展，人们对光学涡旋的认识达到了新的高度。涡旋光作为波动的一种形式，不仅具有自旋角动量，而且具有由螺旋形的相位结构而产生的轨道角动量(orbital angular momentum，OAM)。这种携带 OAM 的光束被称为"光学涡旋"(optical vortices)。光学涡旋是一种独特的光场，它的特殊性主要表现在其特殊的波前结构和确定的光子 OAM 上，图 10.7 为光学涡旋场的螺旋波前、光强和相位分布图。通过光学涡旋场中光子 OAM 对原子、分子、胶体颗粒等物质的传递，可实现对微观粒子的亚接触、无损伤的操纵；同时，涡旋光束因其具有的拓扑荷数，在射频以及量子保密通信等领域也具有重要的潜在应用价值[17]。

(a) 螺旋波前　　　　　　　　(b) 光强分布　　　　　　　(c) 相位分布

图 10.7　光学涡旋场

10.2.2　涡旋光束的产生

为了实现轨道角动量复用通信，首先面临的问题是产生具有轨道角动量的涡旋光束。最常见的产生涡旋光束的方法主要可分为两方面：空间产生法和光纤产生法。

1. 空间产生法

利用空间结构产生涡旋光束的方法主要包括：直接产生法、模式转换法、螺旋相位板法和计算全息法。

(1) 直接产生法。

通过激光谐振腔直接产生涡旋光束[18]。在实验中该方法对谐振腔的轴对称性具有严格的要求，较难得到稳定的光束输出。

(2) 模式转换法。

由柱面镜构成非轴对称光学系统，输入不含轨道角动量的厄米-高斯(HG)光束，通过两个柱面透镜构成的模式转换器，就可以将其转化为拉盖尔-高斯(Laguerre-Gauss, LG)光束，如图10.8所示。此方法最早是 Allen 等人在 1993 年提出的，同理将 LG 光束转换成 HG 光束也是成立的[19,20]。只需要在厄米-高斯光束基础上引入一个随方位角变化的相位因子 $\exp(il\theta)$ (l 为涡旋光束的模式数，θ 为其旋转角度)，就可以将 HG 光束变成具有轨道角动量的涡旋光束[20]。

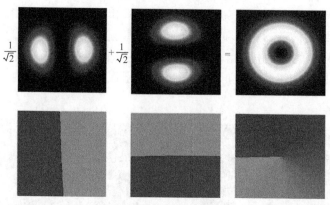

图 10.8　HG (HG01 和 HG10) 光束与 LG01 光束的模式转换[21]

利用模式转化法的转换效率高，但是转换过程中的光学系统结构相对比较复杂，系统中用到的关键光学器件加工制备比较困难，而且也不易控制所产生的涡旋光束种类和参数，这使得其应用场合受到了限制。

(3) 螺旋相位板法。

螺旋相位板[22]是一种厚度与相对于板中心的旋转方位角成正比的透明板，表面结构类似于一个旋转的台。当光束通过螺旋相位板时，由于相位板的螺旋形表面使透射光束光程的改变不同，使透射光束相位的改变量也不同，继而能够产生一个具有螺旋特征的相位因子，如图 10.9 所示。

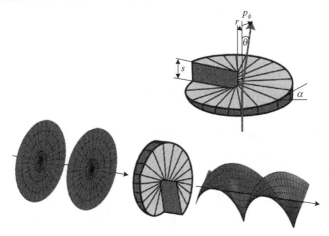

图 10.9　螺旋相位板法产生具有螺旋相位的光束[22]

螺旋相位板法产生涡旋光束的转换效率较高，但该方法产生的光学涡旋的拓扑荷数并不唯一，而且对于某一相位板，使用特定模式的激光只能是特定的输出，不能灵活控制涡旋光束的种类和具体参数，而且高质量的相位板制备也比较困难。

(4) 计算全息法。

计算全息法是依据光的干涉和衍射原理，利用计算机编程实现目标光与参考光的干涉图样，得到涡旋光束。利用计算全息法产生涡旋光束是一种快速灵活、应用范围广泛的方法。其主要可以利用计算全息图和空间光调制器来实现。计算全息图就是将叉形光栅制成底片，直接让高斯平面波通过此叉形光栅，如图 10.10(a) 所示。1992 年，Heckenberg 等提出采用计算机生成全息图 (computer generating hologram, CGH) 方法生成需要的衍射光栅图样，实现涡旋光束的生成[23]；空间光调制器 (spatial light modulator, SLM) 法是将叉形光栅加载到 SLM 上，让高斯平面波直接入射到 SLM 上，如图 10.10(b) 所示。薄斌等[24]利用反射式 SLM 产生某种光束，并将产生

(a) 计算全息图　　　　　　　　　　　　　　　　　(b) 空间光调制器

图 10.10　利用计算全息法产生涡旋光束

的光束与平面光等进行干涉实验研究，结果验证了产生的是拓扑荷数存在差异的涡旋光束，并且涡旋光束产生的能量转换效率较高。

利用 SLM 方法只需通过计算机控制显示在 SLM 上的全息图，就能够控制产生光学涡旋的位置、大小以及拓扑荷数，还能够动态实时地调整光学涡旋位置。

2. 光纤产生法

为了适应 OAM 光通信系统的发展和应用要求，学者们提出了利用光纤产生涡旋光束的方法，主要包括三种方法：①光纤耦合器转换法[25-27]；②光子晶体光纤转换法[28]；③光波导器件转化法[29-32]。

2011 年，Yan 等[27]利用 4 根微光纤输入的厄米-高斯光束，通过模式叠加实现了 OAM 光束。后来该研究小组经过改进将微光纤换成核心为方形的光纤置于环形光纤内部。这种改进型产生 OAM 的耦合器，在结构上输入光纤只需要一个即可，减小了加工复杂度；这种产生 OAM 的方法与在光纤中的产生且与传统 OAM 产生方法相比最大的优点是结构简单，对未来光纤中 OAM 信息的传输技术有很大的推广意义。但其不足是波导色散大，目前产生的 OAM 模式纯度不高，使高阶 OAM 模对波长的变化敏感且模式不稳定。

Yue 等运用光子晶体光纤(photonic crystal fiber，PCF) 设计了一套新的产生 OAM 的转换器[28]。其基本原理是对输入的厄米-高斯光束进行了模式转换，转换后产生了一系列的涡旋本征模，只要选取合适的涡旋本征模进行组合叠加，就可以产生期望的 OAM 模式；Tamburini 等[33]在 SCIENCE 期刊上报道了螺旋 PCF 模式转换器，这种转换器可以产生更多的 OAM 模式。激光器向 PCF 中输入线性偏振的超连续光时，这种转换器对输入光进行方位角向调制，使输入光相位发生改变，产生了 OAM 的涡旋光。螺旋 PCF 除了上述的优点外，还有产生的 OAM 拓扑荷数随着光纤结构参数的变化而有规律的变化，这对于产生更多的 OAM 模式有很大的优点。

2012 年，蔡鑫伦等人在 SCIENCE 上报道已经实现了硅集成 OAM 涡旋光束发射器，该发生器将厄米-高斯光束在硅波导中传输，然后耦合到环形波导中，通过环形波导后产生回音壁模式[29]。由于波导内壁周期锯齿状突起的存在，厄米-高斯光束在环形波导中传输时会产生相位差，相位差的存在使得光波矢发生变化，最后环形波导上方产生了不同 OAM 模式的涡旋光。这种转换器不仅体积小，而且产生的涡旋光束相位敏感度低，轨道角动量模式稳定，并且可以大规模集成，同时产生多个拓扑荷数可控的 OAM 光束。

3. 涡旋光束产生方法的对比

涡旋光束特有的相位结构及独特的 OAM 特征，使其在量子信息的传输、微粒操纵、分子光学等方面都具有良好的应用价值。但这些应用都必须依赖于高质量涡旋光束的产生，以上产生方法各有优缺点。表 10.1 为现有产生涡旋光束的方法的对比分析。所以，在现有条件和技术的基础上，寻求产生更高质量涡旋光束的有效方法也成了该领域亟待解决的问题。

表 10.1　传输速率与频谱利用率比较

方法	优点	缺点
直接产生法	直接在激光谐振腔内产生	很难得到稳定的涡旋光束；很难实现高阶涡旋光束的产生
模式转换法	转换效率高	光学结构相对复杂，器件制备困难不易控制涡旋光束的种类和参数
螺旋相位板法	转换效率高	不易控制涡旋光束的种类和参数；高质量的相位板制备困难
计算全息法	对涡旋光束的位置、大小及参数可控	因需入射到全息图中心，光路要求严格
光纤产生法	便于在光通信系统中推广；产生的涡旋光束比较稳定	实验上目前仅能实现低阶涡旋光束，高阶目前很难实现

10.2.3　轨道角动量复用通信系统

与传统光通信相比，具有轨道角动量的光束具有新的自由度，使得轨道角动量复用技术在提高系统的信道容量和频谱利用率方面具有独特的优势，通过对 OAM 光束复用特性的研究可以更加直观地了解 OAM 复用光束。

1. 背景与意义

无线光通信，即自由空间光通信(FSO)是一种以激光为载体，可进行数据、语音及图像等信息传递的技术。由于大气对光信号的吸收和散射而对空间中传输的光束产生衰减；大气湍流效应引起激光光斑的漂移、闪烁及扩展现象，造成较大的误码率甚至通信中断[30]。传统的信道编码方式虽然可以抑制湍流，但是在强湍流和浓雾等情况下，传统的通信方式并不能满足复用通信的需求。人们需要一种新技术以提高信道容量和频谱利用率。在现有的复用技术中，频率、时间、码型、空间等资源的利用都已被发挥到了极致，受波在自由空间和光纤中信息调制格式的限制，信息在自由空间和多模光纤网络间不能互操作，因此难以完全满足网络容量和通信安全。为了增加信息传输容量、提高频谱效率，建立一个可靠性高、安全性好的通信网络，OAM 复用技术被广泛关注。

基于轨道角动量的复用通信具有以下优点[29]。

(1)安全性。归因于 OAM 的拓扑荷数和方位角之间的不确定关系。只有正对完全接收 OAM 光束时，才能准确地检测其 OAM 态，角度倾斜和部分接收都会导致发送模式的功率扩散到其他模式上，降低对发送OAM态的正确检测概率，因此OAM 光通信可有效地防窃听。

（2）正交性。不同轨道角动量模式的涡旋光束具有固有的正交性，为在不同涡旋光束上调制信息提供了可能，且不同轨道角动量信道上传输的信息互不干扰，提高了信息传输的可靠性。

（3）多维性。具有 OAM 涡旋光束本征态数目的无穷性，可以实现多路信息在同一空间路径上传输，从而提高了复用通信的维度。

（4）频谱利用率高。涡旋光束复用通信由于采用 OAM 进行复用信息的传输，所以频谱利用率远远高于 LTE(long term evolution，长期演进)、802.11n 和 DVB-T(digital video broadcasting-terrestrial，地面数字电视广播)。

（5）传输速率高。OAM 复用通信的传输速率高于 LTE、802.11n 和 DVB-T，实验研究表明可以达到 Tbit 数量级。

随着对 OAM 研究的不断深入，具有 OAM 的涡旋光束复用技术作为新的复用维度，在信息传输领域引起了人们的广泛关注。为了提高信息传输速率、满足信息传输的安全性，具有 OAM 涡旋光束的复用技术就是途径之一。这种复用采用 OAM 量子数(或模式数)取值的无穷性进行信息的多信道传输，采用不同轨道角动量模式间的正交性实现信息的调制，最后将信息加载到具有轨道动量的两种或两种以上的涡旋光束实现信息的复用传输。

OAM 无线光通信发展十分迅速，2012 年，王健等[32]提出并演示了利用空间光调制器实现 OAM 复用新型高速通信模型，实现了自由空间光通信系统容量达到 1369.6Gbit/s。王健等人的突破在于利用光子的空间状态来增加传输的频谱效率，极大地提升了系统的传输速率。同年，Tamburini 等[33]在威尼斯市利用无线光链路 OAM 模式复用进行了 442m 的传输实验。2014 年，Krenn[34]在维也纳市中心具有强大气干扰环境下利用 OAM 光束实现了 3km 的无线光通信。同年，Xu 等[35]利用多输入多输出(MIMO)自适应均衡方法降低大气湍流导致的 OAM 复用系统信号间的串扰。Huang 等[36,37]利用 4×4 MIMO 技术和外差检测实现了自由空间 4 路 OAM 模式复用技术，其中每路 OAM 光束携带 20Gbit/s 速率的信息，有效地降低了系统的误码率。2016 年，Ren 等[38]研究了 MIMO 技术在 OAM 复用系统中的应用，实验发现，利用空间分集和 MIMO 均衡可以有效地减缓大气湍流对 OAM 光通信的影响。2017 年，Shi 等[39]提出了一种基于有源换能器阵列的声学 OAM 通信技术。其原理是通过一个由 64 个声源辐射出用复合涡旋态编码的信号组成的相控阵，产生含 8 个拓扑荷的声涡旋场，并在接收端用另一个声学相控阵进行接收和解调。

2. 轨道角动量复用技术原理

现有的复用技术包括：频分复用、时分复用、码分复用和空分复用等多种复用技术。这些复用技术在其研究领域均取得了突破性的发展：1G 技术的发展与频分复用密不可分；2G 技术引用了时分复用技术和码分复用技术，进而开启了数字通信时代；3G 技术应用到了空分复用技术，使得同一载频能够在不同方向上得到重复利用；4G 结合了正交频分复用技术和 MIMO 等技术，在通信系统容量和频谱利用率等方面有了极大的改观。

OAM 复用技术本质上是利用 OAM 光束之间的正交特性，将多路需要传输的信号加载到具有不同拓扑荷数的 OAM 光束上进行传输。在接收端利用拓扑荷数的不同来区分不同的传输信道，这种复用方式可以实现在相同载频上同时得到多个相互独立的 OAM 光束信道。人们研究发现[40]，携带有 OAM 的涡旋光束能够张成无穷维的希尔伯特空间，所以在同一载频上采用 OAM 复用技术可使系统获得更好的传输性能。这项特性为频谱的高效利用提供了一个新的自由度。

表 10.2 表示常用通信类型 LTE、802.11、DVB-T 和 OAM 复用的传输速率和频谱利用率。由表 10.2 可以明显看出，OAM 复用技术的频谱利用率和系统传输速率要明显优于其他三种通信类型。OAM 复用技术具备如此高的传输速率和频谱利用率的原因在于，与以前常规的复用技术相比，OAM 复用技术在复用过程中是将载波所携带的 OAM 模式作为调制参数来进行复用的。

表 10.2　传输速率与频谱利用率比较

通信类型	OAM	LTE	802.11	DVB-T
频谱利用率	$95.5\text{bits}^{-1}\text{Hz}^{-1}$	$16.32\text{bits}^{-1}\text{Hz}^{-1}$	$2.4\text{bits}^{-1}\text{Hz}^{-1}$	$0.55\text{bits}^{-1}\text{Hz}^{-1}$
传输速率	2.56Tbit/s	326.4Mbit/s	144.4Mbit/s	31.668Mbit/s

3. 轨道角动量复用通信系统模型

大气湍流传输中 OAM 光束复用通信系统模型如图 10.11 所示，图中 l 表示不同拓扑荷数。这里以四路复用为例，首先，对输入原始比特流进行四相移相键控（QPSK）

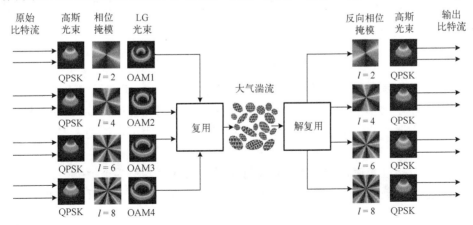

图 10.11　轨道角动量复用通信系统模型

调制，在固体激光器产生的高斯光束上通过光调制技术加载上调制好的传输信号，此时电信号转换为光信号。将携带调制信息的高斯光束利用空间相位掩模转换成对应拓扑荷数的 OAM 光束，将产生的四路不同拓扑荷数的涡旋光束进行复用，产生的 OAM 复用态经过大气湍流传输后，在接收端对 OAM 复用态光束进行解复用得到四路 OAM 光束，然后解涡旋转换为高斯光束。最后，提取出高斯光束上加载的 QPSK 信号进行解调，恢复原始比特流，即将光信号转换为原始电信号。

10.3　中微子通信

中微子是一种质量极小且不带电的中性基本粒子。它能以近光速传播，可穿透任何物质而本身能量损失很少[41,42]。中微子通信是利用中微子运载信息的一种通信方式。

10.3.1　中微子

中微子是构成原子的基本粒子之一，其质量很轻（甚至连电子的万分之一都不到）且呈中性。中微子与其他组成物质的基本粒子之间相互作用力很弱，因而它在行进过程中的能量损耗也甚微。据推算即使沿地球直径穿越地球，其能量损耗也仅有一百亿分之一。

中微子有三种：电子中微子、μ 子中微子和 τ 子中微子。太阳只产生一种中微子，即电子中微子，而能够探察的也只是这种中微子。电子中微子释放电子，μ 子中微子释放 μ 子，τ 子中微子释放 τ 子。

电子中微子与原子相互作用，将能量一下子释放出来，会照亮一个接近球形的区域；μ 子中微子不像电子那样擅长相互作用，它会在冰中穿行至少 1km，产生一个光锥；τ 子中微子会迅速衰变，它的出现和消失会产生两个光球，被称为"双爆"。

10.3.2　中微子通信原理

中微子通信是利用中微子束运载信息的一种通信方式。所有无线通信（包括电子学通信和光子学通信）都要通过各类中继设备（如通信卫星和地面站等）以延长传输距离。由于中微子几乎不与任何物质发生作用，其通信距离可达到人们能够想象的足够远的距离。

中微子以接近光速直线传播并可穿透钢铁、海水，甚至整个地球，是一种十分诱人的理想信息载体。由于中微子几乎不与任何物质反应，所以采用中微子通信对人无任何伤害。

10.3.3　中微子通信系统

中微子通信包括发射端装置与接收端装置。发射端装置的功能分为三部分[20-23]。

(1)产生中微子流的装置，以作为信息载体。

(2)调制器，将信息加载到中微子流上以利于传输。

(3)中微子流的发射装置，将已调中微子流发送到传输信道。

接收端装置的功能也分为三部分。

(1)前端接收装置，从中微子通信信息的传输信道接收已被调制好的中微子流，恢复得到原来发射端装置发送到信道中的调制中微子流。

(2)中微子通信信息的解调装置，其主要功能是将接收到载入中微子流中的信号解调出来。

(3)原信号恢复装置，将解调出来的信号进一步整形放大恢复其在发送端信号的本来面貌。

中微子通信概念如图 10.12 所示。

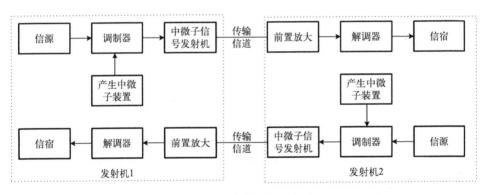

图 10.12　中微子通信概念

10.3.4　中微子通信的关键技术

中微子通信系统包括中微子波束的产生方法与设施、中微子波束的调制与解调、中微子通信网络系统信号的接收方法与设备等。中微子通信涉及的关键技术如下[43-46]。

1)中微子源的产生

核聚变反应可产生中微子束，但这类设备体积庞大，不易于移动，还要严防损坏而造成核泄漏，设备造价昂贵。利用微型高能质子同步加速器，当能量达到 5 千亿电子伏特时，中微子束的速度即达到光速。只要控制中微子束的能流密度，把信息(如视音频、数据信号等)加载到中微子束上面，即可实现任意距离点与点之间通信。

2)中微子通信采用的调制技术

与光通信相类似，在发送设备中，调制器使用发送数据信息对其中微子束进行调制，接着在中微子信号发射机中通过磁场控制载有信息的中微子束，使之传向预期目标；在中微子通信的接收设备中，将中微子束所载信号解调出来恢复原信号。

3)中微子波束接收

中微子通信的解调是利用"切伦科夫效应"进行的。中微子束不管通过的距离多么遥远，只要在接收端通过 400m 以上的水深时，便与水原子的中子发生核反应，生成高能量的负 μ 子，在水中负 μ 子能以接近光速的速度前进，当它穿越 60～70m 长的距离时，产生"切伦科夫效应"（即产生 0.4～0.7μm 的切伦科夫光），光线与负 μ 子的前进方向为 41°夹角。在水中用光电倍增管直接检测可见光，就可以解调出发送端的全部信号。

中微子通信接收端装置的功能也可分为以下三部分[43-46]：①前置放大器，其主要功能是去掉传输中受到的干扰与衰落，恢复得到原来发射端装置发送到信道中的调制中微子流。②解调装置，其主要功能是从接收到的中微子信号解调出有用的信息。③基带信号恢复装置，将解调出来的信号进一步整形放大恢复基带信号。

10.3.5　中微子通信的特点

中微子通信被普遍认为是最适合深空通信的手段。主要优越性可表现为以下几点。

(1)频带宽，容量大，可以高速率工作。中微子通信频带宽、信道容量大，能以近光速进行直线传播，并极易穿透钢铁、海水，甚至整个地球，而本身能量损失很少。

(2)抗干扰能力强，不受其他通信模式的干扰。由于中微子束以直线方式传播，与其他通信方式机理不同，不会互相干扰。

(3)安全可靠，有良好的传输保密性能。

(4)适合于深空通信。由于中微子呈电中性，所以中微子束基本上不受电离层、太阳黑子等外界因素的影响。这样，中微子束用于外层空间通信时，就可以以光速直达信息目的地。因此，中微子通信将是人类征服宇宙有力的通信方式。

10.4　引力波通信

电荷运动产生电磁波，物质运动产生引力波。引力波在某些方面与电磁波是可以相类比的。万有引力和电磁力一样是可以长距离起作用的力。根据近代引力理论，任何两个物体之间的万有引力是靠引力场来传递的，当物体进行加速运动时，就会引起引力场的变化，这种变化也具有波动的性质，并以有限的速度传播，这种波动就叫作引力波。由于光波是由光子传递的，爱因斯坦假定引力波是由引力子传递的。引力波通信是指利用引力波来传播信号。引力波是由物质的振动产生的，是一种以光速传播的横波，具有很强的穿透力，没有任何物质能阻挡住引力波的传播[47-50]。

10.4.1　引力波的探测

爱因斯坦广义相对论所描述的引力，是时空曲率所产生的一种现象。质量可以导致这种曲率。当物质在时空中运动时，附近的曲率就会随之改变。大质量物体运动时所产生的曲率变化会以光速像波一样向外传播。这一传播现象就是引力波。任何具有质量的物体，或是剧烈的加速过程都会产生引力波。

引力波是横波，以光速传播。由于其高度非线性，它不具有像电磁波、机械波的反射、干涉、衍射等性质，也不满足叠加原理。它的作用截面非常小，穿透能力非常强。它能穿越时空、穿透地球。

1.　共振棒引力波探测器

引力波探测的开创性工作应归功于美国人韦伯，韦伯最初的引力波探测器是一个高 Q 值的铝合金圆柱体。引力波传过来时，时空本身发生变化，处在时空中的圆柱体棒的两端距离也发生相应的微小变化，一般用无量纲振幅 $h = \dfrac{\Delta l}{l}$ 表示引力波的强弱。若传来的引力波频率与铝棒的本征频率一致，则铝棒会在引力波的激励下振荡起来，并将引力波的信号放大 Q 倍。这类金属圆柱体引力波探测器往往被称为共振棒探测器，也称为共振质量探测器，如图 10.13 所示。

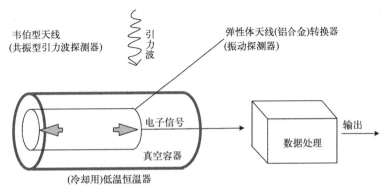

图 10.13　韦伯共振棒探测器[51,52]

2. 激光干涉引力波探测器

引力波对物体相对位置变化的影响十分微弱，典型强度的引力波引起的长度变化只有十亿分之一。

如图 10.14 所示，干涉仪由光源(图的最左侧)，一个分光镜(正中间)，两个反射镜(上侧和最右侧)和一个光电探测器(下侧)组成。从光源发出的光经过分光镜后被分成两条光束，一束光直接透过，依旧按原来的方向传播，另一束光被反射到与原传播垂直的方向上，我们称其为干涉仪的两臂。当两束光遇到各自光路上的全反射镜时，它们又朝着原光路返回到分光镜。

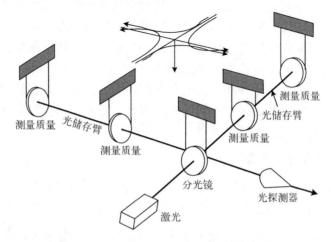

图 10.14　激光干涉引力波探测概念图[53,54]

当两束光回到分光镜时，直接透过返回的光束和竖直反射再返回的光束再次被分光镜一分为二，各在左边和下方产生一条光束。此时，左方和下方两条光路中都有了一部分直接透过的光和一部分被分光镜反射的光，这两部分的光叠加在一起，由于光的波动性，这两条光路上都会产生干涉。如果其中一列波的波峰与另一列波的波峰重合，那么发生干涉相长，叠加后的波峰高度就更高了。相反，如果其中一列波的波峰和另一列的波谷叠到一起，就发生干涉相消。一般情况下，两列波形成的叠加波的形状取决于两列波波峰之间的相对位置。

当两臂反射回来的光在分光镜相遇时，就会发生这种干涉现象。两反射光波峰之间的位置取决于两臂的长度，臂长不同时，波峰之间的位置就不一样，叠加后的光的强度也会随之改变。我们正是利用这种叠加光的强度变化来探测由引力波引起的臂长改变。由于通常干涉仪中使用的光的波长很短(大约几千纳米)，我们可以利用这种干涉方法来测量非常微小的臂长改变。

3. 电磁耦合探测

20 世纪 70 年代后，有人提出了电磁耦合探测方案[55,56]。通过电磁场和引力波相互作用，然后去观测电磁场的改变，从而发现引力波的存在。典型的实验设施是意大利的球形谐振腔方案和英国的环行波导方案。意大利的谐振腔方案是将两个球形腔用一个圆盘连接在一起，腔的固有频率可以调节，中间圆盘状单元实施调频的功能，腔内储存着两种谐振模式的电磁场。引力波和超导腔壁的作用将产生一个运动，进而腔内的电磁场将感受到这个运动，产生能量转化。当引力波频率和腔内两种模式的电磁场的差频相等时，能量转化率最高。将若干个这种差频双球形谐振腔组成一个阵列，可以增大探测到高频引力波的概率。英国的环行波导方案是利用高频引力波和电磁波极化矢量的相互作用，其中的极化矢量绕着电磁波的传播方向转动。当电磁波的谐振条件建立起来之后，电磁波和高频引力波的相位总是相同，效应将积累，并且增加波导管的数量可以线性提高这个效应。

从实验的角度看，引力波的探测技术研究已经取得了相当的成果，据报道，2015年研究人员已经实现了对引力波的直接探测。

10.4.2　引力波的产生

引力波是以波动形式和有限速度传播的引力场。按照广义相对论，加速运动的质量会产生引力波。引力波的主要性质是：它是横波，在远源处为平面波；有两个独立的偏振态；携带能量；在真空中以光速传播等。引力波携带能量，可被探测到。但引力波的强度很弱，而且物质对引力波的吸收效率极低，直接探测引力波极为困难[55-57]。

理论上弹簧振子可产生引力波。在一根弹簧两端各连接一个有一定质量的物体，如果让它振动起来，则会产生引力波，因此也叫作"引力振子"。或者一根绕其中心垂直轴旋转的重棒，也会产生引力波。

若重 500t、长 20m 的钢棒，以 5rad/s 的速度(这是它强度极限以内的最大旋转速度)旋转，所产生的引力波能只有 10~29W。一个长 10cm 的弹簧，两端各重 1kg物体组成的引力振子，以 100 次/s、振幅 1cm 的速度振荡，若将其全部引力波能转变为电能，要点亮一只 50W 的灯泡，则需要的振子数比组成地球的全部基本粒子数还多。

10.4.3　引力波探测的主要困难

(1)天然引力波强度极其微小，目前尚无法产生足够强度的引力波用于实验。

(2)自然条件与技术水平的局限。如太空噪声、检测设备以及检验质量的热运动噪声、信号转换损失、地面震动等。

(3)引力波与质量的作用截面极小，且依距离平方衰减。

10.5　太赫兹波通信

10.5.1　太赫兹波及其优点

太赫兹波(Terahertz)是指波长在 3mm～3μm(100GHz～10THz)区间内的电磁波。这一波段位于微波与红外辐射之间，是电磁学和光学研究的边缘区域。太赫兹辐射的早期研究可以追溯到 20 世纪 80 年代以前，由于缺乏有效的太赫兹频段电磁波的产生方法和检测途径，科学家对该波段电磁辐射性质的了解很有限。而近十几年来，随着超快光电子技术的迅速发展，也为太赫兹脉冲的产生提供了稳定的激发光源，伴随着太赫兹辐射的产生，其应用也得到迅速发展。与微波通信和光通信相比，太赫兹波具有如下特点。

1．相比微波通信

(1)太赫兹通信的传输容量更大，比微波高 1～4 个数量级。无线传输速率可高达 10Gbit/s，比当前超宽带技术快几百甚至上千倍。

(2)太赫兹波波束更窄，具有更好的方向性，能够探测更小的目标且定位更精确。

(3)太赫兹波具有更高的保密性及更强的抗干扰能力。

(4)太赫兹波波长相对微波更短，更小尺寸太赫兹波天线可实现相同功能。

2．相比光通信

(1)太赫兹波光子能量低，只有 meV 量级，仅光子能量的 1/40，能量效率更高。

(2)太赫兹波可在等离子体、沙尘烟雾等恶劣环境下进行正常通信工作。在航天以及军事领域对太赫兹波在等离子体中的通信都有强烈的需求。

3．太赫兹波的特点

(1)高透射性：太赫兹对许多介电材料和非极性物质具有良好的穿透性，可对不透明物体进行透视成像，是 X 射线成像和超声波成像技术的有效互补，可用于安检或质检过程中的无损检测。

(2)低能量性：太赫兹光子能量为 4.1meV。太赫兹辐射不会导致光电离而破坏被检物质，非常适用于针对人体或其他生物样品的活体检查，进而能方便地提取样品的折射率和吸收系数等信息。

(3)吸水性：水对太赫兹辐射有极强的吸收性，因为肿瘤组织中水分含量与正常组织明显不同，所以可通过分析组织中的水分含量来确定肿瘤的位置。

(4)瞬态性：太赫兹脉冲的典型脉宽在皮秒数量级，可以方便地对各种材料包括液体、气体、半导体、高温超导体、铁磁体等进行时间分辨光谱的研究，而且通过取样测量技术，能够有效地抑制背景辐射噪声的干扰。

（5）相干性：太赫兹的相干性源于其相干产生机制。太赫兹相干测量技术能够直接测量电场的振幅和相位，从而方便地提取样品的折射率、吸收系数、消光系数、介电常数等光学参数。

（6）指纹光谱：太赫兹波段包含了丰富的物理和化学信息。大多数极性分子和生物大分子的振动与能级跃迁都处在太赫兹波段，所以根据这些指纹谱，太赫兹光谱成像技术能够分辨物体的形貌，分析物体的物理化学性质，为缉毒、反恐、排爆等提供相关的理论依据和探测技术。

太赫兹波通信可以获得 10Gbit/s 的无线传输速率。对于卫星通信，如果不用考虑水分的影响，那么太赫兹通信可以以极高的带宽进行高保密卫星通信。

10.5.2　太赫兹波发射天线

1. 太赫兹波的产生

（1）光电导产生宽频带脉冲太赫兹辐射的方法：把施加偏置电压的金属电极和光电半导体材料形成天线，用超快的激光光束在光电导材料中产生电子-空穴对，自由载流子在偏置电场中被加速，这种光电流会辐射太赫兹波。

（2）光整流产生宽频带脉冲太赫兹辐射的方法：利用激光脉冲（脉冲宽度在亚皮秒量级）和非线性介质（如 $LiNbO_3$、$LiTaO_3$、ZeTe 等）相互作用而产生低频电极化场，此电极化场可辐射出太赫兹波。

（3）窄频段连续太赫兹脉冲产生技术：窄频带的光源以频谱上中心频率处的一个单独突起为特征，其带宽非常窄。目前的研究主要集中在两个方向上，一个是利用电子学的方法将低频微波向高频延伸，其特点是效率较高，可以产生大功率太赫兹波，但产生的太赫兹波频率较低；另一个是将光学特别是激光技术向低频延伸，其特点是可以产生方向性和相干性很好的太赫兹波，但是输出功率较小。

GaAs 光电导天线作为太赫兹源的一种，能够产生宽带太赫兹波，其基本结构都是在半导体表面制备金属电极。其结构如图 10.15 所示，半导体衬底材料通常是具有超快载流子特性的低温 GaAs（LT-GaAs）、半绝缘 GaAs（Si-GaAs）、InP 等。分析光电导天线辐射太赫兹波机理的模型主要有 Drude-Lorentz 模型与大孔径光电导天线模型（电流瞬冲模型）[58]。

2. Drude-Lorentz 模型

Drude-Lorentz 模型是将光生载流子视为电子气，忽略光电导天线材料内部的爱因斯坦扩散效应。当光生载流子浓度为 $10^{16} \sim 10^{18} \mathrm{cm}^{-3}$ 时，光生载流子在散射机制作用下可以很好地维持在热平衡状态。分析带电粒子在电场中加速而产生的带电粒子辐射效应，可由 Maxwell 方程出发，通过引入矢量势 A 和标量势 Φ 来对辐射场相关的电磁学量进行求解[59]。

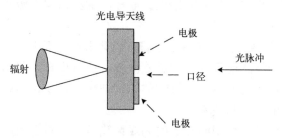

图 10.15　光电导天线产生太赫兹波结构[57]

3．电流瞬冲模型

电流瞬冲模型：外加偏置电场为 E_b 的大孔径半绝缘 GaAs 光电导天线作为太赫兹辐射源，在没有光照时，GaAs 光电导天线处于高阻状态；当天线受飞秒激光照射时，在两个电极间的光电导材料内部产生大量电子-空穴对，这些电子-空穴对（光生载流子）在偏置电场的作用下，分别向两个不同方向的电极加速运动，导致光电导体内电场变化，场的变化及电子-空穴对运动形成瞬态变化的电流 J，而瞬态变化的电流能够产生太赫兹频带的电磁波。由于空穴迁移率比电子的迁移率要小许多，所以由空穴运动所产生的电流很小，可以忽略。

10.5.3　太赫兹波探测器

太赫兹波探测有光电导取样和电光取样两种方法，分别如图 10.16 和图 10.17 所示。图 10.16 是光电导取样探测太赫兹脉冲的装置图，光电导取样探测太赫兹脉冲的装置与光电导天线产生太赫兹波的装置很相似，区别是探测装置中光电导天线上无偏置电压，通过时间延迟使泵浦脉冲和探测脉冲具有可调的时间延迟。探测光脉冲照射在光电导天线上，在光电导体中产生自由载流子，太赫兹脉冲照射到光电导天线上是作为偏置电场使载流子进行加速运动产生电流的，因此只有当探测光脉冲和太赫兹脉冲同时作用于光电导天线上时，才有电流产生。由于探测光脉冲的脉宽远小于太赫兹脉冲的脉宽，所测量的电流就反映了探测光脉冲到达瞬间的太赫兹电场。调节延迟线测量电流可以获得太赫兹波电场的整个信息。

图 10.17 是太赫兹脉冲的电光取样探测装置结构图。当太赫兹脉冲和探测脉冲同时通过电光晶体时，由于太赫兹脉冲会改变电光晶体的折射率而引发瞬态双折射，影响探测光脉冲在晶体中的传播，可以把线性偏振的探测光脉冲变为椭圆偏振的光脉冲，使探测脉冲在晶体中传播时偏振度发生变化，测量偏振度的变化就能获得探

测光脉冲到达瞬间的太赫兹波电场的信息。同样，改变太赫兹脉冲和探测脉冲的时间延迟可以获得太赫兹脉冲的整个时域波形。

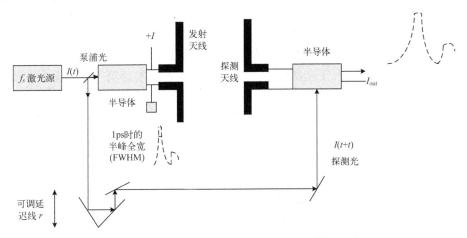

图 10.16 光电导取样装置结构图[58]

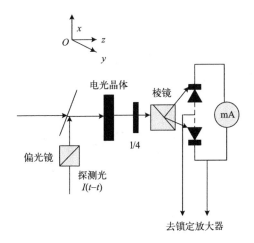

图 10.17 电光取样装置结构图[59]

10.5.4 太赫兹波调制器

如何将信息编码到太赫兹载波是太赫兹通信技术面临的首要问题，太赫兹波的调制与光信号的调制类似，根据太赫兹波与太赫兹波源的关系，可以将太赫兹波的调制分为内调制和外调制两类。

内调制是指在太赫兹波形成过程中加载调制信息，即以调制信号的规律去改变激光振荡的参数，从而实现改变太赫兹波输出特性，以实现调制的目的。

例如，基于光电导天线的电压调制方案和基于太赫兹光混频器的高速相位调制方案等。

外调制是指在太赫兹波形成以后，通过太赫兹波在非线性材料中传播时的非线性效应而改变已经输出的太赫兹波的参数，如频率、强度、相位等。目前，报道的用于太赫兹波调制的太赫兹波非线性材料有半导体材料、光子晶体、人工材料、铁电材料、液晶材料等。对于无线传输的太赫兹波而言，内调制方案的调制方法在太赫兹调制应用方面更具有优势。

图 10.18 是一种太赫兹波调制器模型[60,61]，图中 LD1、LD2 是两个单模激光器，MZM 调制器表示马赫–曾德尔调制器，两个隔离器用来防止反射波对系统的影响，以保证系统稳定工作；半波片和偏振片用来调制两束光的光强，并使它们相等；两个波长的光经偏振片后，再由聚焦透镜聚焦到太赫兹光混频器件的有源区；两个 MZM 调制器的偏置电压分别为两路光各自波长的半波电压，V_{bias} 是一个电压幅值等于半波电压的频率为 Ω ($\Omega = 20GHz$) 的电压脉冲信号，用于控制 MZM 调制器。当 PRBS(伪随机序列) 为 1 时，两束光分别以频率 Ω 被 MZM 调制器调制成光脉冲信号，并在光混频器有源区混频，此时辐射的太赫兹载波包含信息边带，因此，此时我们用辐射热测定器 (Bolometer) 能够探测到信息边带，表示信息码为 1。当 PRBS 为 0 时，时钟电压信号被关断，不再调制 MZM 调制器，此时两束光强度保持不变，为普通的太赫兹波混频，此时辐射的太赫兹波不包含调制信息，因此，此时 Bolometer 能够探测到信息边带，表示信息码为 0。

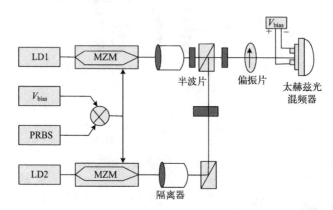

图 10.18 太赫兹波调制器模型[60,61]

10.5.5 太赫兹波在大气中的传输

大气的吸收效应使得大气的折射率变成一个复数，其值取决于大气中的压强、温度和湿度，它是时空和频率的函数[62]。大气中的氧气和水汽分子的谐振频率位于

0.01～1THz 范围，从而使大气的复折射率特性复杂化。自 20 世纪 40 年代以来，不少科学家为此进行了理论和实验研究，van Vleck 等首先用量子理论推演出 60GHz 附近有许多吸收谱线，其 112GHz 有一条孤立的氧吸收谱线[63]，还揭示了大气吸收中的压力展宽效应；在 van Vleck 理论的基础上，Liebe 给出了氧气和水汽吸收谱线的参数和经验公式[64]。此后，Gibbins 提出了在海平面条件下大气吸收的简化公式[65]。

太赫兹无线通信技术是太赫兹最具前途的应用领域之一，具有十分重要的应用价值，尤其适合于星际间通信、短程大气通信以及室内宽带无线通信等[65,66]。在大气范围内，太赫兹通信技术可以对重返大气层的飞行器如导弹、人造卫星、宇宙飞船等进行通信和遥测，太赫兹波因其穿透等离子体的能力而有望成为克服“黑障”现象的唯一有效的通信工具；在地面短距离无线通信方面，太赫兹可以获得 10Gbit/s 以上的无线传输速率，这要显著优于当前的超宽带技术，可以满足未来 10～20 年无线通信技术的需要。以太赫兹波为通信载体的新一代通信系统具有大容量、高传输速率、低窃听率、高抗干扰性、全天候工作等突出优点。

10.6　总结与展望

无线通信飞速发展，新的技术和标准层出不穷，以数字化、综合化、宽带化、标准化和个人化为主要特征的现代通信技术将以更快的速度发展，未来几年，X 射线空间通信、太赫兹波通信、量子通信、中微子通信与引力波通信将会得到大跨度的发展。

思　考　题　十

10.1　X 射线通信有什么特点？

10.2　什么是涡旋？现实中涡旋的例子有哪些？

10.3　什么是涡旋光束？涡旋光束主要的特性是什么？

10.4　涡旋光束的产生方法主要有哪些？

10.5　在利用空间光调制器实现涡旋光束的产生时，加载在空间光调制器上的图样是什么？并阐述其产生的原理。

10.6　轨道角动量复用系统实现的依据是什么？其系统模型是什么？

10.7　什么是引力波？引力波检测的困难是什么？

10.8　中微子有几种？中微子通信的原理是什么？

10.9　什么是量子通信？什么是纠缠？

10.10　请描述太赫兹波的特点。

10.11　太赫兹波在大气中传输时的折射率是实数吗？为什么？

10.12　描述太赫兹波调制器内调制与外调制的原理。

10.13　请描述太赫兹波是如何产生的。

10.14　简述太赫兹波通信的特点。

10.15　简述量子隐形传态。

习　题　十

10.1　一钢棒质量为 $m = 4.9 \times 10^8$g，半径为 1m，长 20m，极限强度为 3×10^9dyne/cm^2，若使钢棒绕其质心旋转至断裂，求辐射的引力波有多大？

10.2　若入射波长为 0.1～1THz，沙尘的折射率为 1.53–0.008i。试讨论沙子直径分别为 0.01mm、0.05mm 和 0.1mm 的沙尘对太赫兹波的散射。

参 考 文 献

[1] 赵宝升, 吴川行, 盛立志, 等. 基于 X 射线的新一代深空无线通信[J]. 光子学报, 2013, 42(7): 801-804.

[2] 邓宁勤, 赵宝升, 盛立志, 等. 基于 X 射线的空间语音通信系统[J]. 物理学报, 2013, 62(6): 106-112.

[3] 张继君, 李海, 李俊, 等. 碳纳米管场发射微焦点高速 X 射线管[J]. 真空电子技术, 2015, (1): 8-11, 23.

[4] 石伟, 桂建保, 王欢, 等. 碳纳米管场发射 X 光源测控系统设计[J]. 核电子学与探测技术, 2015, 35(2): 172-175.

[5] 王律强, 苏桐, 赵宝升, 等. X 射线通信系统的误码率分析[J]. 物理学报, 2015, 64(12): 119-123.

[6] 马晓飞, 赵宝升, 盛立志, 等. 用于空间 X 射线通信的栅极控制脉冲发射源研究[J]. 物理学报, 2014, 63(16): 81-87.

[7] 袁小聪, 贾平, 雷霆, 等. 光学旋涡与轨道角动量光通信[J]. 深圳大学学报理工版, 2014, 31(4): 331-346.

[8] Whewell W. Essay towards a first approximation to a map of cotidal lines[J]. Proceedings of the Royal Society of London, 1833, 3(1): 188-190.

[9] Richards B, Wolf E. Electromagnetic diffraction in optical systems II. structure of the image field in an aplanatic system[J]. Proceedings of the Royal Society of London A, 1959, 253(1274): 358-379.

[10] Boivin A, Wolf E. Electromagnetic field in the neighborhood of the focus of a coherent beam[J]. Physical Review Letters, 1965, 138(6B): 1561-1565.

[11] Carter W H. Anomalies in the field of a Gaussian beam near focus[J]. Optics Communications, 1973, 7(3): 211-218.

[12] Nye J F, Berry M V. Dislocations in wave trains[J]. Proceedings of the Royal Society of London A, 1974, 336(1605): 165-190.

[13] Baranova N B, Zeldovich B Y, Mameav A V, et al. Dislocations of the wavefront of a speckle inhomogeneous field[J]. JETP Letters, 1981, 33(4): 206-210.

[14] Baranova N B, Zeldovich B Y, Mameav A V, et al. An investigation of the dislocation density of a wave front in light fields having a speckle structure[J]. Zhurnal Eksperimental'noi i Teroreticheskoi Fiziki, 1982, 83(52): 1702-1710.

[15] Swartzlander G A, Law C T. Optical vortex solitons observed in Kerr nonlinear media[J]. Physical Review Letters, 1992, 69(17): 2503-2506.

[16] Voitsekhovich V V, Kouznetsov D, Moronov D K. Density of turbulence induced phase dislocations[J]. Applied Optics, 1998, 37(21): 4525-4535.

[17] 科苑. 西班牙小岛潮汐图获封最佳卫星照[J]. 今日科苑, 2014, 294(4): 36.

[18] Bouchal Z, Celechovsky R. Mixed vortex states of light as information carriers[J]. New Journal of Physics, 2004, 6(6): 1-15.

[19] Coullet P, Gil L, Rocca F. Optical vortices[J]. Optics Communication, 1989, 73(89): 403-408.

[20] Beijersbergen M W, Allen L, Veen V D, et al. Astigmatic laser mode converters and transfer of orbital angular momentum[J]. Optics Communication, 1993, 96(1-3): 123-132.

[21] Mcgloin D, Simpson N B, Padgett M J. Transfer of orbital angular momentum from a stressed fiber-optic waveguide to a light beam[J]. Applied Optics, 1998, 37(3): 469-472.

[22] Yao A M, Padgett M J. Orbital angular momentum: Origins, behavior and applications[J]. Advances in Optics & Photonics, 2011, 3(2): 161-204.

[23] Heckenberg N R, Mchuff R, Smith C P, et al. Generation of optical phase singularities by computer-generated holograms[J]. Optics Letters, 1992, 17(3): 221-223.

[24] 薄斌, 门克内木乐, 赵建林, 等. 用反射式纯相位液晶空间光调制器产生涡旋光束[J]. 光电子·激光, 2012, 23(1): 74-78.

[25] Wang J, Yang J Y, Fazal I M, et al. 25.6-bit/s/Hz spectral efficiency using 16-QAM signals over pol-muxed multiple orbital-angular-momentum modes[C]. IEEE Photonics Conference, Los Angeles, 2011: 587-588.

[26] Yan Y, Yue Y, Huang H, et al. Efficient generation and multiplexing of optical orbital angular momentum modes in a ring fiber by using multiple coherent inputs[J]. Optics Letters, 2012, 37(17): 3645-3647.

[27] Yan Y, Wang J, Zhang L, et al. Fiber coupler for generating orbital angular momentum modes[J]. Optics Letters, 2011, 36(21): 4269-4271.

[28] Yue A, Zhang L, Yan Y, et al. Octave-spanning supercontinuum generation of vortices in an As$_2$S$_3$ ring photonic crystal fiber[J]. Optics Letters, 2012, 37(11): 1889-1891.

[29] Cai X L, Wang J W, Strain M J, et al. Integrated compact optical vortex beam emitters [J]. Science, 2012, 338(6105): 363-366.

[30] 吕宏. 涡旋光场轨道角动量用于空间光量子通信研究[D]. 西安: 西安理工大学, 2011: 1-2.

[31] 陆璇辉, 黄慧琴, 赵承良, 等. 涡旋光束和光学涡旋[J]. 激光与光电子学进展, 2008, 45(1): 50-56.

[32] Wang J, Yang J Y, Fazal I M, et al. Terabit free-space data transmission employing orbital angular momentum multiplexing[J]. Nature Photonics, 2012, 6(7): 488-496.

[33] Tamburini F, Mari E, Sponselli A, et al. Encoding many channels in the same frequency through radio vorticity: First experimental test[J]. New Journal of Physics, 2012, 14(11): 78001-78004.

[34] Krenn M, Fickler R, Fink M, et al. Twisted light communication through turbulent air across Vienna[J]. Physics Optics, 2014, 16(11): 1-9.

[35] Xu Z D, Gui C C, Li S H, et al. Fractional orbital angular momentum (OAM) free-space optical communications with atmospheric turbulence assisted by MIMO equalization[C]. Integrated Photonics Research, Silicon and Nanophotonics, Washington, 2014.

[36] Huang H, Cao Y W, Xie G D, et al. Crosstalk mitigation in a free-space orbital angular momentum multiplexed communication link using 4×4 MIMO equalization[J]. Optics Letters, 2014, 39(15): 4360-4363.

[37] Huang H, Xie G D, Rren Y X, et al. 4×4 MIMO equalization to mitigate crosstalk degradation in a four-channel free-space orbital-angular-momentum-multiplexed system using heterodyne detection[C]. European Conference and Exhibition on Optical Communication, Geneva, 2013: 708-710.

[38] Ren Y X, Wang Z, Xie G D, et al. Demonstration of OAM-based MIMO FSO link using spatial diversity and MIMO equalization for turbulence mitigation[C]. 2016 Optical Fiber Communications Conference and Exhibition, Amsterdam, 2016.

[39] Shi C Z, Dubois M, Wang Y, et al. High-speed acoustic communication by multiplexing orbital angular momentum[J]. Proceedings of the National Academy of Sciences of the United States of America, 2017, 114(28): 7250-7253.

[40] Leach J, Jack B, Romero J, et al. Quantum correlations in optical angle-orbital angular momentum variables[J]. Science, 2010, 329(5992): 662-665.

[41] 张宇, 李明荣. 中微子通讯机理探讨[C]. 中国数学力学物理学高新技术交叉研究会第 10 届学术研讨会论文集, 桂林, 2004.

[42] 陆埮, 朱沛. 中微子静质量在宇宙成团过程中的作用[J]. 自然杂志, 1981, (12): 952-953.

[43] 吴锋. 中微子通信原理的技术[J]. 物理, 1995, (10): 637.

[44] 李冬英. 漫谈中微子通信[J]. 现代通信, 1994, (7): 209.

[45] 林宇航. 中微子通信: 通信技术史上的一场新革命[J]. 数字通信, 1996, (1): 8-9, 13.

[46] 谢慧, 高俊, 柳超, 等. 中微子对潜艇通信研究[J]. 仪器仪表学报, 2006, (S3): 2071-2074.

[47] 华卫. 第三种波通信——引力波通信的实验成果[J]. 世界科学, 1986, (11): 13-14.

[48] 王德全. 引力波定位和通信技术[J]. 电讯技术, 1987, (5): 1-5.

[49] 柯惟力. 世界引力波探测网的现状[J]. 天文研究与技术: 国家天文台台刊, 2005, 2(3): 199-203.

[50] 彭涛. 用卡文迪许扭秤实现引力通信的理论与设计[D]. 上海: 上海师范大学, 2013.

[51] 唐孟希, 李芳昱, 赵鹏飞, 等. 引力波、引力波源和引力波探测实验[J]. 云南天文台台刊, 2002, (3): 71-87.

[52] 王运永, 朱兴江, 刘见, 等. 激光干涉仪引力波探测器[J]. 天文学进展, 2014, (3): 348-382.

[53] 邓雪梅. 引力波探测的未来[J]. 世界科学, 2014, (9): 28-30, 39.

[54] 龙飞, 周泽兵, 罗俊. 用于引力波探测器中的弯曲弹簧隔振系统[J]. 华中理工大学学报, 1998, (7): 14-16.

[55] 王德全. 引力波探测定位的关键问题[J]. 电讯技术, 1990, (1): 30-34.

[56] 张杨, 赵文, 袁业飞. 宇宙中的几类引力波源[J]. 紫金山天文台台刊, 2004, (Z1): 53-62.

[57] 黄玉梅, 王运永, 汤克云, 等. 引力波理论和实验的新进展[J]. 天文学进展, 2007, (1): 58-73.

[58] 王运永, 朱兴江, 刘见, 等. 激光干涉仪引力波探测器[J]. 天文学进展, 2014, (3): 348-382.

[59] 肖健. 光电导天线产生太赫兹波的研究[D]. 西安: 西北大学, 2010.

[60] 陈素果. 宽带太赫兹波在等离子体中的传输特性研究[D]. 西安: 西安理工大学, 2015.

[61] 姜银利. 基于光混频器件的太赫兹波调制技术与太赫兹波滤波技术研究[D]. 武汉: 华中科技大学, 2011.

[62] 孙丹丹. 太赫兹波调控技术及相关功能器件研究[D]. 成都: 电子科技大学, 2013.

[63] van Vleck J H, Weisskopt V F. On the shape of collision-broadened lines[J]. Reviews of Modern Physics, 1945, 17(1): 227-236.

[64] Leibe J H. An updated model for millimeter wave propagation in moist air. Radio Science, 1985, 20(5): 1069-1089.

[65] Gibbins C J. Improved algorithms for the determination of specific attenuation at sea level by dry air and water vapor, in the frequency range 1-350GHz[J]. Radio Science, 1986, 21(6): 949-954.

[66] 黄时光. 太赫兹波传输特性研究[D]. 西安: 西安电子科技大学, 2010.